复合人才培养系列丛书

高新科技中的计算机技术

◎ 胡　列
◎ 罗冬梅　　著
◎ 睢宇恒

華中科技大學出版社
http://press.hust.edu.cn
中国 · 武汉

图书在版编目(CIP)数据

高新科技中的计算机技术/胡列，罗冬梅，睢宇恒著. —武汉:华中科技大学出版社，2024.3
ISBN 978-7-5772-0022-4

Ⅰ.①高… Ⅱ.①胡… ②罗… ③睢… Ⅲ.①电子计算机-研究 Ⅳ.①TP3

中国国家版本馆 CIP 数据核字(2024)第 070735 号

高新科技中的计算机技术 胡 列 罗冬梅 睢宇恒 著
Gaoxin Keji Zhong De Jisuanji Jishu

策划编辑：汪 粲
责任编辑：徐定翔 梁睿哲
封面设计：原色设计
责任监印：周治超
责任校对：刘小雨
出版发行：华中科技大学出版社(中国·武汉) 电话：(027)81321913
武汉市东湖新技术开发区华工科技园 邮编：430223
录 排：华中科技大学惠友文印中心
印 刷：武汉科源印刷设计有限公司
开 本：787mm×1092mm 1/16
印 张：20
字 数：482 千字
版 次：2024 年 3 月第 1 版第 1 次印刷
定 价：89.00 元

作者简介

胡列，博士，教授，1963 年出生，毕业于西北工业大学，1993 年初获工学博士学位，师从原中国航空学会理事长、著名教育家季文美大师。现任西安理工大学高科学院董事长，西安高新科技职业学院董事长。

先后被中央电视台"东方之子"特别报道，荣登《人民画报》封面，被评为"陕西省十大杰出青年""陕西省红旗人物""中国十大民办教育家""中国民办高校十大杰出人物""中国民办大学十大教育领袖""影响中国民办教育界十大领军人物""改革开放 30 年中国民办教育 30 名人""改革开放 40 年引领陕西教育改革发展功勋人物"等，被众多大型媒体誉为创新教育理念最杰出的教育家之一。

胡列博士先后发表上百篇论文和著作，近年分别在西安交通大学出版社、华中科技大学出版社、哈尔滨工业大学出版社、清华大学出版社、人民日报出版社、未来出版社等出版专著和教材 36 部。

复合人才培养系列丛书：

高新科技中的高等数学
高新科技中的计算机技术
大学生专业知识与就业前景
制造新纪元：智能制造与数字化技术的前沿
仿真技术全景：跨学科视角下的理论与实践创新
艺术欣赏与现代科技
科技驱动的行业革新：企业管理与财务的新视角
实践与认证全解析：计算机-工程-财经
在线教育技术与创新
完整大学生活实践与教育管理创新
我的母亲

创新实践系列丛书：

大学生计算机与电子创新创业实践
大学生智能机械创新创业实践
大学物理应用与实践
大学生现代土木工程创新创业实践
建筑信息化演变：CAD-BIM-PMS 融合实践
创新思维与创造实践
我与女儿一同成长

概念力学系列丛书：

概念力学导论
概念机械力学
概念建筑力学
概念流体力学
概念生物力学
概念地球力学
概念复合材料力学
概念力学仿真

实践数学系列丛书：

科技应用实践数学
土木工程实践数学
机械制造工程实践数学
信息科学与工程实践数学
经济与管理工程实践数学

未来科教探索系列丛书：

科技赋能大学的未来
科技与思想的交融
未来科技文学：古代觉醒
大学生人文素养与科技创新
未来科技与大学生学科知识演进

Author Biography

Dr. Hu Lie, born in 1963, is a professor who graduated from Northwestern Polytechnical University. He obtained his doctoral degree in Engineering in early 1993 under the guidance of Professor Ji Wenmei, the former Chairman of the Chinese Society of Aeronautics and Astronautics and a renowned educator. Dr. Hu is currently the Chairman of the Board of Directors of the High-Tech Institute at Xi'an University of Technology and the Chairman of the Board of Directors of Xi'an High-Tech Vocational College. He has been featured in special reports by China Central Television as an "Eastern Son" and appeared on the cover of "People's Pictorial" magazine. He has been recognized as one of the "Top Ten Outstanding Young People in Shaanxi Province" "Red Flag Figures in Shaanxi Province" "Top Ten Private Educationists in China" "Top Ten Outstanding Figures in Private Universities in China" "Top Ten Education Leaders in China's Private Education Sector" "Top Ten Leading Figures in China's Private Education Field" "One of the 30 Prominent Figures in China's Private Education in the 30 Years of Reform and Opening Up" and "Contributor to the Educational Reform and Development in Shaanxi Province in the 40 Years of Reform and Opening Up" among others. He has been acclaimed by numerous major media outlets as one of the most outstanding educators with innovative educational concepts.

Dr. Hu has published hundreds of papers and works. In recent years, he has authored 36 monographs and textbooks, respectively, with Xi'an Jiaotong University Press, Huazhong University of Science and Technology Press, Harbin Institute of Technology Press, Tsinghua University Press, People's Daily Publishing House, and Future Publishing House.

Composite Talent Development Series:

Advanced Mathematics in High-Tech Science and Technology
Computer Technology in High-Tech Science and Technology
College Students' Professional Knowledge and Employment Prospects
The New Era of Manufacturing: Frontiers of Intelligent Manufacturing and Digital Technology
Panorama of Simulation Technology: Theoretical and Practical Innovations from an Interdisciplinary Perspective
Appreciation of Art and Modern Technology
Technology-Driven Industry Innovation: New Perspectives on Enterprise Management and Finance
Practical and Accredited Analysis: Computing-Engineering-Finance
Online Education Technology and Innovation
Comprehensive University Life: Practice and Innovations in Educational Management
My Mother

Innovative Practice Series:

College Students' Innovation and Entrepreneurship Practice in Computer and Electronics
College Students' Innovation and Entrepreneurship Practice in Intelligent Mechanical Engineering
University Physics Application and Practice
College Students' Innovation and Entrepreneurship Practice in Modern Civil Engineering
Evolution of Architectural Informationization: CAD-BIM-PMS Integration Practice
Innovative Thinking and Creative Practice
Growing Up Together with My Daughte

Conceptual Mechanics Series:

Introduction to Conceptual Mechanics
Conceptual Mechanical Mechanics
Conceptual Structural Mechanics
Conceptual Fluid Mechanics
Conceptual Biomechanics
Conceptual Geomechanics
Conceptual Composite Mechanics
Conceptual Mechanics Simulation

Practical Mathematics Series:

Applied Mathematics in Science and Technology
Applied Mathematics in Civil Engineering
Applied Mathematics in Mechanical Manufacturing Engineering
Applied Mathematics in Information Science and Engineering
Applied Mathematics in Economics and Management Engineering

Future Science and Education Exploration Series:

The Future of Universities Empowered by Technology
The integration of technology and thought
Future Science and Technology Literature: Ancient Awakening
Cultural Literacy and Technological Innovation for College Students
Future Technology and the Evolution of University Student Disciplinary Knowledge

参著者简介

罗冬梅：
西安理工大学高科学院计算机科学技术系主任，副教授，陕西省教学名师；

雎宇恒：
西安高新科技职业学院执行院长

丛书序一

在这个科技加速进步的时代，传统的知识体系和教育模式已经难以满足社会对复合型人才的需求。我非常高兴为“复合人才培养系列丛书”撰写序言。作为一位关注跨学科知识融合和人才培养研究的学者，我深切认识到，面对挑战愈演愈烈的社会，我们需要一种新的教育策略，这正是本系列丛书所提供的，它既有广度，更有深度；既有实用性，更有前瞻性。

本系列丛书以交叉学科和复合技能为核心，致力于培养既具有深厚专业知识又拥有广泛跨领域知识和实践能力的新型人才。通过以下精心编撰的书籍，胡列博士向我们展现了一个以创新思维和复合能力为核心的全新人才培养框架：

《高新科技中的计算机技术》：介绍计算机科学的最新进展及其在多个领域中的应用，强调计算机技术在推动跨学科创新中的关键作用。

《制造新纪元：智能制造与数字化技术的前沿》：探讨智能制造和数字化技术如何共同推进制造业的现代化和高效化。

《科技驱动的行业革新：企业管理与财务的新视角》：从科技角度重新定义企业管理和财务，展示科技如何促进更全面、更有效的管理实践。

《仿真技术全景：跨学科视角下的理论与实践创新》：倡导仿真技术在不同学科中的应用，为跨学科研究提供支持。

《在线教育技术与创新》：深入研究在线技术如何在教育改革中发挥作用，提高教学质量和效率。

《艺术欣赏与现代科技》：探讨艺术与科技的结合如何开辟新的创造领域和审美维度，对理解艺术和科技的交叉具有重要价值。

《实践与认证全解析：计算机-工程-财经》《大学生专业知识与就业前景》以及《完整大学生活实践与教育管理创新》：这些书籍从高等教育的科学内涵出发，集中讨论如何培养学生的跨学科能力和应对复杂问题的能力。

这套丛书不仅是跨学科知识的宝库，更是一份面向教育者、学者、管理者和所有渴望提升自我的奋进者的实践指南。通过胡列教授的丰富学术积累和对教育的深刻理解，我们得以一窥复合型人才培养的全新模式。这些书籍深化了我们对专业知识的理解，并拓宽了我们对世界多样性的认识，是对快速变化社会的积极回应。

无论您是哪个领域的专家，或是追求个人发展的践行者，这套丛书都将成为您不可多得的资源和指南，引领我们共同在快速变化的世界中不断前行。

舒德干

中国科学院院士、国家自然科学奖一等奖获得者

2024 年 3 月

丛书序二

我很高兴为这套精心编选的"复合人才培养系列丛书"写序。身为一位长期关注科技、教育和人才发展的院士，我愈加明了在这个快速变化的时代，单一的知识结构和传统的教育模式已难以满足社会的需求。本系列书籍以其前瞻性和实用性，应时而生、应需而变，为我们提供了一个独特的视角来重新审视和构建21世纪的人才培养模型。

我也深深地认识到培养复合型人才的重要。在传统的学科研究中，我们往往过于强调深度而忽视广度，过于重视理论而轻视实践。然而，在科技快速发展、行业不断迭代的今天，交叉知识和复合技能成为一种趋势，也是未来人才竞争力的重要来源。本系列丛书以交叉和复合为核心理念，兼顾专业性与通用性，强调创新思维与实践应用，旨在培养具有多元素综合能力的复合型人才。

凌晓峰

加拿大工程院院士

2024年3月

本书序

我有幸为《高新科技中的计算机技术》一书撰写序言，并向大家推荐这本重要的著作。计算机科学与技术是当今世界最具影响力的领域之一，它正在引领着科技创新和社会变革。作为一位长期致力于计算机科学与技术领域的研究和研发实践者，我深知这一领域的重要性和挑战。

本书的作者胡列博士与我是同龄人，我们同样都是在西北工业大学读研，同一年开始创业。他是一位充满激情和才华的学者，以其丰富的教学经验和独特的教育方法，善于将复杂的技术概念转化为易于理解的形式。

胡列教授还是一位教育家，他在教育领域做出了卓越的贡献。他创办了两所普通高校，致力于推动科学技术的教育和研究，为培养人才做出了杰出贡献，我对他的教育情怀和专业能力深感赞赏。

《高新科技中的计算机技术》一书的编写目标是为读者提供全面、系统的学习方式，帮助他们深入理解和掌握计算机科学与技术的核心要点。本书不仅详细介绍了计算机科学与技术的基础理论和关键技术，还引导读者深入了解计算机科学与技术在高新技术领域的广泛应用。从云计算到物联网，从人工智能到大数据，本书涵盖了这些领域的最新进展和实践案例。读者将了解到计算机科学与技术在工业、医疗、能源、环保、航空航天、财经、教育、融媒体、艺术等各个领域的创新应用和发展趋势。

本书的出版对于促进计算机科学与技术的普及和推动创新发展具有重要意义。无论是在学习、工作还是创业中，这本书都将成为您的得力工具和指南。

陈志列

2023 年 5 月 19 日

陈志列简介：

全国人大代表

国家特种计算机工程技术研究中心主任

嵌入式智能平台联盟理事长

中国计算机学会工业控制计算机专业委员会副主任

广东省工商联主席/总商会会长

2021 年中国年度经济人物

前言

当我们站在信息时代的门槛上，不仅面临无数前所未有的机遇，也面临着无数的挑战。其中，计算机科学与技术作为推动这个时代发展的重要驱动力，其重要性不言而喻。《高新科技中的计算机技术》正是在这样的背景下诞生的，旨在深入浅出地为读者呈现计算机科学与技术的基础知识和应用实践。

这本书是一部全面深入的计算机科学与技术教材，适用于大学计算机应用基础教学，同时也是各行业计算机应用者和计算机技术爱好者的理想参考书。这本书涵盖了计算机科学与技术的基础理论、关键技术、最新应用及发展趋势。

在内容设置上，本书围绕计算机科学与技术的核心概念，深入浅出地讲解了计算机系统、数据结构与算法、计算机网络、数据库技术、软件工程、网络安全等基础知识。同时，本书还引导读者深入了解计算机科学与技术在云计算、物联网、大数据、人工智能等高新技术领域的应用，并探讨了它们对各行业的影响和应用前景。读者将了解到这些领域的最新发展趋势，为自己的职业规划和学术研究提供参考。

无论是学生还是从业者，都可以通过本书学习到在不同领域中运用计算机技术的实际案例。例如，我们详细介绍了计算机在机械、建筑、道路桥梁、能源动力、材料工程、环境工程、自动化等工程领域的应用，帮助读者了解如何使用计算机辅助设计和模拟分析，提高工程设计的精度和效率。同时，我们还介绍了计算机在航空航天、医学、财经、教育、融媒体、艺术等领域的应用，展示了计算机技术在不同行业中的广泛应用和创新成果。

除了广泛的应用领域，本书还注重理论与实践的结合。我们提供了大量的实践案例和编程示例，让读者通过动手实践来加深对计算机科学与技术的理解。这些案例涵盖了多种编程语言(包括 Python、Java、C＋＋等)和多种应用场景，帮助读者培养解决实际问题的能力，并为进一步深入学习和研究打下坚实的基础。

本书还对传统的 Office 计算机应用进行了详细的讲解，包括 Word、Excel、PPT 等软件的使用技巧和应用案例，帮助读者提高办公效率和工作质量。

《高新科技中的计算机技术》一书的目标是：通过系统、深入、实用的教学内容，帮助读者全面理解和掌握计算机科学与技术，为在学习、工作和生活中更好地应用计算机科学与技术打下坚实的基础。我们深信，只有通过深入理解和熟练掌握计算机科学与技术，我们才能在信息时代的大潮中找到自己的定位，实现自我价值。

胡列

2023 年 5 月

目录

绪论

Introduction

自 1946 年第一台计算机诞生以来，短短几十年间，计算机科学与技术飞速发展，彻底改变了全球的生活方式，并深刻影响了我们每个人的生活、学习和工作。计算机技术在世界范围内引发了一场翻天覆地的变革。

在过去的半个世纪里，计算行业经历了三次重大转型：大型机时代、计算机服务器计算的转型，以及移动互联网的兴起。如今，我们正处于第四次转型的风口浪尖，即以数据为核心的计算。随着人工智能的日益普及与迅速发展，这一转型将在很大程度上得到支持。

2022 年 10 月，埃隆・马斯克以 440 亿美元收购推特，将其纳入自己的互联网版图，这一事件成为科技板块的头条新闻。埃隆・马斯克是 21 世纪全球对科技进程影响最大的商业人物之一。他的开创性成就包括创建在线支付平台 PayPal、电动汽车制造商特斯拉(Tesla)，以及太空探索技术公司(SpaceX)。其中，特斯拉的市值一度超过了万亿美元。

马斯克作为科技产业的领军人物拥有极具创意的想象力。他在项目的选择和投入上仿佛在满足小男孩对未来主义的各种想象。然而，在全球范围内，也许只有他能将如此多的儿童科幻杂志内容逐一变成现实。他设想改革汽车行业，于是创建了特斯拉并开发无人驾驶技术；他梦想“登陆火星”，便创建了 SpaceX 并开发可回收火箭；他构想将人工智能(AI)整合到人脑中，为此创建了 Neuralink。他领导的每一项科技商业落地项目，都具有突破性技术，影响了过去 20 年信息科技的发展进程。

正因为有着像马斯克这样对科技充满热情的人，信息科技得以在过去 20 年迅猛发展。Facebook 改变了我们交流和娱乐的方式；亚马逊和淘宝提供了新的购物平台；腾讯(微信和 QQ)和今日头条让信息交流更加瞬时、低成本。信息技术正在改变我们交流、购物、学习、旅行、娱乐和工作的方式。

信息技术的发展速度超过了我们历史上的任何创新，计算机变得比以往任何时候都更快、更便携、更强大。现代信息技术为智能手表、智能手机等多功能设备铺平了道路。借助这些设备，我们可以实时转账、购买衣物、杂货、家具等各种物品。技术改变了我们娱乐自己、认识彼此和消费各种媒体的方式，让我们的生活变得更轻松、更快捷、更美好、更有趣。互联网、大数据、云计算、人工智能、区块链等技术加速创新，网络购物、移动支付、共享经济等新兴业态蓬勃发展。

2017年,英国科学家彼得·斯科特—摩根(Peter Scott-Morgan)被诊断出患有肌萎缩侧索硬化症(ALS),即俗称的"渐冻症"——一种目前尚无法被治愈的疾病。尽管面临医生预言的仅剩2年生命,彼得毫不畏惧,他认为瘫痪是一个工程问题,因此他立志将自己改造成一个"机械人"。

彼得为自己的身体进行了一系列改造,包括进行"三重造口术"来维持基本的生理循环,并进行全喉切除术以避免窒息。在此之前,他与语音技术研发领域的专家合作,耗时一年录制了15小时的音频和1000多个词组,以便AI学习并模仿他的说话方式。2019年,彼得成功完成了全喉头切除术。随后,AI为他合成了一首名为《纯粹幻想》(Pure Imagination)的歌曲,让他再次听到了自己的声音。

在各种AI技术的加持下,彼得成功地将自己改造成了一个"赛博格"。他不仅拥有了合成声音,还使用3D虚拟动画人像展示自己,并借助OpenAI的GPT-2等技术输出想法。为了更便捷地与外界沟通,彼得受到了霍金的启发,借助拉马·纳赫曼(Lama Nachman)的帮助,利用眼动追踪技术和上下文辅助感知工具包ACAT实现了与他人的沟通。

2022年6月15日,经过与渐冻症长达5年的抗争后,彼得作为全世界第一个半机械人去世,享年64岁。在生命的最后阶段,他依然保持对科技的热爱与乐观。正如霍金一样,彼得博士成了渐冻症患者及其亲属心中的英雄。

2018年,斯皮尔伯格执导的电影《头号玩家》(Ready Player One)展示了人类在2045年的未来生活,其中人们通过佩戴VR装备和超纤维传感器设备衣服,进入一个真实感极高的虚拟世界"绿洲"。这种基于现实又超越现实的虚拟平行世界被称为"元宇宙"(Metaverse)。

"元宇宙"一词源于尼尔·斯蒂芬森的科幻小说《雪崩》(Snow Crash),描述了一个与现实世界平行且紧密联系的超现实三维数字虚拟空间。在这个空间里,人们可以通过自定义的"化身"进行交流、娱乐、生活等。随着XR技术(包括AR、VR、MR)的发展,元宇宙的概念离现实越来越近。

AR(Augmented Reality)即增强现实,将虚拟信息叠加到真实世界环境中,让人们拥有超现实的感官体验。VR(Virtual Reality)即虚拟现实,通过计算机生成的模拟虚拟环境,让人们沉浸在一个虚拟世界中。MR(Mixed Reality)即混合现实,将虚拟环境和现实场景信息结合,建立起虚拟世界、平行世界和人们之间的交互与反馈。

2021年3月,被誉为"元宇宙第一股"的Roblox在纽约证券交易所上市,首日估值达450亿美元。Roblox是一个多人在线创作沙盒游戏平台,玩家可以自由创造虚拟世界,并使用虚拟货币与现实经济互通。这代表了当代"元宇宙"的一个经典范例。随着技术的不断进步,我们距离元宇宙的实现可能已不再遥远。

的确,科学技术的突破正在改变着我们的生活。弦理论、中微子振荡模式、表观遗传学时钟、多维宇宙和DNA积木等一系列创新性发现为我们揭示了宇宙和生命的奥秘,科学的蓝海无时无刻不在激发着我们的好奇心和探索欲望。

自2020年以来,信息技术对社会运行方式产生了深远影响。人工智能等前沿技术在卫生领域发挥了重要作用,帮助开发疫苗药物、拯救生命、诊断疾病以及延长预期寿命。在教育领域,虚拟学习环境和远程学习为受疫情限制的学生提供了新的学习机会,改变了教育方式和模式。

医疗行业在数字化转型过程中确实具有巨大的潜力和前景。在面临诸多挑战的同时,

医疗行业正通过利用数字技术和创新应用实现更高效的资源利用和服务质量提升。

远程医疗是一个很好的例子，它通过网络连接使得患者和医生能够跨越地理距离进行诊断和治疗。这样的技术创新不仅提高了医疗服务的可达性，还有助于实现医疗资源的优化配置。在新药研发方面，人工智能也发挥着重要作用，例如通过算法分析大量的数据，提高新药发现的效率和成功率。个性化药物和精准医学、生物大数据和人工智能、基因编辑技术、癌症免疫疗法、CAR-T 治疗技术等生命科学领域的成就，使得人类对自身的认知来到了分子层面，对生命机体的奥秘有了更进一步的认知，也有了对抗疾病的有力武器。

此外，医疗信息化的发展和应用，如 HIS、CIS 和 CDSS 等系统，为医疗领域提供了强大的数据支持和决策辅助。这些系统可以帮助医院更好地管理患者信息、实现精细化管理，以及提高医疗决策的科学性。

区块链技术也为医疗数据共享和保护提供了新的可能。通过区块链技术，可以实现对患者数据的安全存储和传输，同时确保数据的真实性和完整性。这对于患者隐私保护和数据共享具有重要意义。

当然，我们还需要关注数字化医疗所带来的挑战，如医疗数据安全、医疗行业监管等问题。应对这些挑战需要政府、企业和医疗机构共同努力，建立相应的法规、政策和技术标准。

此外，区块链技术的应用也让公共服务变得更高效，政府可以减少行政负担并提高服务质量。大数据在疫情防控方面发挥了关键作用，有助于制定更有针对性和准确性的政策和计划。

科学技术的快速发展无疑为人类带来了巨大的福祉和便利。然而，我们也需要警惕科技带来的潜在风险，并在推动科技进步的同时，关注人类价值观、伦理道德和环境可持续性等方面的问题。只有在维护平衡的基础上，我们才能真正实现科技为人类带来的美好未来。

信息科技行业在全球范围内的快速增长和广泛应用，使数字经济成为全球经济的重要推动力。数字经济的价值已占全球 GDP 总量的 15.5%，在过去 15 年中的增长速度更是达到了全球 GDP 增长速度的 2.5 倍。

信息技术产业链的基础层、技术层和应用层都在不断创新和发展。基础层的芯片、传感器、云计算和大数据等技术在提升计算能力方面发挥着关键作用；技术层的语音识别、计算机视觉、自然语言处理等技术持续创新；应用层则在医疗、教育、金融、安防、政务等领域提供了商业化解决方案。

新冠疫情为产业数字化转型带来了巨大的压力和挑战，线上场景如远程办公和在线学习的需求不断增长，使企业不得不把数字化转型作为“必选项”。未来，人工智能、云计算、大数据等技术将与其他产业更加深度融合，从提升效率的辅助角色逐渐演变为重构产业数字化发展的“内核角色”。

随着数字经济的发展，我们可以预见到更多创新性的技术和应用将不断涌现，推动全球经济高速增长。与此同时，我们也需要警惕和关注科技与数字经济带来的潜在风险，如数据安全和隐私保护等问题，积极寻求解决方案以实现可持续的数字经济发展。在推动科技进步的同时，关注人类价值观、伦理道德和环境可持续性等方面的问题。只有在维护平衡的基础上，我们才能真正实现科技为人类带来的美好未来。

在算力技术方面，量子计算、分布式计算、DPU（数据处理单元）以及量子芯片、类脑芯片和硅光芯片等硬件的发展，正在颠覆传统的算力体系，为计算效能和能效带来重大突破。例如,具备“事件驱动”与“存算一体”特性的类脑芯片将与硅基计算架构深度融合,为实现人工通用智能奠定基础。量子计算还将在密码学、材料科学、药物研发等领域带来革命性的突破。神经形态计算作为一种模拟人脑信息处理方式的技术,有望在人工智能领域带来重大突破。在未来10年,算力将像水、电和煤等基础资源一样,成为智能社会运行的核心要素,同时推动更多智慧化、智能化应用的发展。绿色低碳、开源算力亦将成为数字经济时代生态共建的基石。

AI的迅猛发展离不开大算力的支撑。例如生物计算领域,AI制药、预测化学分子、DNA计算都在算力的影响下极大地提高了生产力。算力已经成为支撑智慧社会的核心动能之一。日益优化的高性能计算与智能超算将让更多数据价值得以充分挖掘,推动人类社会朝着智能先进、便捷高效的方向演进,未来10年将迎来百倍算力增长。“元宇宙”和“虚拟人”等新型数字环境对算力的需求呈现指数级提升。

在智慧交通领域,自动驾驶的实现更依赖算力的提升。自动驾驶涉及激光雷达、图像感知以及V2X(vehicle to everything,车辆的无线通信)等技术与解决方案,需要利用机器学习,来实时处理海量数据,稍有闪失便会产生严重后果。一辆智能汽车的算力已经达到数据中心级别,因此智能汽车也被许多业内人士称为“轮子上的数据中心”。

通过引入人工智能、物联网、大数据等技术,传统制造业可以实现生产效率的显著提升。在这一过程中,算力的作用至关重要。边缘计算可以在数据源附近进行计算,减少数据在网络中的传输量,降低延迟,提高实时决策能力。数据驱动的优化,制造商可以发现潜在的问题,优化生产流程,提高资源配置效率,更好地预测需求和市场趋势,从而优化库存和物流管理。

纵观全球算力格局,美国在高端芯片设计、配套生态、EDA软件以及先进制程相关供应链领域保持领先地位,但中国正迅速迎头赶上。以算力为核心的数字信息基础设施建设,在中国已被提升到前所未有的重要程度。当前,我国正大力推进智能计算中心建设,努力打造新型智能基础设施。

中国最大的优势在于其制造业规模居全球之首,同时它也是全球最大的个人消费和电子消费市场。中国完整的产业体系,不仅为原创技术的发展提供了良好的创新土壤,还培养了大量依托中国产业体系的优秀科研人员。与此同时,众多海外顶尖人才回国所带来的工程师红利,将有力推动中国算力的飞速发展。显然,在智能汽车、新能源变革、AR/VR、AIoT等新场景所催生的新机遇面前,中外竞争已基本处于同一起跑线上。

放眼人类社会的演进,以粮食和能源为核心的世界级竞争,曾经带动了生产力的极大提升和人类科学的进步。展望未来,算力将如同水、电一般,成为智能社会的主要动力。相信围绕大计算展开的布局和投资、支持算力的半导体平台,以及以应用为导向的算力企业,都将共同推动算力产业创新发展。这将助力我们抢占算力制高点,为智慧社会提供有力支撑,推动我国产业高质量发展,为人们创造更美好的生活。

在云计算领域,混合云、分布式云和边缘计算等技术正日益凸显在产业数字化转型中的重要作用。以混合云为例,这一构架不仅是信息技术架构的创新,还在降低成本的同时实现高敏捷性,为企业带来更多创新机遇。分布式云位于数据中心与终端设备之间,实现云计算能力向边缘节点的延伸。由于分布式云靠近数据源头并广泛分布在不同地理位置,它能覆盖各种数据热点区域和客户场景,提供就近的计算、网络、存储和安全等云能力。基于这些优势，分布式云成为一种满足广连接、大带宽、低延时和碎片化需求的精细化云服务。随着硬件设备的进步，分布式云将具备部分中心云的能力，但并不会完全取代中心云。相反，它将与云、边、端协同构建更完备的云计算架构。在未来，分布式云将服务于自动驾驶、工业制造、智慧城市等对时延和连接有严格要求的应用，发挥边缘智能的潜能。

在大数据领域，分布式数据库和数字孪生等创新技术正迅速成熟，成为推动产业数字化发展的关键力量。例如，数字孪生技术可创建一个与物理空间相映射的虚拟世界，实现物理实体与数字虚体之间的双向动态数据交互。同时，它还能根据数字空间的变化实时调整生产工艺和优化生产参数，具备优化、预测、仿真、监控和分析等功能，为数据驱动业务提供有力支持。

由物联网、大数据、云计算、机器人和人工智能等核心科技组成的“工业 4.0”被统称为信息物理系统(Cyber-Physical System)，旨在实现生产过程中的供应、制造和销售信息的数字化和智能化，最终实现快速、高效、个性化的产品供应。站在工业 4.0 浪潮之巅，我们可以回顾前三次工业革命，即蒸汽机、电气化和计算机。在一个尚不成熟的定义下，工业 5.0 指的是人与机器相互补充、智能协同的工作和生活，直至实现人机融合。

制造业正以前所未有的速度迈向“工业 4.0”和全面数字化阶段。然而，相较于其他行业，制造业的基础设施和转型基础相对薄弱，转型难度较大。当前，许多企业尚未建立应对数字化转型的组织架构，数字化转型进程步履维艰。制造业数字化转型时，技能培训和人才发展特别重要，要确保员工适应数字化生产环境，跨部门和跨企业合作对于推动制造业数字化转型至关重要。

随着数字化转型进入“深水区”，转型主体也将完成由企业个体到产业协同，再到生态共荣共生的转变。当下，数字化转型正不断涌现新模式、新业态，各产业间的组织关系也发生着根本变化，连接着各产业的媒介不再是产业或企业本身，而是各产业、企业之间以用户价值为中心的数字化生态平台。

未来，数字化平台建设将成为数字化发展的核心。通过关注用户需求，各产业间的生产要素和数据要素将实现共建共享，产生的价值将远超单一产业协同创造的价值。届时，产业间的组织关系将发生变化，从多节点的平面型价值链演变为纵横交错的生态共赢立体发展网络。

目前，数字经济已进化为以人工智能为核心驱动力的智能经济新阶段，繁荣的 AI 生态不断赋能各行各业。智慧城市、教育、金融、医疗、交通等行业涌现出众多 AI 应用，以机器学习、深度学习、知识图谱、自然语言处理等核心技术成为创新发展的主要驱动力。例如，机器学习已被应用于金融领域的欺诈检测和风险控制等商业场景。未来，机器学习将与其他新兴技术结合，助力更多数字化场景，实现“1＋1＞2”的效果。

在全球范围内，各行各业纷纷“拥抱”人工智能，深度受到其赋能和渗透。医疗、金融、城市、教育、制造等领域都是人工智能的应用场景。AI 与实体经济融合在许多行业已初见成效。从融资维度看，《2021 中国数字经济时代人工智能生态白皮书》显示，2021 年全球 AI 融资超过 900 亿美元，美国和中国 AI 融资规模位居全球前二，中国 AI 企业融资超 140 亿美元。

从市场维度看，医疗健康、金融与保险、媒体与娱乐、零售与快消品、交通与物流等行业的 AI 应用市场呈现强劲增长态势。在未来 10 年，AI 生态系统将推动 AI 技术加速“下沉”

至各行各业，保持对第三产业的持续发展和渗透，加大对第一、第二产业的全面赋能。不少专家预计 30 年能够形成万亿美元级别的产品有：无人驾驶的新能源汽车、家用机器人、头戴式 AR 和 VR 的眼镜和头盔、柔性显示、3D 打印设备等。

AI 的快速发展离不开技术上的突破和商业应用领域的进步。在国际上，DeepMind、IBM 等企业在 AI 领域取得了显著成果；在国内，商汤科技、科大讯飞等企业也是业内的领军者。DeepMind 在深度强化学习技术上的突破，解决了多个长期困扰人类科学家的重大科学问题，如游戏程序 AlphaGo 和蛋白质预测模型 AlphaFold。

2022 年 11 月，美国公司 OpenAI 推出了人工智能聊天软件 ChatGPT，通过强化学习技术进行微调，实现了在不同主题下快速生成富有创意和个性化的对话。该软件在短时间内吸引了大量用户。百度则推出了类似的产品 ERNIEBOT（中文名为“文心一言”）。

随着人工智能产业从发展期向成熟期过渡，除 AI 芯片外的细分技术赛道将跨越高速增长阶段，进入稳步增长阶段。人工智能的成熟和不断扩展将支持新应用程序和技术创新，响应更快速的开发周期。AI 芯片作为底层算力资源的关键硬件，是整体产业规模增速的重要推动力。仅以 ASIC 专用芯片为例，其需求在未来 10 年仍将保持高增长率。

同时，计算能力的发展将推动下一代人工智能的崛起。高计算能力可能带来材料、化学品和制药等行业的颠覆性变革，成为自动驾驶等产品高速发展、商业化和普及的关键。量子计算机利用不同的物理原理进行信息传输和处理，这是任何经典计算机都无法通过经典物理学实现的。相较于经典计算机，量子计算机犹如飞机之于汽车，这意味着彻底的变革——无论汽车有多快，它都无法飞越河流。量子计算机的突破则可将人工智能发展带入新的加速时代，加速药物和材料设计以及信息通信方式的迭代。

此外，具备自我学习能力和灵活配置的机器人也将推动人工智能在实体领域的应用。工业机器人能够代替人工完成各类繁重、乏味或有害环境下的体力劳动，并对劳动力进行重新配置。可以预见，政府和企业将面临解决人工智能和机器人自动化带来的劳动力再就业问题，同时企业也需要重新考虑未来的人才配置策略。

机器人被誉为制造业的顶端明珠，是衡量一个国家科技创新和高端制造水平的重要指标。近年来，我国机器人市场规模持续快速增长，机器人在各行业的应用不断拓展和深化。据工信部数据，“十三五”以来，我国机器人产业年均复合增长率约为 15%，实现了在工厂产线、仓储物流、教育娱乐、清洁服务、安防巡检、医疗康复等领域的规模应用。

为了进一步推动机器人产业发展，《“十四五”机器人产业发展规划》提出了一系列目标，包括在核心技术和高端产品方面取得突破，提高整机综合指标，实现关键零部件性能和可靠性达到国际同类产品水平；保持机器人产业营业收入年均增速超过 20%；培育一批具有国际竞争力的领军企业和专精特新“小巨人”企业；建成具有国际影响力的产业集群。同时，规划提出到 2035 年，我国机器人产业综合实力将达到国际领先水平，使机器人成为经济发展、人民生活、社会治理的重要组成部分。

移动互联网的发展对人们的工作、生活已经带来了翻天覆地的变化，其中，腾讯公司所推出的社交产品微信和字节跳动的短视频平台抖音（海外版为 TikTok）正在进一步改变社会各界的生产生活形态。微信产品的影响之大，以至于马斯克在前段时间甚至号召推特的员工向微信学习以实现推特 10 亿日活用户的目标；而 TikTok 所依赖的算法技术，更是移动互联网密集讨论的焦点，TikTok 的算法一度在美国业界掀起轩然大波，几乎遭封禁。

随着产业数字化程度加深，越来越多的数据存在于移动互联网上，与之相应的数据隐私与安全问题也越来越凸显。同时，数据作为一种生产要素，其经济价值也得到各行各业以及国家的高度认可。在2020年4月公布的《中共中央国务院关于构建更加完善的要素市场化配置体制机制的意见》中，数据被定义为生产要素且与“土地、劳动力、资本、技术”并列，数据对于国民生产的重要价值得到了官方层面的肯定，且重要程度一举提升到了与其他基本要素同等的水平。数据价值开始深入政策层面，由此传导到业界愈加彰显，应对好数据隐私与安全挑战关系到我国数字化产业的推进进程。数据隐私日渐从社会讨论、传媒声势中落地。在顶层设计方面，事关数据隐私的法律法规逐步完善。在技术上，诸如同态加密这类隐私计算技术已经深入人们日常生活，在手机等智能设备中以难以察觉的方式落地应用。

风能、光伏、氢能等绿色能源正在为地球减碳“做加法”，人造合成食品为人类生存创造更多的资源；人工智能、大数据、区块链、云计算、5G通信、量子计算等信息技术正推动人类向人、机、物高度融合的新智能时代发展；虚拟现实、混合现实技术让“元宇宙”越来越近，智慧城市的搭建与平行时空的创造正同步发生。

大数据、AI、云计算、5G等新一代信息技术深度融合到制造、交通、教育、金融、能源、医疗等各行各业，带来行业的智能化升级，大幅提升行业效率；智能家居、AR/VR、智能机器人、自动驾驶、生物计算，正加速构建万物互联、虚实融合、人机协作的智慧社会，带给我们更加美好的生活体验。

算法在人工智能和大数据技术发展下的广泛应用，确实为我们提供了个性化、精准化和智能化的信息服务。然而，随着推荐算法等在互联网消费领域的广泛应用，确实也带来了一定的问题，尤其是用户隐私方面的问题。对此需采取一系列措施，例如在收集用户数据时，尽量只收集必要的信息，避免过度收集敏感信息，可采用去标识化、匿名化等技术来保护用户隐私；采用加密技术、访问控制等手段保护用户数据的安全，防止数据泄露；加强用户隐私设置的功能，让用户可以自主管理自己的隐私信息。

隐私计算主要有三大技术路线：多方安全计算、可信执行环境和联邦学习。隐私计算技术已经在金融、政务、医疗等领域得到广泛应用。在金融领域，可以实现跨机构的数据分析和风险评估，而不泄露敏感的客户信息；在政务领域，有助于实现数据共享和跨部门合作，提高政府工作效率；在医疗领域，可以实现患者数据的隐私保护，同时促进医疗机构之间的知识共享和研究合作。

数据安全的挑战会益发严峻，成为每个企业和国家在发展和使用信息技术时必须考量的前提。因此，具备更高安全度的区块链技术有可能会取得突破性的进展，并有潜力改变现有的互联网生态。世界经济论坛的一项调查表明，到2027年，全球GDP的10%将存储在区块链上。前几年区块链得到了大量投资。区块链初创企业的风险投资资金持续增长，在2017年就已达到10亿美元。领先的科技公司也在大力投资区块链；IBM拥有1000多名员工，并在区块链驱动的物联网(loT)上投资了2亿美元。这些投资很有希望会在未来10年里带来区块链的更多应用和突破性技术。

到2025年，数字经济迈向全面扩展期，中国数字经济核心产业增加值占GDP比例预计将达到10%，智能化水平会得到明显提升。发展信息技术，加快推动数字产业化并健全和完善数字经济治理体系会是国家经济发展策略的重中之重。

科学技术的发展，不仅改变人类的生存方式，更进一步改变人们的思维方式，改变人类对自身和世界的认知。基于新的技术、材料和新的理念、思想，人类社会也将走向一个充满想象力的未来。因此，我们正处于教育领域创新和创造力大规模爆发的关键时刻，而人工智能正是其中的核心驱动力。各个层面的教育工作者都需要关注AI对教育的影响，采取积极措施应对挑战并利用其潜力。教师应当关注人工智能对教学的影响，与同行建立联系并分享经验。教师可以利用AI工具辅助教学，例如使用ChatGPT支持教学内容的个性化和多样化，提高学生的学习体验；学校需要向家长提供关于如何在课堂上使用人工智能的建议，帮助家长了解AI的好处和潜在风险，让家长与学校共同参与到技术变革中；学校领导团队需要审视员工的专业发展选择，鼓励教师提高自己的技能，包括了解人工智能技术以及如何将其与教育相结合；国家和地方教育部门应积极评估人工智能对教育政策、技术需求和教师培训的影响。政策制定者需要关注AI技术如何改变教育环境，制定相应的政策和指导方针。通过以上措施，我们可以充分利用ChatGPT等AI技术在教育领域的潜力，推动校内外活动的开展，全面提升学生和教师的数字素养。同时，我们需要不断发展评估策略，以开放的心态迎接技术变革带来的挑战和机遇，共同见证人工智能与教育的双向赋能。

综上所述，随着计算机科学与技术在现代化运用中的普及，在不同领域、不同行业中或多或少都出现了计算机科学与技术在现代化运用的身影。比如计算机辅助设计（CAD）和计算机辅助制造（CAM）软件已广泛应用于建筑工程中，BIM（建筑信息模型）通过三维建模软件实现建筑设计的可视化、交互式和协同化，还可用于建筑材料和结构的分析和仿真，如有限元分析（FEA）和计算流体动力学（CFD）；计算机辅助设计（CAD）和计算机辅助制造（CAM）软件将被应用到机械设计和制造中，用于设计、分析和制造机械零件和系统，如自动化装置、航空发动机和汽车零部件等。

计算机在能源与动力领域应用包括能源系统设计、建模和优化、燃烧模拟、风电、太阳能、地热能等发电模型，以及对发电系统运行的监控和诊断；计算机可用于电气自动化领域中的电力系统设计、控制系统设计、计算机集成制造和智能制造，如PLC编程和SCADA系统的开发等；计算机可用于道路桥梁的设计、模拟和优化，如使用有限元分析（FEA）分析桥梁结构的应力和变形等。

计算机在航空航天领域的应用包括飞行模拟、航空器设计、控制系统设计等；计算机在金融领域被广泛应用，如银行、证券、保险等金融机构中的交易系统、风险管理、客户管理、数据分析等；计算机在医疗保健领域的应用包括电子病历、医学图像处理、医学诊断辅助、生命科学研究等；计算机在教育领域被广泛应用，包括在线学习、电子图书馆、学生管理、教师培训等；计算机在交通运输领域的应用包括交通控制、交通信息管理、智能交通系统等；计算机在农业领域的应用包括精准农业、农业信息化、农产品检验等，可通过遥感技术、大数据分析和物联网技术，使农业生产过程得以优化，农作物产量和质量得到提高。

计算机在水利水电工程领域的应用包括水文模拟、水力学模拟、水力发电机的设计和优化等，计算机模拟技术可以帮助工程师更好地预测和分析水流、水压和结构受力情况；计算机在环保工程和环境设计领域应用主要涉及数据分析、环境监测和污染控制等，计算机模拟技术可以帮助工程师预测污染物在大气、水体和土壤中的扩散和转移情况，从而指导环境管理和污染控制。

计算机在娱乐和多媒体领域中的应用包括游戏开发、动画制作、音乐制作、影视制作等；计算机在物流与供应链管理领域的应用包括仓库管理、运输管理、库存管理、订单处理等，通

过计算机技术优化物流和供应链运作，降低成本，提高效率，满足客户需求；计算机在司法领域的应用包括在线法律咨询、法律文档管理、法律研究、案例分析等；计算机在政府管理领域的应用包括电子政务、政策制定、数据分析、公共安全等。

展望未来，计算机技术将继续在各个领域发挥重要作用，推动科技和人类社会的进步。量子计算将为计算能力带来前所未有的提升，解决当前经典计算机难以解决的问题，如优化问题、加密解密等。虚拟现实和增强现实技术将为人们提供更加沉浸式的体验，改变娱乐、教育和工作的方式。同时，这些技术将推动新型人机交互方式的发展，如语音识别、手势识别等；物联网将使我们的生活更加智能和便捷，通过对物体和设备的连接与交流，提高生活品质，降低能源消耗。智能城市将促进城市规划、能源管理、交通管理等领域的协同发展，提升城市居民的生活质量；生物技术的发展将进一步提高医疗水平和疾病防治能力。基因编辑技术、个性化医疗、再生医学等领域的研究将为疾病治疗带来革命性的突破。同时，生物技术与计算机技术的融合，将为生物领域的研究提供更强大的数据处理和分析能力；人工智能将持续发展，让计算机在各行各业中发挥更加智能化的作用。机器学习、深度学习等技术的不断进步将使计算机在图像识别、自然语言处理、预测分析等方面越来越像人类思维。

我们有理由相信，计算机技术将持续为人类社会带来革命性的变革，推动科技的进步和生活品质的提升。随着物联网、智能城市和生物技术的融合，在这个充满无限可能的未来，我们将继续见证计算机技术为全球带来更多的改变和突破。

本书涉及的新工科专业知识点，主要指针对新兴产业，以互联网和工业智能为核心，包括大数据、云计算、人工智能、区块链、虚拟现实、智能科学与技术等相关工科专业知识。新工科专业是以智能制造、云计算、人工智能、机器人等用于传统工科专业的升级改造，未来新兴产业和新经济需要的是实践能力强和创新能力强、具备国际竞争力的高素质复合型新工科人才。

本书结合高新科技新兴产业与新工科的发展，以最新信息技术在其中的应用状况和案例为重点内容，以产业和行业为序，介绍了机械设计与制造、建筑工程、道路桥梁、能源与动力、材料工程、生态环境工程、航空航天、医疗、财经、现代教育、融媒体、电子工业、艺术科技、互联网、物联网、大数据、人工智能与机器人等 17 个产业中计算机信息技术的主要应用，将计算机专业知识及其应用的方法、常用软件，通过科学计算、数据处理、过程控制、计算机辅助设计、人工智能、网络应用等分别融入实例，尤其着重突出重要汇编语言的编程代码演示。

本书作为本专科学生计算机应用基础通识课程的教材，其编写目的一是让学生了解计算机在各行业中的应用状况，二是使学生初步掌握计算机应用基础和常用语言，熟悉主要的常用专业软件，三是为毕业生就业和创业的计算机应用学习和检索提供一本工具书，四是加强学生的专业外语实际训练。在讲授时可按照行业和专业分章节授课，也可按照计算机课程和软件等进行检索教学。本书采用了英汉对照的编写模式，为各相关专业提供了专业基础课外语学习的教材支持。

第一章　计算机在机械设计与制造中的应用

Chapter 1：The Application of Computers in Mechanical Design and Manufacturing

欢迎阅读我们的第一章节——“计算机在机械设计与制造中的应用”。在这一章中，我们将深入探讨计算机技术如何重塑了机械设计和制造的景象，使其更为先进、高效与精确。

首先，我们将简要介绍计算机在机械设计与制造中的应用与发展概况。然后，我们将通过一系列具体的应用案例——如 CAD 在汽车发动机零部件设计与制造中的应用、C 语言编写的有限元分析和 CNC 程序控制车床的程序示例，让您对计算机在机械设计和制造生产中的具体应用有更为深刻的理解。

此外，我们还将讨论一些新兴技术，如 3D 技术、逆向工程、计算机仿真技术、大数据技术、数控技术、3D 打印和虚拟现实等在机械设计与制造中的应用，并通过实例展示这些技术如何实现其强大的功能。

我们还将介绍如何使用 Word 制作机械部件图纸的标准说明书、使用 Excel 制作机械零件的生产计划，以及使用 PPT 制作机械产品展示，让您了解到计算机软件在机械设计与制造中的广泛应用。

无论您是机械设计与制造的学生，还是工程师，或者只是对计算机技术在机械设计与制造中的应用感兴趣的读者，我们相信这一章节都将为您提供丰富而有价值的信息。这是一个充满挑战与机遇的领域，我们期待您在阅读这一章节的过程中，感受到这股力量并受到启发。

第一节　计算机在机械设计与制造中的应用与发展概况

计算机在机械设计与制造中的应用已经成为现代制造业不可或缺的一部分，在下列领域得到广泛应用。

（1）机械设计软件：计算机辅助设计（CAD）软件已经成为机械设计师的标准工具。这些软件能够帮助设计师通过建模、绘图、仿真等功能进行快速而准确的设计。

（2）数控加工：计算机数控（CNC）加工已经广泛应用于各种机械零件的制造。CNC 系

 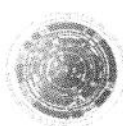

统能够根据CAD模型自动控制机床进行加工，大大提高了制造效率和精度。NC技术广泛应用于航空航天、汽车、医疗等领域。

(3) 仿真模拟：计算机仿真模拟技术可以模拟机械系统在不同工况下的性能表现，帮助设计师预测并优化设计，减少试制成本和时间。

(4) 云制造：通过互联网技术和云计算平台，实现机械制造全流程信息化、数字化、网络化、智能化，使制造业更加高效、灵活、可持续。

(5) 3D打印：3D打印是一种新兴的制造技术，它利用计算机控制机器将材料层层叠加，最终制造出所需的产品。3D打印在小批量生产和快速原型制造方面具有很大的优势。

(6) 虚拟现实(VR)：虚拟现实技术可以帮助工程师在计算机上构建机械模型，并进行模拟测试和优化设计。VR技术也可以在培训和维修方面得到广泛应用。

(7) 人工智能(AI)：人工智能技术可以帮助机械制造企业自动化生产和质量控制，提高生产效率和降低成本。AI技术也可以在机器人和自动化设备中得到应用，实现更高效的生产和运营。

该领域的未来发展趋势如下。

(1) 智能化制造：随着人工智能和物联网技术的发展，未来机械设计和制造将越来越智能化。例如，自动化设计优化、智能制造调度、智能维护等技术将得到广泛应用。

(2) 可持续制造：随着全球对环境保护的重视，机械制造业将朝着更加环保、可持续的方向发展。例如，新型材料的应用、绿色制造流程的研究等，将成为机械制造的重要发展方向。

(3) 协同设计与制造：未来机械制造将更加注重协同设计和制造，实现多方参与、协同完成整个产品生命周期的目标。例如，基于云制造的供应链管理、数字孪生技术的应用等，将推动机械制造更加智能、高效、精准。

第二节　计算机在机械设计中的应用

在机械设计领域，计算机辅助设计技术(Computer Aided Design，CAD)发挥着越来越重要的作用，已经在设计各个环节中提供全面支持。计算机辅助设计技术包括计算机绘图(几何实体造型)、标准件库与调用、标注——标准和规范的引用，以及零件的设计计算。在这里，我们主要介绍计算机绘图技术。

计算机绘图是指利用计算机图形系统绘制符合要求的二维工程图样或建立起三维模型的方法和技术。在详细设计阶段，计算机绘图技术可用于图形绘制、尺寸标注、技术条件标注等全部绘图工作。在现代产品设计中，还利用计算机绘图直接构建零件或整个产品的三维模型。与传统的手工绘图相比，计算机绘图不仅具有速度快、精度高的特点，而且可以通过对大批量电子版图形进行有效管理，方便快捷地进行图形检索、修改和重用。实际生产设计中计算机绘图技术应用广泛。常用的绘图软件包括UG、Pro/E、Solidworks、I-deas、Outocad和CAXA等。

AutoCAD是一款功能强大的工程设计软件，运行于Windows操作系统下，广泛应用于

机械、电子、土木、建筑、航空、航天、轻工、纺织等领域。作为业界应用最广泛、功能最强大的通用型辅助设计绘图软件，AutoCAD 主要用于二维绘图，同时具备有限的三维建模能力。

AutoCAD 具备强大的图形编辑功能，如修改、删除、移动、旋转、复制、偏移、修剪、圆角等。此外，还有缩放、平移等动态观察功能，以及透视、投影、轴测图、着色等多种图形显示方式；提供栅格、正交、极轴、对象捕捉及追踪等多种精确绘图辅助工具；利用块及属性等功能提高绘图效率，对于经常使用到的图形对象组，可以定义成块并附加上从属于它的文字信息，需要时可反复插入到图形中，甚至可以仅仅修改块的定义便可以批量修改插入进来的多个相同块。此外，还可以使用图层管理器管理不同专业和类型的图线，根据颜色、线型、线宽分类管理图线，并可以控制图形的显示或打印与否；可对指定的图形区域进行图案填充；提供在图形中书写、编辑文字的功能；创建三维几何模型，并可以对其进行修改和提取几何和物理特性。

由于内容较为零散，可以将软件应用这部分内容划分为六个部分：AutoCAD 绘图软件基本操作、绘制电气元件图、绘制电子电路图、绘制控制电气工程图、绘制建筑电气工程图。这样的划分有助于用户更好地理解和掌握 AutoCAD 的各个功能及其在不同领域中的应用。

总之，计算机辅助设计技术在机械设计领域中具有广泛的应用前景，它不仅提高了设计速度和精度，而且为工程师们提供了强大的工具和方法，以便更好地完成各种复杂的设计任务。随着计算机技术的不断发展和进步，我们可以预见，计算机辅助设计技术将在未来机械设计中发挥更大的作用，为机械设计师们提供更多便利和支持。

应用示例：CAD 在汽车发动机零部件设计与制造中应用

(1) 背景：汽车制造商希望建立一款高性能、低排放的发动机，以满足市场对节能减排的需求。为了达到这一目标，设计团队需要设计和制造一系列高精度和高性能的发动机零部件。

(2) 解决方案。

①零部件设计：设计团队使用 CAD 软件（如 SolidWorks、AutoCAD 或 CATIA）创建发动机零部件的三维模型。这些零部件包括活塞、曲轴、气门、缸盖等。设计师可以使用 CAD 软件对零部件进行详细的尺寸、形状和公差设定，以确保零件之间的精确配合。

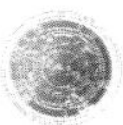

②性能分析：在设计过程中，设计师还可以运用计算机辅助工程（CAE）软件对零部件进行结构强度、热传导、疲劳寿命等方面的分析。通过对设计方案的多次迭代，设计师可以优化零部件性能和耐用性，提高整体发动机性能。

③制造准备：设计团队将 CAD 模型导出为计算机辅助制造（CAM）软件所需的格式，如 STEP 或 IGES。CAM 软件可以根据 CAD 模型生成制造设备（如数控机床）所需的加工程序。这些程序包括切削路径、刀具选择、切削参数等信息。

④制造过程：在制造现场，工程师将加工程序输入数控机床，机床根据程序进行自动加工。通过精确控制切削路径和参数，数控机床可以高效地生产出符合设计要求的发动机零部件。

⑤质量检测：加工完成后，工程师使用三坐标测量机（CMM）等高精度测量设备对零部件进行尺寸和形状检测，确保零部件符合设计要求和公差标准。

⑥最终组装：经过严格的质量检测，合格的零部件被送往装配线进行组装。最终完成的发动机经过测试，确认其性能满足设计目标。

通过使用 CAD、CAE 和 CAM 技术，设计团队能够快速、高效地设计和制造出高性能、低排放的汽车发动机。

假设我们要设计一个简单的连接杆（linkage rod），首先，在 CAD 软件中建立一个新的项目或零件文件。

使用软件中的草图功能（sketching tools）绘制连接杆的二维轮廓，例如绘制一个长方形轮廓，表示连接杆的主体，并在两端添加圆形孔，用于固定销。

利用挤出（extrude）或拉伸（sweep）等功能，将二维草图转化为三维实体。这时，您将看到一个带有圆形孔的长方形实体，即为所设计的连接杆。

使用软件中的尺寸和约束工具（dimension and constraint tools）对零件进行详细的尺寸和公差设定，例如设定长方形的长、宽和厚度，以及圆形孔的直径和位置。

保存零件文件，然后您可以将其导出为其他格式（如 STEP、IGES 或 STL 等），以便进行进一步的分析、仿真或制造。

以下是一些常用的 CAD 软件。

（1）AutoCAD：由 Autodesk 公司开发，广泛应用于建筑、机械、电子等领域的二维和三维设计。

(2) SolidWorks：由 Dassault Systèmes 公司开发，是一款功能强大的三维建模软件，广泛应用于机械设计、产品设计和工程仿真。

(3) CATIA：同样由 Dassault Systèmes 公司开发，是一款专业级的三维 CAD/CAM/CAE 软件，广泛应用于航空航天、汽车和高级制造领域。

(4) PTC Creo(原名 Pro/ENGINEER)：由 PTC 公司开发，是一款集成了 CAD、CAM 和 CAE 功能的三维设计软件，适用于各种规模的产品设计。

(5) Autodesk Inventor：由 Autodesk 公司开发，是一款适用于产品设计、机械设计和工程仿真的三维 CAD 软件。

(6) Siemens NX(前身为 Unigraphics)：由 Siemens PLM Software 公司开发，是一款集成了 CAD、CAM 和 CAE 功能的高级设计软件，广泛应用于航空航天、汽车、重工等领域。

第三节　计算机在分析与测试中的应用

在机械产品的分析与测试环节，计算机辅助工程技术(Computer Aided Engineering，CAE)发挥着关键作用。计算机辅助工程利用计算机技术分析和解决复杂工程问题，提高结构力学性能，并进行优化设计。主要应用领域包括有限元分析和优化设计。

有限元分析是使用有限元软件对机械结构的性能进行评估，关注强度(应力)、刚度(应变和变形)、动态特性(固有频率、振动模态)和热态特性(温度场、热变形)等方面。其核心概念是结构离散化，将实际结构分解为有限数量的规则单元组合体。实际结构的物理性能可以通过对离散体的分析来得出，满足工程精度的近似结果替代实际结构的分析。这样的方法可以解决许多实际工程问题，而传统理论分析则无法解决。有限元分析的基本步骤是将复杂形状的连续体求解区域分解为有限数量的简单子区域，即将连续体简化为由有限个单元组合成的等效组合体。通过将连续体离散化，求解连续体场变量问题简化为求解有限单元节点上的场变量值。此时得到的基本方程是一个代数方程组，而非原来描述真实连续体场变量的微分方程组，求解后得到近似数值解。在有限元分析中，常用的软件包括 ANSYS、SAP、ADINA、NASTRAN 等。

在完成有限元分析之后，计算机辅助工程技术的另一关键环节是优化设计。通过运用优化设计算法，以机械的单项或多项性能指标最优为目标，求解设计参数。借助计算机进行分析和计算，确保产品设计合理性并降低成本。常用的优化设计软件包括 ISIGHT、OPB—2 等。

与传统设计中资源消耗巨大的物理样机验证设计过程相比，CAE 技术能够缩短设计和分析周期，找到最佳产品设计方案，降低材料消耗和成本。在产品制造或工程施工前，预先发现潜在问题，模拟各种试验方案，减少试验时间和经费。

有限元分析(Finite Element Analysis，FEA)是一种数值分析方法，用于解决工程和物理学中的边界值问题。

例如：一辆汽车的发动机曲轴支架(engine crankshaft bracket)。在发动机运行过程中，曲轴支架需要承受振动和载荷。为了确保其性能和寿命，我们需要使用有限元分析(FEA)对其进行结构性能测试和分析。

(1) 准备模型：首先，我们需要从 CAD 软件中导出曲轴支架的三维模型(如 STEP 或 IGES 文件格式)，并导入到 FEA 软件(如 ANSYS、Abaqus 或 Siemens Simcenter 等)中。

(2) 几何简化与清理：为了提高计算效率，我们可以对模型进行几何简化，例如消除小特征(如倒角或圆角)、简化螺纹等。同时，确保模型没有重叠或不完整的几何体。

(3) 网格划分：在 FEA 软件中，对模型进行网格划分。这一步骤将模型划分为许多较小的单元(如四面体或六面体)，以便进行数值计算。网格划分时，我们需要关注网格质量和局部加密区域(如应力集中区域)。

(4) 材料属性分配：为模型分配材料属性，如弹性模量、泊松比、密度和屈服强度等。这些参数将影响分析结果。

(5) 边界条件和载荷应用：根据实际工况，为模型施加合适的边界条件(如固定约束)和载荷(如力、压力或转矩等)。

(6) 求解和后处理：运行 FEA 求解器，计算模型在给定条件下的应力、应变和位移分布。在求解完成后，对结果进行后处理，例如检查最大应力、应变能量或振动模态等。

(7) 分析结果评估：根据 FEA 结果评估曲轴支架的性能。如果应力或位移超过允许范围，可能需要对设计进行优化，例如增加材料、改变形状或更换材料等。

(8) 设计优化与验证：如果需要，进行设计优化，并重新进行 FEA 分析，直到满足性能要求。

通过以上有限元分析过程，我们可以确保发动机曲轴支架在实际工况下具有足够的强度和刚度，避免因过高的应力或过大的位移导致的失效。

程序示例:C 语言编写的有限元分析的程序

有限元分析示例代码

此例用于计算一个简单曲轴的应力和应变。请注意，此示例仅用于演示目的，实际应用可能需要更复杂的算法和数据结构。

示例的代码定义了一个简单的曲轴模型，包含 3 个节点和 2 个有限元。我们首先计算每个有限元的长度，然后计算应力和应变。最后，我们输出每个有限元的长度、应力和应变。

请注意，这个示例非常简化，实际应用中需要考虑更复杂的边界条件、节点自由度、单元类型、物料性质等。在实际工程分析中，建议使用成熟的有限元软件(如 ANSYS、Abaqus 等)进行计算。

第四节　计算机在制造生产中的应用

在实际的机械生产制造过程中，计算机检测技术和计算机控制技术得到了广泛应用。计算机检测技术主要利用计算机采集、分析处理和存储机械设备的运行状态数据，以完成设备的在线监控和诊断。计算机控制技术则主要通过计算机作为控制器，对机械设备的运行过程和运行状态进行自动控制。

现代生产中，计算机控制技术的核心是计算机辅助制造（Computer Aided Manufacturing，CAM），它基于计算机数值控制将计算机技术应用于制造生产过程。最主要的应用成果是数控机床，它极大地提高了机械制造加工的精度，并实现了多工序自动化加工，提高了资源利用率。在数控机床的基础上，研发出了能够从刀库中自动换刀和自动转换工作位置、连续完成切削、钻孔、铣削、攻丝等多道工序的多功能机床，称为“加工中心”。这些机床通过程序指令控制运作，只需改变程序指令即可改变加工过程，这种加工灵活性被称为“柔性”。

柔性制造系统是进一步的应用，它由一台主计算机管理和监控，多台数控机床（包括加工中心）、工件传送、装夹、卸下装置等组成，能够适应多品种、不同批量的工件加工。柔性制造系统可以在不停机的条件下调整工序、顺序和节拍，实现一种工件向另一种工件的转换，不同工序之间没有固定顺序和节拍，甚至可以同时加工多种工件，大幅缩短了加工周期。柔性制造系统的技术结构主要包括加工单元、工件流系统和信息管理系统。信息管理系统主要包括计算机和数控系统、切削加工状态监控系统、工件位置和加工精度测量控制系统、故障诊断及适应控制系统等。

许多柔性制造系统还加入了运输系统、机器人装配、立体仓库等设备，并通过计算机网络进行调度管理，形成产品生产全过程自动化生产单位，即自动化工厂。自动化工厂是计算机技术在生产制造领域的综合应用。

程序示例：C 语言编写 CNC 程序控制车床的程序

CNC 程序控制车床示例代码

假设我们要加工一个简单的圆柱形零件，其上有一个圆孔和一个外径减薄的部分。我们将使用数控车床（CNC lathe）进行加工。以下是加工过程的简要描述和一个示例程序：

（1）零件准备：首先，在 CNC 车床上安装原材料（例如金属棒）。确保原材料被牢固地固定在车床的卡盘中。

（2）工具准备：选择并安装合适的刀具，例如车刀、钻头和倒角刀。对每个刀具进行刀具补偿设置。

（3）编写数控程序：编写 CNC 程序来控制车床的运动和刀具选择。

（4）加工前模拟：在 CNC 控制器中输入程序并进行模拟。检查程序是否存在错误，以及加工过程是否符合预期。

（5）实际加工：在检查模拟结果无误后，可以开始实际加工。操作人员应始终关注车床

的运行状态，确保加工过程安全、顺利进行。

(6) 加工完成与检查：完成加工后，取下零件，检查尺寸和表面质量。如有需要，进行后续的修整和处理。

通过这个示例程序和加工过程，我们可以看到数控车床在机械制造领域的重要应用。编写合适的 CNC 程序并进行有效的加工对于保证零件质量和提高生产效率至关重要。

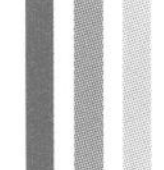

第五节 3D 技术在机械设计与制造中的应用

3D 技术的应用使得三维设计更加形象和直观。随着 CAD 软件的快速发展，利用这些软件可以从三维模型开始进行设计。三维设计方法的最大优势在于更加形象和直观，有利于干涉检查和运动干涉分析。简而言之，在设计阶段就可以实现模拟装配和运转，使设计与实际过程更相符。

3D 技术的应用可以实现变量化和参数化设计。尽管二维绘图软件也能进行参数化设计，但它无法根据具体环境设计出相应的绘图。而三维绘图软件可以根据机械结构尺寸对目标进行修改。同时，在装配设计过程中，还可以利用变量化和参数化技术建立装配体各零部件形状和尺寸间的关系，确保当某零部件形状和尺寸发生变化时，其他零部件的结构和尺寸可以自动调整。

3D 技术的应用还能实现重要零件的有限元分析和优化设计。对于形状或受力复杂的重要零件，如果使用传统设计方法进行设计，设计计算数据与实际工作状态可能存在较大差异。因此，在经过参数化三维建模设计后，可以将重要零件输入有限元分析软件中进行全面分析。这在一定程度上优化了设计，减少了材料消耗和成本，提高了产品可靠性能。

3D 技术的应用有利于观察零件装配。在机械制造过程中，经常会采用不同的装配关系来显示不同的设计效果。利用计算机辅助技术进行装配关系演示时，可以及时发现不同装配关系之间的问题并进行修改。同时，计算机辅助技术还能演示零件的运作过程，有助于及早发现零件本身存在的问题，从而提升零件质量。

对于机械制造企业，3D 技术不仅可以提高产品生产过程的完整性，还可以增强机械产品设计的美观程度。借助 3D 技术构建模型，优化机械产品设计。此外，3D 技术还能有效降低检测成本，提高机械产品设计和生产的质量。

某公司需要设计并制造一台自动化装配生产线，用于生产高精度的机械零件。为了确保生产线的高效、稳定运行，工程师需要对各个装配单元进行详细的设计和优化。

(1) 设计初步方案：工程师首先了解生产线的需求，并根据各个工作站的功能、布局以及装配顺序制定初步设计方案。

(2) 三维建模：使用3D建模软件(如SolidWorks、CATIA或Creo)对整个生产线的各个装配单元进行三维建模，包括夹具、传送带、机械手臂等。模型包含了所有关键尺寸和形状信息，便于工程师在后续的分析和优化过程中进行修改。

(3) 三维装配：在完成各个零件的三维建模后，工程师利用3D软件对整个生产线进行装配。在此过程中，可以检查零件之间的干涉和搭配问题，确保所有零件可以正确地组装在一起。

(4) 动画模拟：在完成三维装配后，工程师可以使用3D软件进行动画模拟，以观察生产线的运行状态和装配过程。通过这种方式，可以提前发现潜在的问题，如装配顺序不合理、零件之间的干涉等。

(5) 优化与修改：基于动画模拟的结果，工程师可以对生产线的设计进行优化和修改，以解决潜在问题并提高生产效率。

(6) 制造与实施：在经过多轮优化和验证后，工程师可以生成加工图纸和技术文件，将设计方案交付给制造部门进行实际制造。同时，3D模型和装配方案也可以用于培训操作人员和维护人员，帮助他们更好地理解生产线的工作原理。

程序示例:Jave 语言编写机械零件的程序

机械零件示例代码

该示例使用Java语言和Java 3D库创建一个3D建模的机械零件，包括一个圆柱和一个立方体。本示例使用JavaFX进行渲染，需要先安装JavaFX，并在项目中添加JavaFX库依赖。

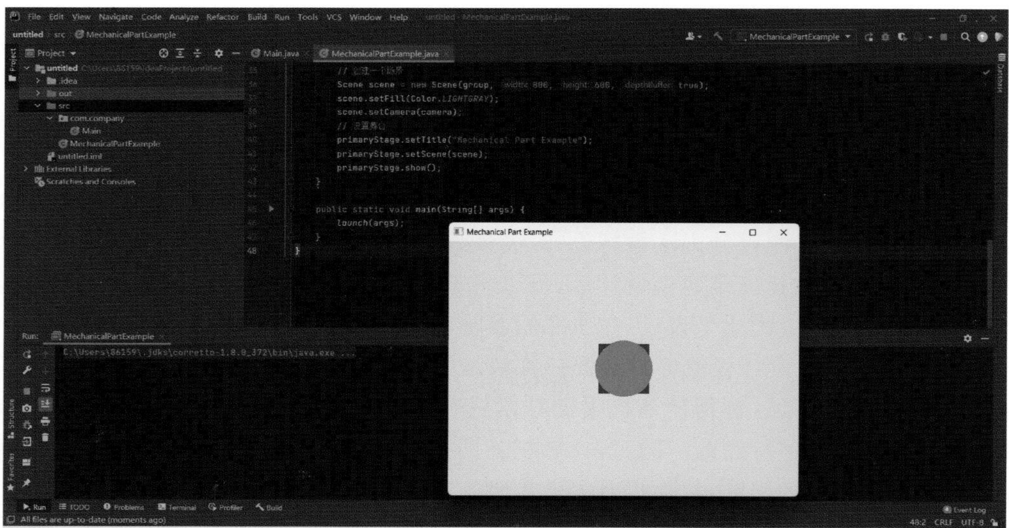

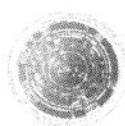

编译并运行 MechanicalPartExample. java，将看到一个包含蓝色立方体和红色圆柱的 3D 场景。

此示例仅用于演示目的，实际应用可能需要更复杂的模型、材质和光照设置。要创建更复杂的 3D 机械零件，可以使用成熟的 3D 建模软件（如 Blender、3ds Max 等），然后导出模型到 JavaFX 支持的格式（如 OBJ、DAE 等），再在 JavaFX 中加载和渲染模型。

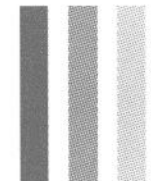

第六节　逆向工程中 CAD 的应用

逆向工程是一种在实物条件下，通过了解产品基础上逆向构造零部件模型的方法，以实现产品创新。逆向工程可以在原有产品基础上对实物模型进行创新设计，以提升产品性能。逆向工程通常包括以下几个步骤：

（1）数据采集：通过使用坐标测量机、激光扫描仪等设备，对实物模型的表面进行数据采集，获取三维坐标点云数据。

（2）数据处理：将采集到的点云数据输入到 CAD 制图软件中，对数据进行预处理，如去噪、平滑处理等，以便后续操作。

（3）曲面重建：利用数据绘制网格，对点云数据进行模拟，得到连续的曲面。再对曲面进行修复，例如填补空洞、消除重叠等，进而获得实物模型。

（4）曲面编辑：利用 SCZN-TOOLS 等技术对生成的曲面进行裁剪、延伸等操作，以便根据设计需求进行修改。

（5）曲面转换为实体：将编辑后的曲面转换成实体模型，使其具备完整的几何结构信息，便于后续的设计分析和加工制造。

（6）参数化设计：利用相关软件（如 SolidWorks、Pro/ENGINEER 等）对实体模型进行

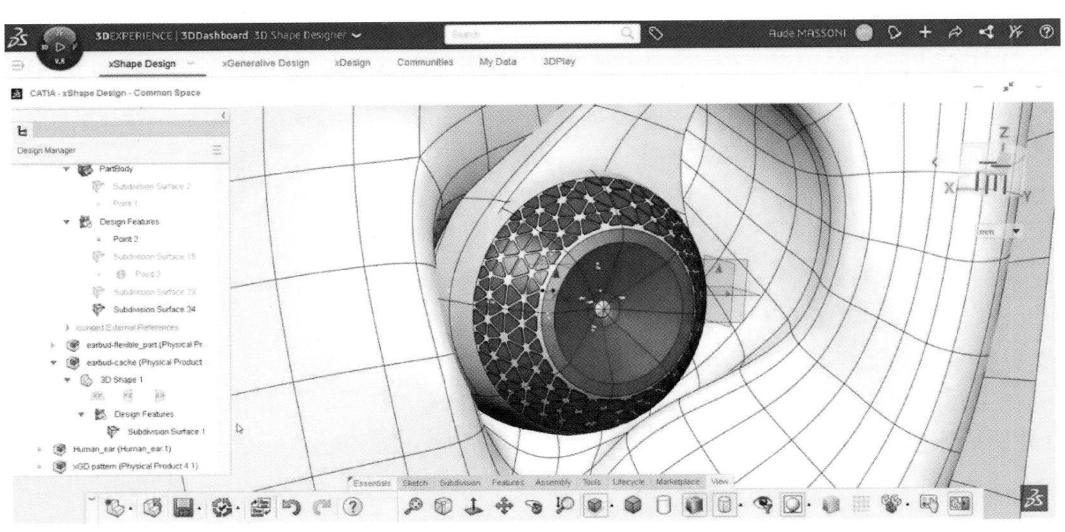

参数化设计,根据设计需求对模型进行调整和优化。

(7) 模型重建:完成参数化设计后,对模型进行重建,生成最终的产品设计。

逆向工程技术在产品创新、设计修改、竞品分析、遗失设计资料恢复等方面具有广泛应用。它可以缩短产品研发周期,降低设计成本,提高产品质量和市场竞争力。

示例:假设我们有一个已经生产出的复杂曲面零件,但原始的 CAD 文件丢失或损坏,现在需要重新制作这个零件。这种情况下,我们可以通过逆向工程的方法,获取零件的尺寸和形状信息,然后在 CAD 软件中重建三维模型。

(1) 数据采集:使用激光扫描仪、三坐标测量机或其他测量设备对实际零件进行测量,获取零件的尺寸和形状信息。这些数据通常以点云的形式表示。

(2) 点云处理:将采集到的点云数据导入到专门的逆向工程软件(如 Geomagic Design X. PolyWorks、Rapidform 等)中,对点云数据进行清理、修复和简化,去除噪声和冗余数据。

(3) 生成曲面或网格模型:在逆向工程软件中,根据处理后的点云数据生成零件的曲面或网格模型。这一步需要对曲面拟合精度和平滑度进行控制,确保模型与实际零件尺寸相符。

(4) CAD 建模:将生成的曲面或网格模型导入到 CAD 软件(如 SolidWorks、CATIA、Autodesk Inventor 等)中,通过对曲面进行进一步优化、编辑和修复,创建完整的参数化三维模型。在此过程中,需要注意维持模型的准确性和可编辑性。

(5) 二次设计与分析:在重建的 CAD 模型基础上,可以对零件进行二次设计和优化,例如增加或减少某些特征、修改尺寸等。此外,还可以使用有限元分析(FEA)软件对新模型进行结构性能测试,以确保其满足使用要求。

(6) 制造与验证:完成 CAD 模型的重建和优化后,生成加工图纸和技术文件,进行零件的制造。最后,使用测量设备对新制造的零件进行验证,确保其尺寸和形状与原始零件一致。

通过逆向工程和 CAD 软件的结合,我们可以在丢失原始设计文件的情况下,快速、准确地复制现有零件,为后续的设计、分析和制造提供有效支持。

程序示例:C 语言编写三维 CAD 零件的程序

三维 CAD 零件示例代码

在这个示例中,我们将使用 C 语言编程来创建一个简单的三维 CAD 零件,这个零件是一个球体。我们将使用 OpenGL 来渲染零件。这个示例需要安装 OpenGL 库和 GLUT 库,以便在项目中进行编译和运行。

创建一个名为 cad_part_example.c 的 C 语言源文件,并添加代码?

在窗口中,你将看到一个红色的球体。这个示例非常简单,仅用于展示如何使用 C 语言和 OpenGL 绘制一个简单的三维 CAD 零件。在实际应用中,CAD 零件的建模和渲染可能需要更复杂数学运算和更高级的渲染技术。

在实际工程中,建议使用成熟的 CAD 软件(如 SolidWorks、AutoCAD 等)进行 3D 建模,并使用成熟的图形库(如 OpenGL、DirectX 等)进行渲染。

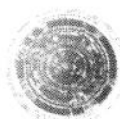

第七节　计算机仿真技术的应用

计算机仿真技术在机械设计制造中的应用已经变得越来越重要。这一技术能够在产品设计阶段进行各种性能分析和优化，以减少实际制造过程中可能出现的问题，缩短产品研发周期，降低成本并提高产品质量。

使用计算机仿真软件(如 SimuWorks)在机械设计制造中的一些应用如下：

(1) 结构分析：通过对零部件和组件的有限元分析，评估其在不同工况下的应力、应变和变形情况，从而优化设计以提高结构性能和降低重量。

(2) 热传递分析：模拟产品在实际工作环境中的热传递过程，评估散热性能，以优化散热设计并确保产品在不同工况下的稳定性。

(3) 流体动力学分析：通过对流体在零部件中的流动特性进行模拟，优化流道设计，提高流体动力性能，降低能耗。

(4) 动力学分析：研究零部件在运动过程中的动态响应，以调整设计，减小振动和噪声，提高运行平稳性。

(5) 注塑模拟：分析浇注系统和冷却系统的设计合理性和适应性，预测填充、包胶和收缩等过程，从而优化模具设计，提高注塑成型质量。

(6) 优化设计：基于仿真结果对产品结构和性能进行优化，以提高产品精度和满足各项性能指标。

通过计算机仿真技术，设计人员可以在虚拟环境中对产品的各项性能指标进行全面评估，从而对设计进行不断完善。这有助于提高产品的可靠性和竞争力，同时降低设计风险和实际生产成本。

假设我们需要设计一个汽车发动机的曲轴，并对其性能进行分析。为了确保曲轴在实际运行中的可靠性和耐用性，我们可以使用计算机仿真技术对其进行结构分析和疲劳分析，大致步骤如下。

（1）CAD建模：首先，在CAD软件（如SolidWorks、CATIA、Autodesk Inventor等）中设计和建立曲轴的三维模型。在此过程中，我们需要考虑各种设计参数，如材料、尺寸和几何形状等。

（2）结构分析：将曲轴的CAD模型导入到有限元分析（FEA）软件（如ANSYS、Abaqus、Siemens NX等）中。在FEA软件中，我们可以定义边界条件、材料属性和载荷等参数，然后进行结构分析。通过结构分析，我们可以了解曲轴在运行过程中可能出现的应力、应变和位移等情况。

（3）疲劳分析：在结构分析的基础上，使用疲劳分析功能（例如ANSYS中的疲劳模块，或者其他独立的疲劳分析软件如nCode DesignLife等）对曲轴进行疲劳寿命预测。这将帮助我们了解在不同的工况下，曲轴可能出现疲劳失效的位置和寿命。

（4）优化设计：根据结构分析和疲劳分析的结果，我们可以对曲轴进行优化设计，以提高其性能和可靠性。优化设计可以包括减小应力集中区域、增加材料强度、调整几何形状等。

（5）再次仿真：在对曲轴进行优化设计后，我们可以再次进行结构分析和疲劳分析，以验证优化后的设计是否满足性能要求。

（6）制造与验证：最后，根据优化后的设计，生成加工图纸和技术文件，进行曲轴的制造。制造完成后，可以通过实际测试和实验验证仿真分析的结果，以确保曲轴的性能和可靠性。

程序示例：Python编写的简化汽车发动机曲轴模型程序

简化汽车发动机曲轴示例代码

在这个示例中，我们将使用Python和OpenSCAD的Python库（SolidPython）来创建一个简化的汽车发动机曲轴模型。请注意，这个示例仅用于演示，并不是一个实际可用的曲轴设计。实际的曲轴设计需要考虑很多因素，如材料、力学性能和耐用性等。

在这个示例中，我们首先导入了SolidPython库。然后，我们定义了一些参数，如曲轴主轴承直径、曲柄销直径、行程和曲柄臂长度等。接下来，我们使用SolidPython提供的原语（如cylinder和sphere）和操作（如translate和hull）来构建曲轴的各个部分。最后，我们将所有部分组合成一个曲轴模型，并将其导出为STL文件。

要查看生成的3D模型，您可以使用任何支持STL文件的3D查看器，如MeshLab、Blender或专用的3D打印切片软件。

请注意，这个示例仅创建了一个简化的曲轴模型，实际应用中可能需要更多的细节和调整。在使用3D打印机打印模型之前，请确保模型符合打印机的要求和材料限制。此外，可能需要使用专业的CAD软件和工程知识进行详细设计和分析。

第八节　大数据技术在机械设计制造及其自动化中的应用

大数据技术在机械设计制造及其自动化领域的应用已经变得越来越重要。以下是一些典型应用场景：

（1）生产过程优化：通过收集和分析生产过程中产生的大量数据，企业可以找出效率低下或者质量问题的原因，从而优化生产流程、减少浪费和提高产量。

（2）故障预测与维护：大数据技术可以帮助企业实时监控机械设备的运行状态，预测可能发生的故障，并提前采取维护措施，减少设备停机时间和维修成本。

（3）设计优化：通过收集和分析客户使用过程中产生的数据，设计人员可以更好地了解用户需求和产品性能，从而对产品进行更精确地优化设计。

（4）能源管理：通过对生产过程中能源消耗的实时监测和分析，企业可以找出能源浪费的环节，采取措施降低能源消耗，降低生产成本。

（5）供应链管理：大数据技术可以帮助企业更好地管理供应链，预测市场需求，优化库存管理，降低库存成本，并及时调整生产计划以满足市场变化。

（6）质量控制：通过对生产过程中产生的质量数据进行实时监测和分析，企业可以及时发现质量问题，采取措施解决，提高产品质量和客户满意度。

总之，大数据技术在机械设计制造及其自动化领域的应用具有广泛的前景。企业可以充分利用这一技术，提高生产效率、降低成本、提升产品质量和竞争力。

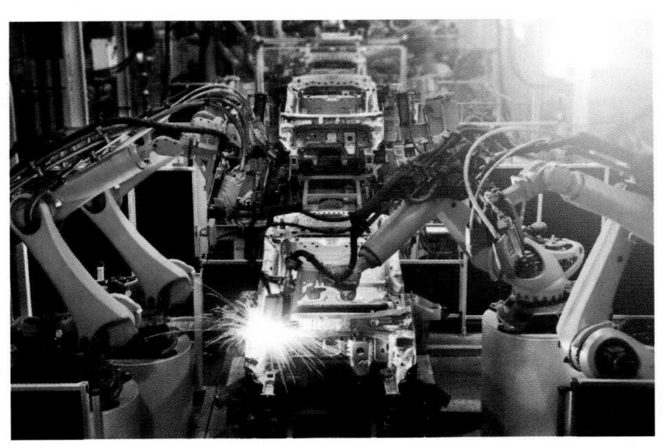

假设我们正在进行一个机械生产线的优化项目。为了提高生产效率、降低制造成本并确保产品质量，我们可以利用大数据技术收集、分析和挖掘生产过程中的各种数据，大致步骤如下：

（1）数据收集：通过安装各种传感器（如温度、压力、振动等传感器）和监控设备（如摄像头、激光扫描仪等）在生产线上，实时收集机器运行状态、产品质量、能耗等相关数据。同时，收集生产管理系统、质量控制系统、维修记录等软件系统中的数据。

(2) 数据整合与预处理：将收集到的各种数据整合到一个大数据平台（如 Hadoop、Spark 等），进行数据清洗、去噪、格式转换等预处理操作，以便后续分析。

(3) 数据分析与挖掘：利用大数据分析技术（如机器学习、数据挖掘等）对整合后的数据进行分析。通过分析，我们可以发现生产过程中的瓶颈、设备异常、质量问题等潜在问题，并找出影响生产效率和产品质量的关键因素。

(4) 模型构建与优化：根据数据分析的结果，建立生产过程的数学模型和优化算法。例如，可以利用机器学习算法预测设备的故障时间，从而实现预测性维护；利用优化算法调整生产排程，以提高生产效率。

(5) 智能决策支持：将分析和优化结果反馈给生产管理人员，为他们提供智能决策支持。通过实施相应的优化措施，可以提高生产效率、降低制造成本并确保产品质量。

(6) 实施与持续改进：在生产过程中实施优化方案，并持续监控和分析数据，以实现持续改进和优化。

通过大数据技术的应用，我们可以实现对机械制造过程的实时监控和智能优化，从而提高生产效率、降低制造成本并确保产品质量。

程序示例：C 语言编写的机械生产线的程序

机械生产线示例代码

假设我们有一个生产线，其中包含 3 个工作站。我们将使用一个整数数组表示每个工作站所需的处理时间，并尝试找到一个方案以最短的总时间完成所有工作。

在这个示例中，我们首先定义了一个数组 processing_times 来表示每个工作站所需的处理时间。然后，我们创建了一个函数 shortest_time，该函数接收处理时间数组和工作站数量作为参数，并计算出生产线完成所有工作所需的最短时间。该函数通过找到处理时间中的最小值，并将其乘以工作站数量来实现这一目标。

在 main 函数中，我们调用 shortest_time 函数并打印出最短完成时间。

请注意，这个示例仅适用于简化的机械生产线，实际应用中可能涉及更多的参数和约束条件，如工作站之间的依赖关系、设备故障和工作人员调度等。此外，可能需要考虑使用更复杂的优化算法和技术，如动态规划、遗传算法和模拟退火等。

第九节　数控技术

数控软件和数控编程在机械设计制造及自动化中的确起到了重要作用。

数控软件是一种专门为数控机床设计的计算机程序，用于对机床进行编程控制，使其按照预定的轨迹进行加工。数控软件可以帮助工程师轻松地进行数控编程，通过图形界面和友好的操作方式，降低了编程难度。数控软件的应用可以提高生产效率，减少人工干预和误差。

数控编程是一种通过编写数控代码来控制数控机床的加工过程。编程人员根据加工工艺要求，编写数控程序，包括刀具路径、切削参数、刀具选择等信息。通过数控编程，可以实

现加工过程的自动化，提高生产效率和加工精度。

数控软件与数控编程的优势有：

（1）提高生产效率：通过数控编程实现加工过程的自动化，节省了人力资源，加快生产速度。

（2）提高加工精度：数控机床具有较高的重复定位精度和加工精度，有利于保证产品质量。

（3）灵活性高：数控编程可以轻松地对程序进行修改，适应多样化的加工需求。

（4）缩短加工周期：由于数控机床可以实现多轴联动，减少了加工过程中的换刀和定位时间，从而缩短了加工周期。

（5）降低生产成本：自动化生产减少了人工操作，降低了人工成本；精确的加工减少了废品率，降低了原材料成本。

实现计算机数控编程与语言之间的转换对于提升机械生产效率和应用价值具有重要意义。目前，已经有许多数控软件可以支持多种编程语言，如G代码、M代码等，以满足不同的数控编程需求。在未来，随着数控技术的进一步发展，我们可以期待更加智能化、高效的机械生产。

计算机技术在机械制造领域的各个环节都有着重要的应用，尤其体现在计算机辅助设计和计算机控制技术上，使得机械制造业生产方式发生了革命性的变化。机械产品设计制造及其自动化，是制造业转型升级的内在要求。更加智能化发展是必然的趋势，计算机技术在机械制造领域的应用也将会更广泛和深入。

第十节　3D打印在机械制造中的应用

3D打印，又称增材制造，是一种通过逐层堆积材料来创建三维物体的技术。在机械制造领域，3D打印技术正在逐步改变传统的设计、制造和生产方式。以下是3D打印在机械制造中的应用和未来发展：

（1）快速原型制作：3D打印可以快速地制作出零件或整个设备的原型，方便工程师们在实际生产之前对设计进行验证和优化。这大幅缩短了产品从设计到投产的周期，降低了成本。

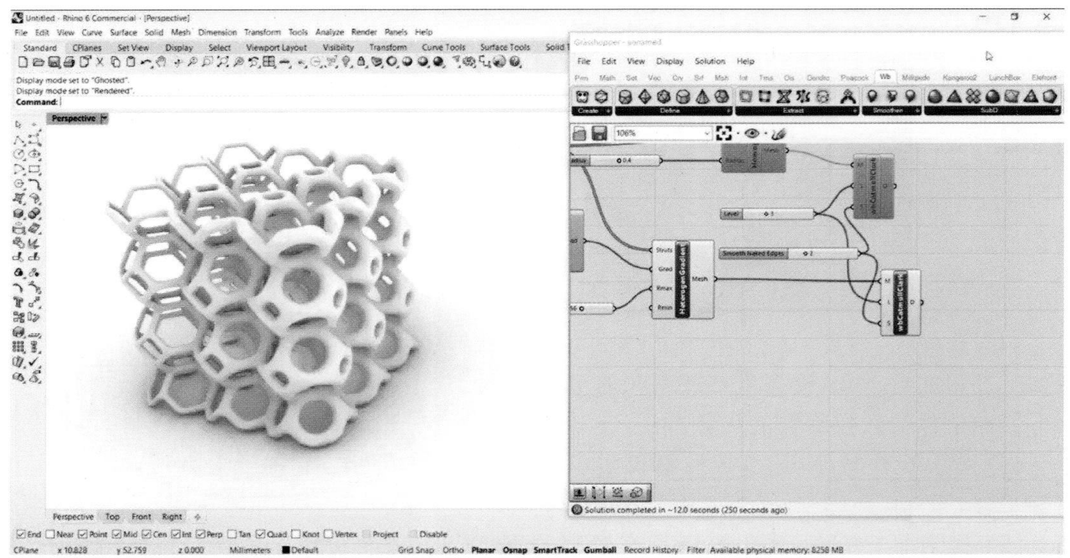

(2) 定制化生产:3D 打印技术具有很高的灵活性,可以根据客户的需求生产出具有个性化特点的零部件。这使得机械制造企业能够提供定制化的解决方案,以满足不同客户的需求。

(3) 复杂结构零件制造:传统的加工方式往往难以制造出具有复杂内部结构的零件。而 3D 打印技术可以轻松地实现这种复杂结构的制造,提高了零件的性能和功能。

(4) 减轻零件重量:通过 3D 打印技术,可以优化零部件的内部结构,实现在不影响性能的情况下减轻零件的重量。这在航空航天、汽车等对重量有严格要求的领域具有重要意义。

(5) 节省材料和降低废品率:与传统的切削加工相比,3D 打印技术是一种增材制造方式,可以有效地减少材料的浪费和废品率。

3D 打印的未来发展方向有:

(1) 新材料的开发:随着 3D 打印技术的不断发展,未来将有越来越多的新材料被开发出来,以满足不同应用领域的需求。例如,具有更高强度、耐磨性、耐高温等特性的材料将在机械制造领域得到广泛应用。

(2) 大规模生产:目前,3D 打印技术在机械制造领域主要用于原型制作和小批量生产。随着技术的进步,未来 3D 打印技术有望实现大规模生产,降低生产成本,提高生产效率。

(3) 智能化和自动化:结合人工智能、机器学习、物联网等技术,3D 打印将实现更高程度的智能化和自动化。例如,通过分析大数据,机器学习算法可以优化零部件的设计和制造过程,提高生产效率和质量。此外,与物联网相结合,实现设备的远程监控和维护,降低运营成本。

(4) 多材料混合打印:未来 3D 打印技术将能够实现多种材料的混合打印,以满足不同功能需求。例如,在一个零件中,某些部分需要高强度,而另一些部分需要良好的弹性,多材料混合打印可以在同一个零件中实现这些需求。

(5) 生物制造和医疗应用:3D 打印技术在生物制造和医疗领域具有巨大的潜力。例如,通过 3D 打印制造定制化的人工关节、牙齿等医疗器械,以及用于组织工程和再生医学的

生物材料。随着技术的发展，3D 打印将在这些领域发挥越来越重要的作用。

（6）教育和培训：3D 打印技术可以在教育和培训领域提供更直观的教学资源。学生可以通过 3D 打印制作机械零部件、模型等实物，加深对相关知识的理解。此外，通过 3D 打印技术，教育机构可以为学生提供实践操作的机会，提高他们的动手能力和创新能力。

总之，3D 打印技术在机械制造及自动化领域的应用将不断拓展和深化，为传统制造业带来更多的创新机遇。同时，随着技术的发展，3D 打印将在各个领域发挥越来越重要的作用，推动整个制造业的转型和升级。

一个典型的 3D 打印示例是使用 3D 打印技术制作一个定制化的手机壳，大致步骤如下：

（1）3D 建模软件：首先，我们需要使用 3D 建模软件创建一个手机壳的三维模型。常用的 3D 建模软件有 Autodesk Fusion 360、SolidWorks、Blender 等。在这个示例中，我们选择 Autodesk Fusion 360 作为 3D 建模软件。

（2）设计过程：使用 Autodesk Fusion 360，我们可以根据手机的尺寸和形状设计一个适合的手机壳。在设计过程中，我们可以添加个性化元素，如图案、纹理和颜色，以满足客户的定制需求。

（3）切片软件：完成手机壳的三维模型设计后，我们需要将其导出为适合 3D 打印机阅读的格式（如.STL 或.OBJ 文件）。接下来，我们需要使用切片软件将三维模型切片成逐层打印的指令。常用的切片软件有 Cura、Simplify3D 和 PrusaSlicer 等。在这个示例中，我们选择 Cura 作为切片软件。

（4）切片设置：在 Cura 中，我们需要设置一些参数，以确保 3D 打印的质量和速度。这些参数包括层高、填充密度、打印速度、支撑结构等。根据手机壳的材料（例如 PLA、ABS 或 TPU 等），我们还需要设置适当的打印温度和床温。

（5）3D 打印机：将切片好的文件导入到 3D 打印机中，例如 Ultimaker、Prusa 或 Creality 等。确保 3D 打印机已正确设置，包括热床平整、喷嘴清洁以及所使用的材料适合打印。

（6）3D 打印过程：启动 3D 打印机，开始逐层打印手机壳。根据手机壳的大小和复杂程度，打印过程可能需要几个小时甚至更长时间。

（7）后处理：完成 3D 打印后，我们需要进行一些后处理工作，如去除支撑结构、打磨表面以及清洁。在这个过程中，我们可以使用刮刀、砂纸等工具对手机壳进行优化。

综上所述，通过使用 3D 建模软件、切片软件和 3D 打印机，我们可以实现一个定制化手机壳的 3D 打印制作。这个示例展示了 3D 打印技术在生产定制化产品方面的优势和潜力。

程序示例：OpenSCAD 软件编写的 3D 建模程序

3D 建模程序示例代码

在这个示例中，一种基于代码的 3D 建模软件，来创建一个简单的定制手机壳模型。请注意，这个示例仅适用于 OpenSCAD 软件，不同的 3D 建模软件可能需要不同的方法。

首先，我们需要安装并运行 OpenSCAD 软件，该软件可以从官方网站下载：https://www.openscad.org/

接下来，打开 OpenSCAD，然后将示例代码粘贴到编辑器中。

在此示例中，我们使用了 OpenSCAD 语言定义了一个简单的手机壳模型。我们首先定义了手机壳的宽度、高度和厚度参数,然后使用 cube 和 difference 函数创建了手机壳的外壳。接下来,我们添加了定制文字,并将其放置在手机壳的合适位置。

第十一节　虚拟现实在机械设计与制造中的应用

虚拟现实(Virtual Reality,简称 VR)技术是一种通过计算机生成的模拟环境,可以使用户沉浸在一个三维、交互式的虚拟世界中。在机械设计与制造领域,VR 技术具有广泛的应用潜力。以下是虚拟现实在机械设计与制造中的一些典型应用:

(1) 设计验证与评审:在机械设计阶段,使用虚拟现实技术可以帮助设计师和工程师更直观地查看和评估三维模型。通过将设计模型导入 VR 环境,参与者可以在一个共享的虚拟空间中进行实时交流和讨论,从而更有效地发现设计问题、提出改进意见并达成共识。

(2) 模拟装配与拆卸:VR 技术允许工程师在虚拟环境中模拟机械装配和拆卸过程,以测试和优化设计。这有助于识别可能地干涉问题、优化装配顺序和工具需求,从而提高生产效率并降低成本。

(3) 虚拟训练:VR 技术可以用于创建沉浸式的虚拟训练环境,使操作人员在不涉及实际设备的情况下进行培训。这种方法可以降低训练成本,减少潜在的安全风险,并允许学员反复练习,直到他们熟练掌握操作技能。

(4) 虚拟工厂布局与规划:通过使用 VR 技术,企业可以在虚拟环境中规划和优化工厂布局。这有助于提高生产线的效率,减少浪费空间和资源,同时避免昂贵的现场调整。此外,VR 还可以用于评估安全和人体工程学因素,从而改善工作环境。

(5) 远程协作与维修支持:VR 技术可以帮助跨地域的团队进行实时协作,共同审查和修改设计。此外,VR 还可以用于远程维修支持,让维修专家通过虚拟现实设备指导现场技术人员进行故障排查和维修操作,降低维修成本和响应时间。

(6) 客户参与产品展示:VR 技术可以为客户提供一个沉浸式的产品体验,让他们在购买前能够更深入地了解和评估产品的性能和特点。通过使用虚拟现实技术,企业可以在早

期阶段展示产品原型，收集客户反馈并及时进行改进。此外，通过 VR 展示，客户可以在不需要实际样机的情况下，对机械设备的尺寸、功能和性能有更直观的认识，从而提高销售成功率。

(7) 数字孪生技术：数字孪生是一种将物理实体与虚拟模型相结合的技术，它可以实时地将机械设备的运行数据与虚拟模型进行同步。通过将 VR 技术与数字孪生相结合，工程师和运营团队可以在虚拟环境中监控设备的实时状态，进行故障预测、维护计划和性能优化。

(8) 增强现实(AR)与机械制造：作为虚拟现实技术的姊妹技术，增强现实(AR)在机械制造领域也发挥着重要作用。AR 技术可以将虚拟信息叠加到现实环境中，为操作人员提供实时的指导和信息。例如，在装配过程中，AR 技术可以显示零件的组装顺序和方法，提高工作效率并减少错误。

随着虚拟现实技术的不断发展和成熟，我们可以预见到它在机械设计与制造领域的应用将进一步扩展。未来可能出现更多与 VR 相关的创新应用，如智能机器人、机器人外科手术、人工智能辅助设计等。这些应用将为机械制造行业带来更高的生产效率、更优的产品性能和更佳的用户体验。

示例：虚拟现实在某汽车制造厂的生产线设计与优化中的应用

在一个汽车制造厂中，虚拟现实技术被应用于新生产线的设计与优化。设计团队需要确定生产线的布局、设备位置以及人员和物料的流动方式，以确保生产流程高效且顺畅。

首先，工程师使用三维建模软件为整个生产线创建一个详细的虚拟模型，包括机械设备、传送带、工作站、储存区等。在模型完成后，将其导入虚拟现实系统。接下来，利用虚拟现实头盔和手柄，团队成员可以在虚拟环境中“行走”，观察并分析生产线的布局。他们可以检查各个设备之间的空间关系，评估搬运物料的路径是否合理，以及人员在工作站间移动的便利性。在虚拟环境中，团队成员可以对生产线的设计进行修改，如调整设备位置、更改传送带方向或优化工作站布局。在每次修改后，他们可以立即查看更改带来的影响，评估优化效果。此外，团队还可以在虚拟环境中模拟生产过程，观察设备运行、人员协同作业以及物料的流动情况。这有助于发现设计中可能存在的问题，并提前进行修正。通过使用虚拟现实技术，汽车制造厂可以在真实生产之前，对生产线进行全面的评估和优化。这有助于降低设计错误和生产中的故障风险，缩短项目周期，并提高整体生产效率。

创建一个使用 C++编程的简单 VR 头盔示例需要使用一个成熟的 VR 库。在本示例中，我们将使用 OpenVR 库，这是一个跨平台的 VR 开发库，支持多种 VR 硬件设备。请确保已安装 OpenVR SDK，并在项目中添加相应的依赖。

以下是一个简单的 C++程序，使用 OpenVR 库创建一个简单的 VR 应用，该应用在 VR 设备中显示一个 3D 立方体。

程序示例：C++编写的 VR 应用程序

VR 应用程序示例代码

创建一个名为 vr_example.cpp 的 C++源文件，并添加示例代码。

请注意，这个示例仅用于展示如何使用 C++和 OpenVR 库初始化 VR 系统和创建一个窗口。在实际应用中，你需要添加更多代码来初始化 OpenGL 场景、处理头戴式显示器和控制器输入、渲染场景等。在实际开发

中，建议使用成熟的游戏引擎（如 Unity、Unreal Engine 等），这些引擎已经内置了对 VR 设备的支持，可以大大简化 VR 应用的开发过程。

第十二节　使用 Word 制作机械部件图纸的标准说明书

使用 Word 制作机械部件图纸的标准说明书可以详细、准确地描述机械部件的设计要求和制造工艺，以下是可能需要用到的步骤和技巧：

（1）设计图纸：根据机械部件的实际需求，设计一个合适的图纸，包括零件名称、尺寸、形状、公差等，同时设计制造工艺和检测要求。

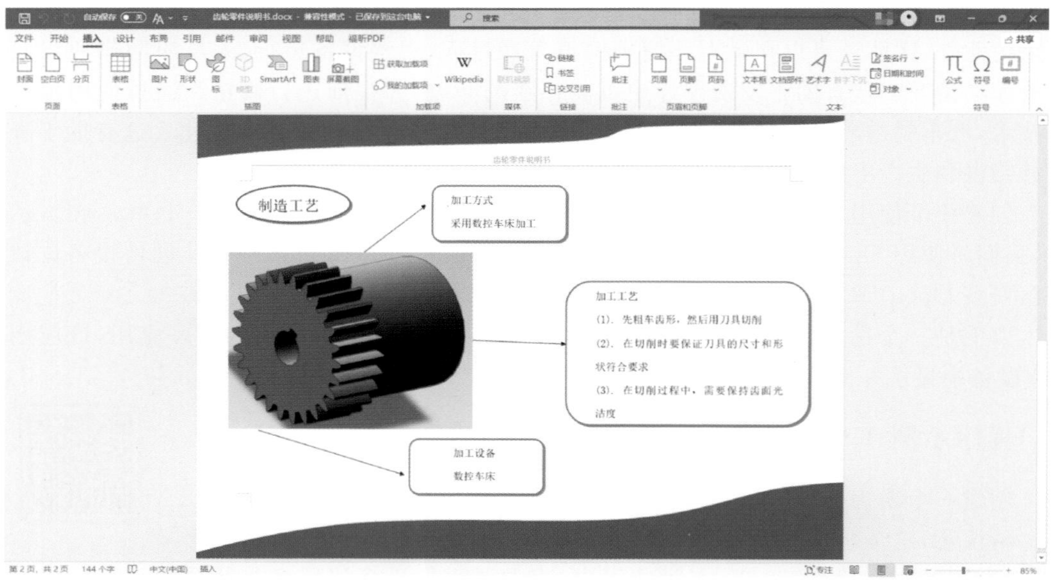

（2）编写标准说明书：在 Word 中编写标准说明书，包括零件名称、尺寸、形状、公差、制造工艺、检测要求等，使用 Word 的排版和格式化功能，使内容更具可读性和整洁度。

（3）插入图纸：在标准说明书中插入机械部件的图纸，包括立体图、展开图、剖面图等，可以使用 Word 的插图功能，也可以从 CAD 等软件中导入图纸。

（4）描述尺寸要求：在标准说明书中描述零件的尺寸要求，包括公差、最大值、最小值等，使用 Word 的表格功能进行排版，使要求更加明确。

（5）说明制造工艺：在标准说明书中说明零件的制造工艺，包括加工方式、加工设备、加工工艺等，使用 Word 的插入图片和表格功能，使说明更加直观和明了。

（6）梳理检测要求：在标准说明书中梳理零件的检测要求，包括检测方式、检测工具、检测标准等，确保零件符合国家和行业标准。

（7）完善技术资料：在编写标准说明书的过程中，完善技术资料，如相关标准、质量控制手册等，以便于技术工程师进行技术参考和质量控制。

（8）审核和修订：在完成标准说明书后，进行审核和修订，确保标准说明书符合要求，并保存数据备份以备修改。

以上是使用 Word 制作机械部件图纸的标准说明书的一些技巧和步骤，使用这些技巧和步骤可以详细、准确地描述机械部件的设计要求和制造工艺，提高制造质量和效率。

第十三节　使用 Excel 制作机械零件的生产计划

制作机械零件的生产计划是 Excel 在机械设计与制造领域中的应用之一，以下是一些制作机械零件的生产计划的方法：

（1）确定生产计划：根据产品需求和生产能力，确定机械零件的生产计划，包括生产数

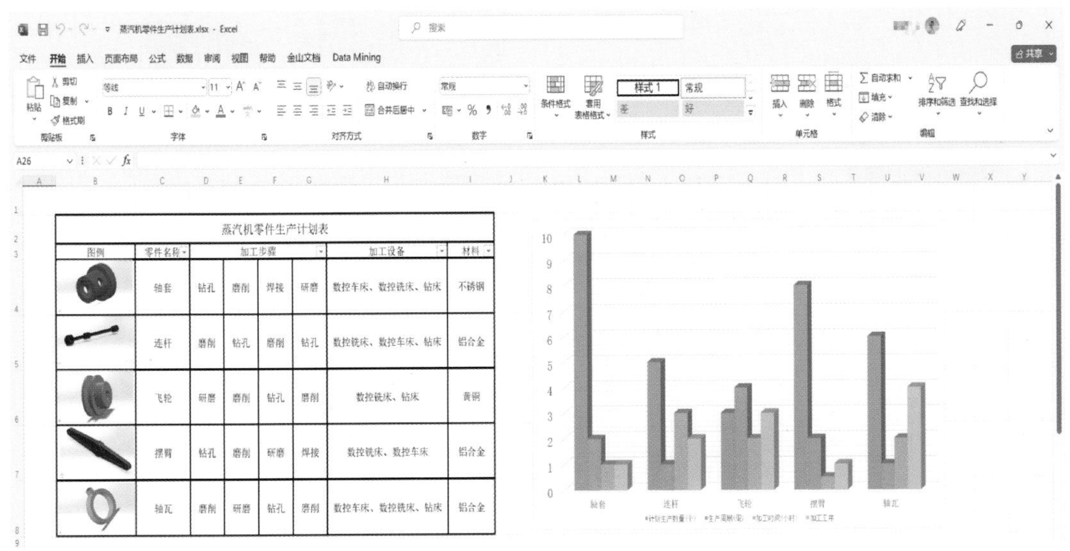

量、生产周期等。

（2）分析零件加工工艺：根据机械零件的加工工艺，确定零件的加工步骤、加工时间和加工顺序。

（3）制定工艺流程：根据分析的加工工艺，制定机械零件的加工流程，包括各个工序的工艺参数、加工设备和材料等。

（4）编制生产计划表：使用 Excel 制作生产计划表，将各项生产计划数据输入到 Excel 中，按照工序顺序进行分类，制作生产计划表的各项指标和公式。

（5）分析和调整生产计划：对制定的生产计划进行分析和调整，确保生产计划的合理性、可行性，并对生产计划表进行不断优化和更新。

通过制作机械零件的生产计划，可以在生产过程中优化生产流程，提高生产效率和品质，同时还可以有效地控制生产成本，提高企业的竞争力。

第十四节　使用 PPT 制作机械产品展示

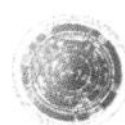

使用 PPT 制作机械产品展示可以直观、生动地展示机械产品的特点和优势，以下是可能需要用到的步骤和技巧：

(1) 设计展示主题：设计一个展示主题，包括机械产品的特点、优势和应用场景等，确定主题后可以按照主题设计展示内容和排版风格。

(2) 插入机械图片：在 PPT 中插入机械产品的图片，包括整体展示、细节展示等，可以使用 PPT 的插图功能，也可以从 CAD 等软件中导入图片。

(3) 编辑文字说明：在图片下方编辑文字说明，描述机械产品的特点、优势和应用场景等，使用 PPT 的文字框和排版功能，使文字更加清晰和易读。

(4) 设计动画效果：在 PPT 中设计动画效果，使展示更加生动和吸引人，例如使用转场效果、幻灯片放映等。

(5) 插入视频和音频：在 PPT 中插入机械产品的视频和音频，展示产品的工作原理和效果，增强展示效果。

(6) 使用图表和统计数据：在 PPT 中使用图表和统计数据，展示机械产品的性能参数和市场销售情况，使用 PPT 的图表和数据可视化功能，使展示更加有说服力。

(7) 选择适当的主题模板：在 PPT 中选择适当的主题模板，以便于根据展示主题进行相应的调整和设计，可以使用 PPT 内置的主题模板，也可以自定义主题模板。

(8) 审核和调整：在完成展示后，进行审核和调整，确保展示内容和排版风格符合要求，并保存数据备份以备修改。

以上是使用 PPT 制作机械产品展示的一些技巧和步骤，使用这些技巧和步骤可以直观、生动的展示机械产品的特点和优势，提高产品推广和销售效果。

练习题和思考题及课程论文研究方向

练习题

1. 使用 Excel 制作一个简单的机械零件的材料清单，包括零件名称、规格、数量和单价等信息。

2. 使用 PPT 制作一个机械产品的展示文稿，包括产品介绍、设计理念、技术参数和应用场景等内容。

3. 使用 Python 编写一个简单的机器人控制程序，实现基本的运动控制和传感器数据处理功能。

4. 使用 Matlab 软件编写一个机械系统的动力学模拟程序，分析其运动特性和响应。

5. 使用 SolidWorks 软件设计一个机械装配件，包括多个零件的组装和运动模拟。

6. 使用 AutoCAD 软件绘制一个机械部件的详细图纸，包括尺寸、标注和加工要求等信息。

思考题

1. 在机械设计和制造中，如何利用人工智能技术提升产品的设计效率和质量？讨论其中的挑战和机遇。

2. 3D 打印技术在机械制造中的应用前景如何？探讨其对传统制造方式的影响和局限性。

3. 计算机辅助工程分析在机械设计中的作用和意义是什么？探讨其在工程实践中的应用和局限性。

课程论文研究方向

1. 基于数据挖掘和机器学习的机械故障预测与维护优化方法研究。
2. 人机交互界面设计在机械系统操作与控制中的应用与优化分析。
3. 基于虚拟现实技术的机械装配与维修培训系统设计与实施研究。

第二章　计算机在建筑工程中的应用

Chapter 2：The Application of Computers in Architectural Engineering

欢迎来到我们的第二章——“计算机在建筑工程中的应用”。在这一章中，我们将详细探讨计算机技术如何深度渗透到建筑工程的各个方面，从设计到施工，再到管理，无一不显现出计算机技术的影响力。

我们首先将概述计算机在建筑工程中的应用与发展概况，然后通过 Python 编写的 3D 建筑模型程序示例，向您展示计算机辅助设计在建筑设计中的重要运用。接着，我们将重点讨论计算机在结构计算、模拟和分析工具在建筑工程中的应用，通过具体的程序示例，使您能更深入地理解这些工具的应用价值。

在施工管理和控制以及建筑造价计算方面，计算机技术也发挥着巨大的作用。我们将通过实例展示如何使用特定的计算机软件来改进工作流程，提高工作效率。

新兴的 3D 打印技术和人工智能技术在建筑工程中的应用也将是我们探讨的焦点。这些技术正在改变建筑行业的传统操作方式，为我们提供了新的可能性。

此外，我们还将探讨高层建筑中的软件应用及其特点，以及建筑工程软件未来的发展趋势，从而让您更好地了解建筑行业的发展动态。

最后，我们将介绍如何使用 Word、Excel 和 PPT 等常见软件来编写建筑施工方案、制作建筑造价计划和展示建筑工程方案，让您了解到计算机软件在实际工作中的广泛应用。

本章能为建筑工程的学生、工程师以及对此领域感兴趣的读者提供有价值的信息。我们相信，无论您是什么背景，都会在这一章中找到有用的知识和启发。

第一节　计算机在建筑工程中的应用与发展概况

计算机技术在建筑工程中有着广泛的应用，以下是其中一些方面：

(1) CAD 和 BIM 技术：计算机辅助设计(CAD)和建筑信息模型(BIM)技术可以用来创建、管理和分享建筑模型和设计文档，以提高设计效率和准确性。BIM 是一种基于计算机技术的三维建筑设计和管理工具，可以将所有建筑相关的信息整合到一个模型中，从而提高设计效率、减少错误和重复工作。例如,上海中心大厦的设计就使用了 BIM 技术。

(2) 模拟和分析工具:计算机模拟和分析工具可以用来预测建筑物的行为和性能,例如有限元分析、热力学模拟、流体动力学分析等等。例如,洛杉矶市政府的一些大型建筑物都采用了能源模拟技术进行节能。

(3) 施工管理和控制:计算机技术可以用来管理建筑项目,例如工程计划、资源管理、施工进度跟踪和质量控制等。

(4) 建筑自动化:建筑自动化系统可以通过计算机控制建筑物内的照明、温度、通风和安全等方面的设备,从而提高建筑物的舒适性和能源利用效率。例如,纽约市一些办公楼采用了自动化系统来控制照明和空调系统,以减少能源浪费。

(5) 3D 打印建筑:计算机辅助设计和制造技术已经使得建筑物的 3D 打印成为可能。例如,荷兰一家公司使用大型 3D 打印机打印出了一个混凝土桥梁,这是世界上第一个通过 3D 打印建造的桥梁。

(6) 建筑智能化:随着计算机技术的不断发展,建筑物可以集成更多的智能化设备,例如人脸识别、智能照明和语音控制系统等。例如,中国的某些智能建筑可以通过人脸识别来管理访客和员工的进出,同时可以通过智能化系统实现能源节约。

未来,随着计算机技术的不断发展和创新,建筑工程中的应用将会有更多的发展趋势:

(1) AI 和机器学习:人工智能和机器学习技术将会在建筑工程中得到更广泛的应用,例如自动化设计、优化结构、预测性维护等等。

(2) 智能传感器和物联网技术:智能传感器和物联网技术将会用来监测和控制建筑物的各种参数,例如温度、湿度、光照等等。

(3) VR 和 AR 技术:虚拟现实和增强现实技术将会用来改善建筑设计和沟通,例如建筑模型的交互式展示和虚拟实境中的设计。

(4) 可持续性和环保技术:计算机技术将会用来推动建筑工程中的可持续性和环保技术,例如绿色建筑、能源管理和废物回收等等。

第二节 计算机辅助设计在建筑设计中的运用

计算机辅助设计(Computer-Aided Design,简称 CAD)是一种利用计算机技术对设计过程进行辅助的方法。在建筑设计中,CAD 的应用具有显著的优势,可以提高设计效率、减少错误并增强可视化能力。以下是计算机辅助设计在建筑设计中的一些主要应用:

(1) 二维绘图与平面设计:CAD 软件使设计师能够方便地绘制二维平面图,如平面布局、剖面图、立面图等。这些图纸可以快速生成、修改和更新,使设计过程更加高效且准确。

(2) 三维建模与可视化:建筑设计中的三维建模是 CAD 的重要功能。通过使用三维建模软件,设计师可以创建精确的建筑模型,从而更直观地展示设计方案。此外,三维建模还有助于发现设计问题和冲突,便于在施工前进行调整。

(3) 参数化设计与优化:参数化设计是利用参数和算法来控制设计元素的一种方法。在建筑设计中,参数化设计可以帮助设计师快速探索不同的设计方案,找到满足需求和条件

 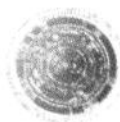

的最优解。此外,参数化设计还可以实现高度自动化的设计过程,提高设计效率。

(4) 结构分析与模拟:CAD 软件可以与结构分析软件相结合,帮助设计师评估建筑结构的性能和稳定性。通过模拟和分析,设计师可以优化结构设计,确保建筑安全性和耐久性。

(5) 能源分析与可持续性:在建筑设计中,CAD 可以辅助进行能源分析,评估建筑的能源效率和环境影响。设计师可以借此优化建筑的节能性能,提高建筑的可持续性。

(6) 协同设计与项目管理:计算机辅助设计可以实现多人协同工作,提高团队之间的沟通和协作效率。同时,CAD 软件还可以辅助项目管理,如进度跟踪、成本控制等,确保项目顺利进行。

(7) 数字化施工与建造:与现场施工相结合,CAD 可以生成详细的施工图纸和三维模型,方便施工单位理解和执行设计方案。此外,CAD 还可以与建筑信息模型(Building Information Modeling,简称 BIM)技术结合,实现数字化施工和建造,提高施工效率和质量。

总之,计算机辅助设计在建筑设计中的运用具有广泛的应用和重要意义。随着技术的不断发展和创新,计算机辅助设计将会在建筑设计中发挥更加重要的作用。以下是计算机辅助设计在建筑设计中的一些未来趋势:

(1) 建筑信息模型(BIM):BIM 是一种建筑设计、施工和管理的数字化方法。通过 BIM,设计师可以创建一个包含建筑的所有信息的详细数字模型。BIM 的应用可以促进设计团队之间的协作、优化设计方案、降低项目风险和成本,提高项目的整体质量。

(2) 虚拟现实(VR)与增强现实(AR):VR 和 AR 技术在建筑设计中的应用可以提供更加真实和沉浸式的设计体验。设计师可以利用这些技术进行方案演示、空间体验和设计评审,使建筑设计过程更加直观和有效。

(3) 人工智能(AI)与机器学习:AI 和机器学习技术在建筑设计中的应用可以提高设计的智能化程度。通过利用 AI 技术,设计师可以更快地探索和优化设计方案,实现更高效的设计过程。此外,AI 还可以辅助进行模式识别、预测分析等任务,为建筑设计提供有价值的参考信息。

(4) 数字化建造:数字化建造技术,如 3D 打印、建筑机器人等,可以实现自动化和智能化的施工过程。通过计算机辅助设计与数字化建造技术的结合,设计师可以更精确地控制建筑的施工和品质,提高建筑的性能和效率。

(5) 云计算与大数据:云计算和大数据技术在建筑设计中的应用可以实现更高效的资

源共享和数据分析。设计师可以利用云计算平台进行协同设计和项目管理，提高团队之间的沟通效率。同时，通过大数据分析，设计师可以更好地理解建筑的使用情况，为优化设计提供有力支持。

计算机辅助绘图软件迅速更新，常用的制图软件主要包括 AutoCAD、Photoshop、CorelDRAW、3ds Max 和 SketchUp 等，各软件都有自己的优缺点。

AutoCAD 是最常见的矢量线条图形绘制软件，具有精确定位、重复修改和方便存储的优点。大多数建筑线条矢量图都可以直接使用此软件打开，但其渲染能力不足。虽然该软件具有三维绘制功能，但三维模型较为死板，操作相对复杂，难以生动地展示建筑的实际效果。

Photoshop 是常用的平面渲染位图软件，能丰富各类图形的表现效果。色彩丰富，绘制手法多样、修改便捷，能与 AutoCAD 的矢量图进行衔接操作。但该软件数据存储量较大。

CorelDRAW 是出色的矢量图形绘制软件，具有丰富的色彩表现力和强大的文字排版功能，能有效绘制形状图形。但与 AutoCAD 衔接困难，平面渲染功能局限性较大。

3ds Max 是目前广泛采用的三维建模软件。该软件具有强大的建模功能，操作简单且具有良好的扩展性，其灯光和材质效果逼真。但该软件存储信息量大，运行较慢。

SketchUp 是新近发展起来的三维建模软件，以其智能化操作、简洁的制图流程和精确的数字化定位而著称。尤其是它直接面向设计方案创作过程的设计工具，能与 AutoCAD、Photoshop、3ds Max 等软件兼容使用，是一款便捷的建模应用软件。但在后期渲染方面，该软件尚不够成熟。

在接下来的示例中，我们将使用 Python 编程语言和 Pyglet 库来创建一个简单的 3D 建筑模型。请确保已安装 Pyglet 库，并在项目中添加相应的依赖。

以下是一个简单的 Python 程序，创建一个基本的建筑模型，包括四面墙和一个平面屋顶。

程序示例：Python 编写的 3D 建筑模型程序

3D 建筑模型示例代码

创建一个名为 building_example.py 的 Python 源文件，并添加示例代码。

在窗口中，将看到一个简单的 3D 建筑模型，包括四面墙和一个平面屋顶。这个示例非常简单，仅用于展示如何使用 Python 和 Pyglet 库创建一个基本的建筑模型。在实际应用中，建筑设计建模可能需要更复杂数学运算和更高级的渲染技术。在实际工程中，建议使用成熟的建筑设计软件（如 Revit、SketchUp 等）进行 3D 建模，并使用成熟的图形库（如 OpenGL、DirectX 等）进行渲染。

第三节　计算机在结构计算中的应用

建筑结构设计分为整体设计和部件设计两个部分。整体设计涵盖了结构体系的选择、

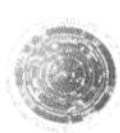

柱网布置、梁布置、剪力墙分布以及基础类型的选择等。整体设计通常分为主体结构和基础结构两部分。设计人员需根据建筑物的性质、高度、重要程度、当地抗震设防等级和风力条件等因素来选择合适的结构体系。结构体系的选择包括砖混结构、框架结构、框剪结构、框支结构、筒体或巨型框架。在确定结构体系后，设计人员需要确定柱、梁、墙（剪力墙）的分布和尺寸等。

在进行主体结构内力计算后，主体结构底部截面的内力成为基础选择和计算的重要依据。内力计算通常尽量简化为平面体系，但有时必须采用空间受力体系进行计算。无论如何，内力计算最终针对柱、梁、板、墙（剪力墙）和块体这五种部件进行。也就是说，在整体设计之后，需要进行部件设计。梁和柱通常被视为细长杆件，其内力状况与计算体系相符。单向板可以简化为单位宽度的梁进行计算，双向板的计算理论较为成熟，而异型板的计算则相对复杂，应尽量避免。对于单片剪力墙，通常将其视为薄壁柱进行近似计算，有时需要考虑翼缘的作用；对于筒体结构中的剪力墙，需要使用空间力学方法进行计算。块体与梁、柱、板、墙不同，其在空间三个方向的尺寸都较大，难以视为细长杆件或简化为平面体系进行计算。例如单独基础、桩承台和深梁等都属于块体，受力情况复杂，难以精确分析，因此在计算过程中通常需要增大安全系数以确保安全性。

目前，国内结构设计所采用的方法是概率极限状态设计法，作用效应 S 必须小于等于结构抗力 R，结构需要满足强度条件和位移条件。内力计算采用的力学模型通常是弹性模型，而在考虑塑性变形和内力重分布时，通常将弹性模型计算得到的内力乘以一个调整系数。

手算和计算机算所采用的计算方法、理论和计算模型存在差别。结构计算的工作量很大，采用手算时需要在工作量和计算精度之间取得平衡。手算为了降低工作量，会尽量将受力体系简化为平面力系，并在计算过程中做出一些假设，利用经验值和查阅图表。然而，随着高层和超高层建筑日益增多，结构变得越来越复杂，抗震要求不断提高，手算的工作量和计算精度难以满足需求。因此，计算机已经广泛应用于结构计算中。

计算机的工作量和速度远超人类，可以采用更科学、更高精度的计算方法，其计算能力远远超过手算。为了充分发挥计算机的优势，进行合理的结构内力计算，需要优秀的结构计算程序。这些程序通常以空间力系作为计算模型，采用有限元方法进行计算。例如，著名的 TBSA 计算模型就是空间杆件体系。

要编写优秀的结构计算程序，开发人员除了必须具备编程技巧外，还需要掌握科学的先进结构计算方法。作为结构设计人员，也应学习计算机所用的计算理论。结构设计程序的出现并没有降低对设计人员的要求，相反，它要求设计人员学习更先进的计算理论。一个优秀的结构计算程序还应提供程序采用的计算理论的详细说明，阐述其采用的计算模型、计算假设、适用范围等。此外，应允许使用者干预计算过程，充分发挥设计者的主观能动性和创造力。

结构计算理论经历了经验估算、容许应力法、破损阶段计算、极限状态计算，到目前普遍采用的概率极限状态理论等阶段。概率极限状态设计法更科学、更合理。作用效应 S 小于等于结构抗力 R 是结构计算的普遍适用公式。目前，结构计算理论的研究和结构设计似乎主要关注如何提高结构抗力 R，以至于混凝土等级越来越高，配筋量越来越大，造价也越来越高。以抗震设计为例，一般是根据初定的尺寸、混凝土等级计算结构的刚度，再由结构刚度计算地震力，然后计算配筋。但众所周知，结构刚度越大，地震作用效应越大，配筋越多，刚度越大，地震力就越强。这样便会出现为抵御地震而增加钢筋的结构，反而因为刚度增加而使地震作用效应增强的情况。

国外在抗震设计中已经采用在基础与主体之间设置弹性层的方法，以降低地震作用效应；有些设计在建筑物顶部安装“反摆”，地震时它的位移方向与建筑物顶部的位移相反，从而对建筑物的振动产生阻尼作用，减少建筑物的位移，降低地震作用效应。

结构设计应该将被动设计与主动设计相结合，但要实现主动设计需要先进理论和高科技的支持。随着社会需求的变化、计算理论的发展、计算机的应用以及新型建筑材料的研究与应用，建筑结构设计将面临前所未有的机遇。为了适应这些变化，结构设计人员需要不断更新知识，掌握新技术，以提高设计水平，满足建筑结构设计的需求。同时，国家和行业也应该加大对新理论、新技术和新材料的研究投入，推动建筑结构设计领域的创新和发展。

接下来，我们将使用 Python 编程语言和 NumPy 库来进行简单的建筑结构计算和分析。我们将计算一个简单的梁的弯矩和挠度。

程序示例：Python 编写的建筑结构计算分析程序

建筑结构计算分析示例代码

在输出中，将看到计算得到的最大弯矩和最大挠度。这个示例非常简单，仅用于展示如何使用 Python 和 NumPy 库进行简单的建筑结构计算和分析。在实际应用中，建筑结构分析可能需要更复杂数学运算和更高级的分析技术。在实际工程中，建议使用成熟的结构分析软件（如 SAP2000、ETABS 等）进行建筑结构分析。

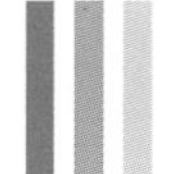

第四节　模拟和分析工具在建筑工程中的应用

模拟和分析工具在建筑工程中的应用已经变得越来越重要。这些工具可以帮助建筑师、工程师和设计师在建筑设计过程中预测和评估各种因素，从而提高设计质量、降低成本并确保建筑物的安全性和可持续性。以下是一些模拟和分析工具在建筑工程中的应用：

（1）结构分析：结构分析工具可以帮助工程师评估建筑物的结构安全性，包括钢筋混凝土、钢结构和木结构等。通过使用有限元分析（FEA）和其他高级计算方法，工程师可以预测

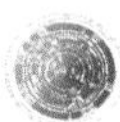

结构在各种荷载和环境条件下的性能，从而优化设计方案以满足规范要求。

(2) 能源模拟：能源模拟工具可以帮助评估建筑物的能源消耗和效率，包括供暖、制冷、照明、通风和空调等系统。这些工具可以预测建筑物在不同气候条件下的能源表现，帮助设计师优化建筑物的能源效率，降低运行成本并减少碳排放。

(3) 照明分析：照明分析工具可以评估建筑物内外的自然和人工照明性能。通过模拟日光和人工光源的分布，设计师可以优化建筑物的窗户布局、遮阳设备和照明系统，提高室内外的视觉舒适度和能源效率。

(4) 热舒适度分析：热舒适度分析工具可以评估建筑物内部的温度、湿度和空气流动对人们的舒适度产生的影响。这些工具可以帮助设计师优化建筑物的空调系统和通风策略，提高室内环境质量和舒适度。

(5) 风环境模拟：风环境模拟工具可以评估建筑物对周围环境的风影响，包括风压、风振和行人舒适度等。这些工具可以帮助设计师优化建筑物的形状、布局和结构系统，以减轻不良风环境影响。

(6) 水资源管理：水资源管理工具可以帮助评估建筑物的用水效率和雨水管理策略。这些工具可以预测建筑物的用水需求、雨水收集和利用系统的性能，帮助设计师优化水资源管理措施，减少用水成本并提高可持续性。

(7) 声学分析：声学分析工具可以评估建筑物内外的声学性能，包括噪音水平、隔音和吸声等。通过模拟声源和传播路径，设计师可以优化建筑物的隔音材料和空间布局，提高室内外的声学舒适度。

(8) 人群模拟：人群模拟工具可以评估建筑物内部的人流动线和疏散安全性。通过模拟大量人员在建筑物内移动和疏散的过程，设计师可以优化建筑物的通道、楼梯和出口布局，确保在紧急情况下的安全疏散。

(9) 生命周期成本分析：生命周期成本分析工具可以评估建筑物从设计、施工到运营和维护的整个生命周期内的成本和环境影响。这些工具可以帮助设计师在早期阶段评估不同设计方案的经济和环境效益，从而做出更可持续和经济高效的设计决策。

(10) 数字孪生技术：数字孪生技术可以创建建筑物的虚拟模型，实时监控和分析建筑物的运行数据。通过将设计、施工和运营数据整合到一个数字平台上，设计师和运维人员可以更好地了解建筑物的性能，及时发现和解决问题，提高运行效率。

总之，模拟和分析工具在建筑工程中发挥着越来越重要的作用。通过使用这些工具，建筑设计师和工程师可以更好地预测和评估各种因素，提高设计质量、降低成本并确保建筑物的安全性和可持续性。在未来，随着计算能力的提高和数字技术的发展，这些工具将进一步提升建筑工程的设计和运营水平。

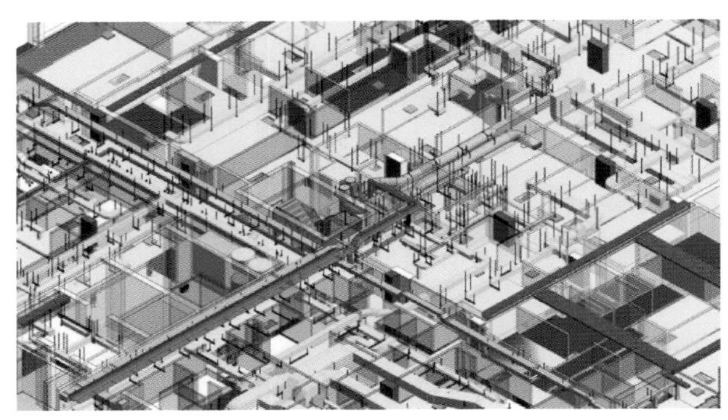

有限元分析是一种复杂数学方法，用于解决各种物理问题，包括建筑结构分析。在接下来的这个简化的示例中，我们将使用C语言编写一个简单的有限元程序，用于计算一维弹簧系统的位移。

程序示例：C语言编写的有限元建筑结构模拟分析程序

有限元建筑结构模拟分析示例代码

创建一个名为fea_example.c的C语言源文件，并添加以下代码：

输出中，将看到计算得到的每个节点的位移。这个示例非常简单，仅用于展示如何使用C语言进行有限元建筑结构模拟分析的基本概念。在实际应用中，有限元分析可能需要更复杂数学运算和更高级的分析技术。在实际工程中，建议使用成熟的有限元分析软件（如ANSYS、Abaqus等）进行建筑结构分析。

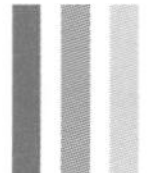

第五节　计算机在施工管理和控制中的应用

计算机在建筑工程施工管理和控制中的应用已经变得越来越普遍。计算机技术的发展为建筑工程施工管理带来了许多便利和优势，包括提高信息处理速度、准确性和及时性，增强项目管理的可视化和协同性，以及优化资源分配和调度等方面，具体介绍如下：

（1）项目计划和进度控制：通过使用项目管理软件（如Microsoft Project、Primavera P6等），项目经理和相关团队可以更容易地创建、跟踪和更新项目计划，实时监控项目进度。计算机辅助的项目进度控制有助于及时发现偏差、制定纠正措施并调整施工计划。

（2）资源管理：计算机可以辅助管理人力、物力和财力资源，例如使用人事管理软件进行劳务人员招聘、培训和管理；使用库存管理系统对材料的采购、储存和使用进行跟踪和控制；以及使用财务管理软件处理项目预算和成本等。

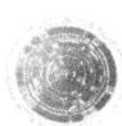

(3) 质量控制和安全管理:计算机可以辅助实施质量管理体系和安全管理体系,例如使用质量管理软件记录和追踪问题、整改措施和验收情况;使用安全管理软件进行安全培训、检查和隐患排查等。此外,利用无人机、实时监控摄像头等设备可以提高对施工现场质量和安全状况的监控效果。

(4) 合同管理:计算机可以协助项目团队管理与项目相关的合同,例如使用合同管理软件跟踪合同的签订、履行、变更和结算等,确保合同权益的维护。

(5) 沟通协调和协同工作:计算机辅助的通信工具(如邮件、即时通信、视频会议等)以及协同工作平台(如项目管理平台、协作文档等)可以促进项目团队内部以及与业主、设计单位、施工单位和供应商等各方之间的沟通和协调,提高项目管理效率。

(6) 数字化和智能化施工:计算机在建筑工程施工管理中的应用越来越多地涉及数字化和智能化技术,如BIM(建筑信息模型)、GIS(地理信息系统)、VR(虚拟现实)、AR(增强现实)等。这些技术有助于提高施工现场的可视化、精确性和效率,以及降低项目风险。

(7) BIM(建筑信息模型):BIM技术是一种基于数字化的建筑设计、施工和运营管理方法。通过创建和使用包含丰富信息的三维模型,BIM能够更好地协调各方的工作,提高设计质量和施工效率,减少现场变更和工程成本。在施工管理中,BIM可以辅助进行施工进度规划、资源管理、质量控制等方面的工作。

(8) GIS(地理信息系统):GIS技术可以帮助项目团队整合、分析和展示与地理位置相关的信息,从而更好地了解项目周边环境,优化施工方案。例如,在施工前期,可以利用GIS数据分析地形、地貌、交通等情况,对施工现场布局进行合理安排。

(9) VR(虚拟现实)/AR(增强现实):通过使用VR和AR技术,项目团队可以实现对施工现场的沉浸式模拟和实时展示。这有助于提前发现设计和施工中的问题,提高工程质量。同时,VR和AR也可以用于安全培训和质量检查等方面,提高施工管理效果。

(10) 数据分析和人工智能:计算机可以对大量的项目数据进行收集、整理和分析,从而帮助项目团队发现潜在问题、优化决策和预测风险。此外,随着人工智能技术的发展,项目管理软件和工具可能会更加智能化,提供更精准地预测和建议,进一步提高建筑工程施工管理的效率和质量。

总之,计算机在建筑工程施工管理和控制中的应用已经变得越来越重要。借助计算机技术,项目团队可以更有效地完成项目计划、资源管理、进度控制等任务,提高工程质量和效率，降低项目风险。

应用示例：一个典型的施工管理中应用计算机软件

假设我们要管理一个建筑工程项目，我们可以通过以下步骤使用 Microsoft Project 软件进行施工管理：

（1）定义项目任务：在软件中输入项目的所有任务，如土方开挖、基础施工、钢筋混凝土浇筑、砌筑、室内装修等。同时，为每个任务分配预期的开始和结束日期。

（2）建立任务关系：根据任务之间的依赖关系（例如，某个任务必须在另一个任务完成后开始），在软件中建立任务之间的逻辑关系。

（3）分配资源：为每个任务分配所需的人员、设备和材料。同时，为每个资源分配相应的费用，以便跟踪项目的成本。

（4）生成项目进度计划：基于任务、任务关系和资源分配，软件会自动生成项目的甘特图和关键路径。甘特图可以直观地展示项目的进度安排，关键路径则突出显示影响项目完成时间的关键任务。

（5）监控项目进度：在施工过程中，根据实际完成的任务和资源使用情况，定期更新项目进度。软件会自动比较实际进度与计划进度，生成进度偏差报告，帮助项目团队及时了解项目状态，采取措施解决问题。

（6）调整项目计划：如有需要，项目团队可以根据实际情况调整项目计划，重新分配资源、修改任务关系等。软件会自动更新甘特图和关键路径，帮助项目团队优化施工管理。

通过使用 Microsoft Project 等项目管理软件，建筑工程项目团队可以更加有效地进行施工进度计划和控制，确保项目按时、按质、按预算完成。

第六节　计算机软件在建筑造价中的应用

计算机软件在建筑造价中的应用已变得越来越普遍和重要。使用专门的建筑造价软件

可以提高工作效率，减少错误，增加准确性和透明度。这些软件主要用于预算编制、成本估算、成本控制和合同管理等领域。以下是计算机软件在建筑造价中的应用论述：

（1）预算编制和成本估算：建筑造价软件可以帮助估算师通过输入项目的详细信息，如建筑面积、结构类型、材料种类等，以快速、准确地计算项目预算。软件通常包含大量的数据库，其中包括各种建筑材料、设备和劳务的价格，这使得成本估算更加准确。此外，软件还可以根据不同地区、工程类型和工程规模进行成本调整，以满足特定项目的需求。

（2）价格分析和市场调查：建筑造价软件通常包含与市场价格相关的大量数据，使得价格分析和市场调查变得更加容易。通过定期更新价格数据库，估算师可以获得最新的市场信息，为项目决策提供有力支持。

（3）成本控制和预算管理：在施工过程中，建筑造价软件可以实时跟踪项目的成本和预算状况，及时发现潜在的问题。软件可以生成详细的成本报告，以便项目团队了解实际成本与预算的差异，并采取相应的措施进行调整。这有助于确保项目能够在预算范围内顺利完成。

（4）合同管理：建筑造价软件还可以协助管理合同，如准备招标文件、评估投标报价、编制合同条款等。软件可以自动生成合同文本，提高工作效率并降低出错的风险。

（5）报表和数据分析：计算机软件可以生成各种报表，如预算报表、成本分析报表、合同报表等。这些报表可以帮助项目团队进行数据分析和决策支持。通过图表和图形展示，报表可以更直观地呈现数据，使得项目团队更容易理解和使用。

（6）项目协作和数据共享：许多建筑造价软件提供云端存储和协作功能，使得项目团队成员可以实时访问和共享项目数据。这有助于提高团队协作效率，确保项目信息的一致性和实时性。

（7）能源效率和可持续性分析：计算机软件在建筑造价中的应用还包括评估能源效率和可持续性方面的成本。通过使用这些工具，建筑师和估算师可以在项目初期预测建筑的能源消耗和环境影响，并根据预算和项目目标权衡不同的设计方案。这有助于推动绿色建筑和可持续性发展。

（8）风险管理：建筑造价软件可以帮助识别和量化项目中的各种风险，如成本波动、工程延期、材料供应不稳定等。通过对这些风险进行评估，项目团队可以制定相应的应对策略，降低风险对项目造价的影响。

（9）整合与自动化：计算机软件可以与其他项目管理、设计和施工软件进行整合，实现数据和工作流程的自动化。这种整合和自动化有助于提高工作效率，减少重复性工作，降低错误率。

（10）信息可视化：计算机软件在建筑造价中的应用还包括信息可视化。通过使用图表、图形和动画等可视化工具，项目团队可以更直观地了解项目的造价状况，为决策提供更强大的支持。

总之，计算机软件在建筑造价中的应用带来了许多优势，包括提高工作效率、减少错误、增加准确性和透明度等。随着建筑造价软件的不断发展和改进，其在建筑行业中的应用将变得越来越广泛和重要。

应用示例:Excel在建筑造价方面应用

(1) 创建项目清单:在Excel表格中,创建一个项目清单,列出所有的建筑项目,包括建筑物的各个部分、材料、设备和劳动力等。每个项目应有一个编号和名称,并记录所需的数量和规格等信息。

(2) 计算单价:对于每个项目,计算其单价,包括材料和劳动力的单价。这可以通过调查市场价格或询问供应商来获得。每个单价应在表格中列出。

(3) 计算成本:根据项目清单和单价计算每个项目的成本。这可以通过将数量乘以单价来完成。每个项目的成本应列在表格中。

(4) 总计成本:将每个项目的成本相加,以计算整个建筑项目的总成本。这将给出预计的建筑成本,可以用于建筑师、业主和承包商之间的协商和决策。

(5) 调整成本:如果建筑项目发生了变化,可以通过更改数量或单价来调整成本。这将反映在总成本上,并且可以帮助您了解项目变化对成本的影响。

(6) 比较成本:可以使用Excel的图表功能来比较不同项目、材料和设备的成本。这可以帮助建筑师、业主和承包商做出更明智的决策,以在预算范围内完成项目。

以上是一个可能的建筑造价方面的Excel示例,Excel表格的灵活性和可定制性可以使其适用于各种不同类型的建筑项目。

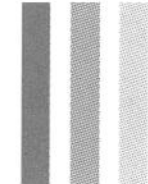

第七节　计算机技术在建筑工程管理中的应用

计算机在建筑工程管理中的应用已经变得非常广泛。它们在各个方面提高了建筑项目的效率、准确性和协作性。以下是一些关键领域,其中计算机技术在建筑工程管理中发挥了重要作用:

(1) 项目管理软件:项目管理软件(如Microsoft Project、Primavera P6等)能够帮助项目经理更有效地规划、执行和监控项目。这些软件可以方便地跟踪项目进度、分配资源、管理预算和协调团队成员之间的沟通。

(2) 建筑信息模型(BIM):BIM是一种基于三维模型的设计方法,可以实现建筑物的可视化、分析和协作。通过BIM,建筑师、工程师和承包商可以共享信息,预测潜在的问题,减少错误和返工,从而提高项目的整体效率。Revit、ArchiCAD和Tekla Structures等软件广泛应用于BIM领域。

(3) 计算机辅助设计(CAD):CAD软件(如AutoCAD、MicroStation等)使设计师能够轻松地创建、修改和分析建筑图纸。这些软件提供了精确的测量和绘图工具,帮助设计师在项目早期检测并解决潜在问题。

(4) 成本估算和计划:计算机可以协助估算师和计划员快速准确地估算项目成本和制定施工进度计划。Excel、PlanSwift和CostX等软件在成本估算和计划方面发挥了重要作用。

(5) 质量和安全管理:计算机技术可以帮助监测建筑工地的质量和安全状况。例如,使

用无人机和计算机视觉技术可以远程监控工地，实时检测安全隐患。此外，通过手机应用程序（如 Procore、Buildertrend 等），项目团队成员可以随时报告问题、提交检查表和执行安全检查。

(6) 资源和库存管理：计算机系统可以协助项目经理有效地跟踪和管理资源使用和库存。这有助于确保项目按照预算和计划进行，避免资源浪费和延误。

(7) 能源效率和可持续性分析：计算机模拟软件（如 IES VE、EnergyPlus 等）可以帮助建筑师和工程师分析建筑物的能源消耗、热舒适度和环境影响。这些分析有助于优化建筑设计，降低能源消耗，提高可持续性。此外，这些软件还可以协助项目团队申请绿色建筑认证，如 LEED、BREEAM 等。

(8) 虚拟现实和增强现实：虚拟现实（VR）和增强现实（AR）技术为建筑工程带来了全新的视角。通过这些技术，建筑师和客户可以在项目开始前就沉浸式地探索建筑设计，发现设计问题，提高客户满意度。此外，AR 技术还可以在现场提供实时指导，帮助施工团队更准确地按照设计图纸施工。

(9) 人工智能和机器学习：在建筑工程管理中，人工智能（AI）和机器学习（ML）技术的应用逐渐增加。例如，通过对大量历史数据的学习，机器学习算法可以预测项目的成本、进度和风险，从而帮助项目经理做出更明智的决策。此外，AI 技术还可以辅助自动化诸如图纸审核、材料估算等重复性工作。

(10) 云计算和协作平台：云计算使得项目团队可以在任何地点、任何时间访问和共享项目信息。通过在线协作平台（如 Aconex、BIM 360 等），团队成员可以实时跟踪项目进度，加快决策速度，提高整体效率。

总之，计算机在建筑工程管理中的应用已经变得无处不在，涵盖了项目管理、设计、施工、成本估算、质量和安全监管等各个方面。随着技术的不断进步，计算机将继续为建筑行业带来更多创新和变革。

在施工管理方面，一个典型的计算机应用实例是使用建筑信息模型（BIM）和无人机（UAV）进行施工进度监控和质量检查，以下是一个具体的实施过程：

(1) 建立 BIM 模型：在项目初期，建筑师、结构师和设备工程师共同创建一个包含完整建筑信息的三维 BIM 模型。这个模型将作为施工过程中的参考依据。

(2) 施工进度计划：利用项目管理软件（如 Microsoft Project、Primavera P6 等）根据 BIM 模型制定详细的施工进度计划。这个计划会明确每个阶段的工作任务、工期和所需资源。

(3) 无人机拍摄：在施工过程中，定期使用无人机（UAV）拍摄工地的高清照片和视频。这些数据可以用于实时监测施工进度、资源分配和安全状况。

(4) 数据分析：将无人机拍摄的图像与 BIM 模型进行比较，分析实际施工进度和计划进度之间的差异。通过计算机视觉和图像处理技术，可以自动识别潜在的质量问题和安全隐患。

(5) 问题整改：将分析结果反馈给现场管理人员，指导他们解决发现的问题。同时，更新 BIM 模型和施工进度计划，确保项目按照预期进行。

(6) 沟通与协作：利用云计算和协作平台（如 Aconex、BIM 360 等）实现团队成员之间的实时沟通和数据共享。这可以提高决策速度,减少误差和返工,提高施工效率。

通过这种结合 BIM、无人机和云计算技术的方法,施工管理人员可以更好地监控施工进度,保证项目质量,提高工程效率。这个例子展示了计算机技术在施工管理方面的实际应用和优势。

应用示例:Jave 编写的建筑工程管理的程序

建筑工程管理示例代码

此示例用于跟踪项目的进度和预算。假设我们需要管理多个建筑项目,每个项目有不同的名称、开始日期、预算和进度。我们将创建一个简单的 Java 类来表示建筑项目,并为每个项目创建一个实例。

在此示例中,我们首先定义了一个 BuildingProject 类,用于表示建筑项目。然后,我们在 BuildingProjectManagement 类中的 main 方法中创建了两个 BuildingProject 实例,并将它们添加到 projects 列表中。我们为每个项目设置了进度,并使用循环输出了每个项目的信息。

请注意,此示例仅用于演示如何使用 Java 进行简单的建筑工程管理。实际应用中,可能需要考虑更多的功能和属性,如项目的参与者、时间表、成本控制等。此外,可能需要使用数据库或其他持久化方法存储和管理项目数据。

第八节 3D 打印技术在建筑工程中的应用与前景

3D 打印技术,即将数字模型通过逐层堆叠的方式构建成实体物体的技术,已经引起了建筑工程领域的广泛关注。通过 3D 打印,建筑行业有望实现更高效、环保和创新的施工方法。以下是 3D 打印技术在建筑工程各个方面的应用和前景:

(1) 设计:3D 打印技术可以使建筑师和设计师在设计阶段快速制作模型,直观地展示建筑形态和空间关系。此外,3D 打印还可以实现复杂的建筑形式和结构,为建筑设计提供更多的可能性。

(2) 管理:在项目管理方面,3D 打印技术可以协助评估不同施工方案,优化施工进度和资源分配。通过 3D 打印制作的实体模型,项目经理和业主可以更清晰地了解项目的整体情况,提高沟通效率。

(3) 施工:3D 打印技术在建筑施工中具有很大潜力,可以实现快速、低成本和环保的建筑方式。例如,3D 打印混凝土技术已成功应用于住宅、桥梁等项目。此外,3D 打印还可以应用于建筑构件的生产,如预制墙板、立柱等。

(4) 结构:3D 打印技术可以为建筑结构提供更多创新和优化的可能性。通过 3D 打印,工程师可以设计出更轻盈、高强度的结构,减少材料浪费。此外,3D 打印还可以实现一体化的结构设计,降低施工难度和风险。

(5) 电气:在电气工程方面,3D 打印技术可以用于制造定制化的电气组件,如导管、开关盒等。这可以提高电气系统的安装效率,降低成本。未来,3D 打印技术还可能实现智能建筑的集成设计,如将传感器和控制器直接嵌入建筑构件中。

3D 打印技术在建筑工程领域的前景非常广阔。随着技术的不断发展，我们可以预见以下趋势：

(1) 更多的建筑类型和规模：随着 3D 打印技术的成熟，未来可能出现更多类型和规模的建筑项目，如高层建筑、基础设施等。

(2) 更高的自动化水平：随着机器人技术和人工智能的发展，3D 打印建筑施工过程可能实现更高程度的自动化，从而提高生产效率，降低人工成本和安全风险。

(3) 更环保的建筑材料：3D 打印技术可以支持使用环保建筑材料，如生物基材料、回收材料等。这将有助于提高建筑项目的可持续性，减轻对环境的影响。

(4) 定制化和智能化：3D 打印技术可以实现建筑的定制化生产，满足不同用户的需求。此外，通过集成智能传感器和控制系统，3D 打印建筑将具有更高的能源效率和舒适度。

(5) 跨学科融合：3D 打印建筑技术将促进建筑、结构、设备等多个领域的交叉融合，实现更高效、协同的设计和施工。

(6) 法规和标准的制定：随着 3D 打印建筑技术的推广应用，相关法规和标准将逐步完善，以确保建筑质量和安全。

(7) 技术普及和成本降低：随着 3D 打印技术的不断发展，其在建筑行业的应用范围将不断扩大，技术成本也将逐渐降低，从而使更多的建筑项目受益于 3D 打印技术。

总之，3D 打印技术在建筑工程领域具有广泛的应用和巨大的发展潜力。通过设计、管理、施工、结构、电气等方面的创新，3D 打印将为建筑行业带来革命性的变革，实现更高效、环保和智能的建筑方式。

一个知名的 3D 打印建筑实例是荷兰的“Project Milestone”。这是一个位于荷兰埃因霍芬的住宅项目，由埃因霍芬技术大学和建筑公司 Van Wijnen 等合作完成。项目包括 5 栋 3D 打印混凝土住宅，采用了创新的 3D 打印技术和设计理念。

另一个实例 MX3D Bridge 是一个位于荷兰阿姆斯特丹的创新项目，由 MX3D 公司采用 3D 打印技术建造的一座不锈钢桥梁。这座桥梁采用了机器人臂和焊接技术，逐层堆叠材料，形成复杂的几何结构。整个过程不仅提高了生产效率，还降低了材料浪费。

立方体 3D 打印示例代码

程序示例:Python 编写的 3D 打印程序

```
import numpy as np
import matplotlib.pyplot as plt
# [illegible]
width = 10
height = 10
depth = 10
# [illegible]
layer_thickness = 0.2
# [illegible]
num_layers = int(height / layer_thickness)
# [illegible]
for layer in range(num_layers):
    z = layer * layer_thickness
    # [illegible]
    path = np.array([[0, 0, z], [width, 0, z], [width, depth, z], [0, depth, z], [0, 0, z]])
    plt.plot(path[:, 0], path[:, 1])
    plt.xlim(0, width)
    plt.ylim(0, depth)
    plt.title(f"Layer {layer + 1}")
    plt.xlabel("X")
    plt.ylabel("Y")
plt.show()
```

桥梁结构 3D 打印示例代码

程序示例:Python 编写的 3D 打印技术建造程序

这两个简化的示例用 Python 编写,展示了如何生成一个立方体和简单桥梁结构的 3D 打印路径。在实际项目中,需要使用更复杂的算法和软件来处理复杂的建筑形状和结构。不过,这个示例可以帮助理解 3D 打印建筑的基本原理。

```
import numpy as np
import matplotlib.pyplot as plt
# [illegible]
length = 20
width = 5
height = 0.5
# [illegible]
layer_thickness = 0.1
# [illegible]
num_layers = int(height / layer_thickness)
# [illegible]
for layer in range(num_layers):
    z = layer * layer_thickness
    # [illegible]
    path_left_to_right = np.array([[0, 0, z], [length, 0, z]])
    path_right_to_left = np.array([[length, width, z], [0, width, z]])
    plt.plot(path_left_to_right[:, 0], path_left_to_right[:, 1], 'r')
    plt.plot(path_right_to_left[:, 0], path_right_to_left[:, 1], 'b')
    plt.xlim(0, length)
    plt.ylim(0, width)
    plt.title(f"Layer {layer + 1}")
    plt.xlabel("X")
    plt.ylabel("Y")
plt.show()
```

第九节　人工智能技术在建筑工程中的应用

人工智能(AI)技术在建筑工程中的应用已经逐渐展开，为行业带来了创新和变革。以下是人工智能的一些具体应用场景：

(1) 设计优化：AI技术可以通过算法优化建筑设计，实现更高的能源效率、空间利用率和结构性能。例如，遗传算法和神经网络可以用于自动探索大量的设计方案，筛选出最佳的解决方案。此外，AI技术还可以辅助设计师创作更具创意和美感的建筑形态。

(2) 施工管理：AI技术可以帮助项目经理更有效地管理建筑施工过程。例如，机器学习算法可以预测项目的进度、成本和质量，从而协助项目经理制定更合理地计划和控制措施。此外，AI技术还可以实时监测施工现场的安全状况，及时发现潜在的安全隐患。

(3) 智能施工：AI技术可以推动建筑施工的自动化和智能化。例如，机器人技术和无人机技术可以实现自动化的测量、检测和施工作业。此外，AI技术还可以提高施工设备的智能水平，例如通过深度学习算法实现挖掘机的自动操作。

(4) 结构分析与评估：AI技术可以帮助工程师更准确地分析建筑结构的性能。例如，人工神经网络和支持向量机可以用于预测结构的荷载响应、疲劳寿命等。此外，AI技术还可以应用于建筑结构的健康监测，实时评估结构的安全状况。

(5) 设施管理与维护：AI技术可以提高建筑设施管理和维护的效率。例如，通过物联网技术和数据分析，AI系统可以实现建筑设备的智能监控和故障预测。此外，AI技术还可以用于优化建筑的能源管理，降低能耗和碳排放。

(6) 虚拟现实与仿真：AI技术可以为建筑工程提供更真实的虚拟现实和仿真体验。例如，通过自然语言处理技术，AI系统可以与用户进行智能交互，帮助用户在虚拟环境中更方便地获取信息。此外，AI技术还可以模拟建筑的使用情况和环境影响，从而指导设计师和工程师做出更合理的决策。

(7) 项目风险评估：AI技术可以用于评估建筑项目的潜在风险。通过分析项目的历史数据、进度、质量和成本，AI算法可以预测项目的风险因素和可能的问题，从而帮助项目团队提前采取措施，降低风险。

(8) 施工日志自动生成：借助自然语言处理(NLP)技术，AI系统可以自动生成施工日志，记录施工现场的工作进度、人员和设备情况等。这将大大提高施工管理的效率，减少人工记录的错误和遗漏。

(9) 招投标智能化：AI技术可以应用于招投标过程，通过数据挖掘和模式识别，自动筛选出最优秀的承包商和供应商。此外，AI还可以辅助招标方和投标方进行价格分析和竞争策略制定，提高招投标的成功率。

(10) 建筑工程教育与培训:AI 技术可以用于建筑工程领域的教育和培训,提供个性化的学习资源和互动式的学习体验。例如,通过深度学习和虚拟现实技术,AI 系统可以模拟真实的施工现场环境,帮助学生和工程师提高实践能力。

综上所述,人工智能技术在建筑工程领域具有广泛的应用和巨大的发展潜力。随着 AI 技术的不断进步,它将为建筑行业带来更高效、智能和可持续的发展。

在招投标过程中,一个典型的人工智能应用场景是对投标方案进行评分和排名,以帮助招标方选择最佳的承包商。

程序示例:Python 编写的人工智能程序

人工智能程序示例代码

在这个示例中,我们首先设置了投标方案的数据,包括投标方名称、报价、工程经验和质量保证等信息。然后,我们为每个评分标准设置了权重,并对评分数据进行了标准化处理。接下来,我们计算了加权得分,并根据得分对投标方案进行了排序。

请注意,这个示例仅供参考,实际招投标过程中的评分标准和权重可能会更复杂,同时可能需要考虑更多的因素。在实际应用中,可能需要使用更高级的 AI 算法,如机器学习和优化算法,来处理这些复杂情况。

第十节　高层建筑中的软件应用及其特点

高层建筑在设计、施工和管理过程中涉及多个方面,因此需要不同类型的应用软件来支持各个环节。以下是一些常用的高层建筑应用软件及其特点:

(1) AutoCAD:这是一款广泛应用于建筑行业的计算机辅助设计(CAD)软件。AutoCAD 允许用户创建精确的二维和三维图形,有助于建筑师和工程师设计高层建筑的平

面图、立面图和剖面图。其特点包括强大的绘图功能、丰富的图库资源和灵活的自定义选项。

(2) Revit:这是一款建筑信息模型(BIM)软件,可以为高层建筑提供三维、实时和智能的建筑模型。Revit 支持多专业协同工作,帮助建筑师、结构工程师和机电工程师共同设计和优化高层建筑的各个方面。其特点包括参数化建模、冲突检测和模型信息管理。

(3) ETABS:这是一款专业的结构分析和设计软件,用于分析高层建筑的结构性能。ETABS 支持各种材料和构件类型,可以为用户提供详细的应力、位移和荷载分布等结果。其特点包括直观的建模界面、强大的分析引擎和丰富的设计规范。

(4) SAP2000:这是一款通用的结构分析和设计软件,适用于高层建筑的框架、剪力墙和桁架等结构体系。SAP2000 具有先进的分析方法和设计功能,可以处理非线性、动力和稳定等问题。其特点包括易学易用的操作界面、高效的计算性能和多种输出选项。

(5) Navisworks:这是一款项目审查和协同软件,用于高层建筑的施工管理和进度控制。Navisworks 可以整合不同来源和格式的模型数据,实现全过程的可视化和仿真。其特点包括模型导航、时间轴制定和冲突检测。

(6) Primavera P6:这是一款专业的项目管理软件,用于高层建筑的进度、成本和资源控制。Primavera P6 可以为用户提供详细的计划、报告和预警功能,帮助项目团队实现有效的决策和协作。其特点包括灵活的计划编制、多维度地分析视图和实时的数据更新。

(7) EnergyPlus:这是一款能源模拟和分析软件,用于评估高层建筑的能源性能和环境影响。EnergyPlus 能够模拟建筑的热环境、空气系统和照明系统等,为用户提供详细的能耗、舒适度和碳排放等指标。其特点包括高精度的物理模型、丰富的气象数据和灵活的输入输出接口。

(8) IES VE:这是一款集成环境模拟软件,用于高层建筑的绿色设计和评估。IES VE 可以为用户提供全方位的环境性能指标,如日照、通风和声环境等。其特点包括直观的建模工具、多种分析方法和国际认可的评价体系。

(9) Rhino:这是一款三维建模和渲染软件,适用于高层建筑的形式设计和视觉呈现。Rhino 具有强大的曲面建模功能,可以为用户创建复杂的几何形状和精美的渲染效果。其特点包括无约束的建模风格、丰富的插件资源和高兼容性的数据交换。

(10) Procore:这是一款建筑项目管理平台,支持高层建筑项目的各个阶段和角色。Procore 提供云端协作和移动访问功能,帮助项目团队实现实时沟通和信息共享。其特点包括全面的功能模块、友好的用户界面和安全的数据存储。

由上可知,高层建筑中的应用软件具有多样性和针对性,可以满足设计、施工和管理等各个环节的需求。这些软件的特点包括强大的计算功能、高效的协作支持和灵活的定制选项。随着技术的发展,未来的高层建筑应用软件将更加智能、集成和可持续。

这里我们以 ETABS 为例,展示一个简化的高层建筑结构分析过程。由于 ETABS 是一款商业软件,不支持编程语言直接操作,但我们可以通过其提供的应用程序接口(API)与 Python 进行交互。在这个示例中,我们将使用 ETABS 的 API 创建一个简单的高层建筑模型，并进行简化的荷载分析。

假设我们的高层建筑有 3 层，每层高度为 4 米，每层有 4 个柱子。为了简化，我们仅考虑竖向荷载，即楼板自重和活荷载。

程序示例：Python 编写的荷载分析程序

荷载分析示例代码

以上示例中，我们使用 Python 调用 ETABS API 创建一个简化的高层建筑模型，包括 3 层楼板和 12 根柱子。我们设置了楼板自重和活荷载，并执行了结构分析。最后，我们输出了柱子的弯矩和剪力结果。

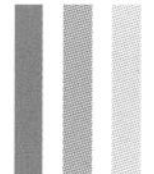

第十一节　建筑工程软件未来的发展趋势

随着计算机技术和人工智能的不断发展，建筑工程软件的发展趋势将朝着更加智能、集成和可持续的方向发展。以下是一些预测的发展趋势：

(1) 人工智能与机器学习：建筑工程软件将更多地运用人工智能和机器学习技术来辅助设计、施工和管理等环节。通过智能算法，软件可以自动分析项目需求和约束条件，提供优化建议和预警信息。此外，机器学习可以帮助软件更好地理解用户行为和偏好，实现个性化和智能化的服务。

(2) 建筑信息模型(BIM)的普及与发展：BIM 技术将继续在建筑工程领域得到广泛应用，实现更高级别的模型信息和协同管理。随着 BIM 标准和规范的完善，不同软件之间的数据交换和集成将变得更加顺畅。此外，BIM 将与云计算、物联网和数字孪生等技术相结合，打造更加智能和可视化的建筑环境。

(3) 跨学科集成：建筑工程软件将逐渐实现跨学科的集成和协同，包括结构、机电、能源和环境等领域。通过统一的平台和接口，不同专业的设计师和工程师可以实时的共享模型数据和分析结果，提高项目的整体性能和协同效率。此外，跨学科集成有助于推动绿色建筑和可持续发展的理念，实现建筑与环境的和谐共生。

(4) 虚拟现实与增强现实：随着虚拟现实(VR)和增强现实(AR)技术的发展，建筑工程软件将越来越多地运用这些技术进行模型展示和现场应用。通过 VR 和 AR，用户可以沉浸式的体验建筑设计和施工过程，更直观地了解空间布局和细部处理。此外，VR 和 AR 可以帮助提高施工安全和质量，实现实时监控和问题解决。

(5) 云计算与移动应用：建筑工程软件将更多地采用云计算和移动应用的技术，实现数据存储、计算分析和协作沟通的无缝连接。通过云平台，用户可以随时随地访问项目信息，进行实时的更新和审批。同时，云计算可以提供强大的计算能力和存储资源，帮助用户应对大型项目和复杂分析的挑战。此外，移动应用可以将软件的功能延伸到现场和移动场景，提高工程师和管理人员的工作效率和便利性。

(6) 自动化与优化：建筑工程软件将继续提高自动化和优化能力，帮助用户降低设计成本、缩短施工周期和提高建筑性能。通过先进的算法和工具，软件可以自动执行诸如荷载分析、结构优化和能源模拟等任务，减轻用户的工作负担。此外，自动化和优化技术可以支持

创新材料和构造的研发，推动建筑工程的技术进步。

（7）开源与社区合作：随着开源软件和社区合作的兴起，建筑工程软件将越来越多地借鉴和参与这些资源和活动。开源软件可以提供免费和灵活的选择，帮助用户探索新技术和创新方法。同时，社区合作可以汇聚全球的智慧和经验，促进建筑工程领域的交流和发展。

（8）可持续性和环境友好：未来的建筑工程软件将更加注重可持续性和环境友好，支持绿色建筑和节能减排的设计和施工。软件可以提供全方位的环境性能评估和优化建议，帮助用户实现建筑与自然环境的和谐共生。此外，软件可以支持可再生能源和循环经济的应用，推动建筑工程的可持续发展。

总之，建筑工程软件的未来发展趋势将是更加智能、集成和可持续的。通过运用人工智能、机器学习、云计算等技术，软件将不断提高设计、施工和管理的效率和质量，实现建筑工程领域的创新和繁荣。

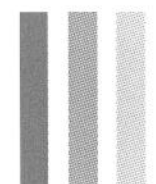

第十二节　使用 Word 编写建筑施工方案的技术文件

使用 Word 编写建筑施工方案的技术文件可以详细、准确地描述施工方案，以下是可能需要用到的步骤和技巧：

（1）设计施工方案：根据建筑设计图纸和实际施工需要，设计一个合适的施工方案，包括施工流程、材料选择、施工方法等。

（2）编写技术文件：在 Word 中编写技术文件，包括技术要求、施工图纸、材料清单、施工方案等，使用 Word 的排版和格式化功能，使内容更具可读性和整洁度。

（3）插入施工图纸：在技术文件中插入施工图纸，包括平面图、剖面图、立面图等，可以

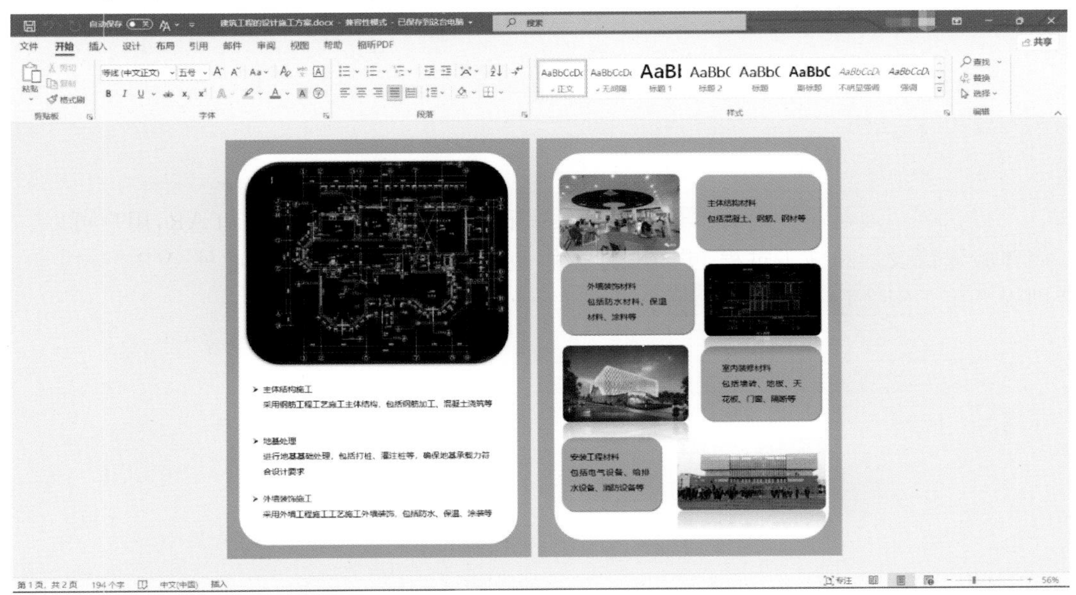

使用 Word 的插图功能，也可以从 CAD 等软件中导入图纸。

(4) 填写材料清单：在技术文件中填写材料清单，包括材料名称、规格、数量等，可以使用 Word 的表格功能进行排版。

(5) 描述施工流程：在技术文件中描述施工流程，包括施工步骤、施工顺序、安全措施等，使用 Word 的段落和编号功能，使流程更加清晰和易懂。

(6) 说明施工方法：在技术文件中说明施工方法，包括具体施工工艺、施工设备、施工人员等，使用 Word 的插入图片和表格功能，使方法更加直观和明了。

(7) 完善质量要求：在技术文件中完善质量要求，包括施工质量、材料质量、安全质量等，确保施工符合国家和行业标准。

(8) 添加参考资料：在技术文件中添加参考资料，如施工规范、验收标准、质量控制手册等，以便于工程师进行技术参考和质量控制。

以上是使用 Word 编写建筑施工方案的技术文件的一些技巧和步骤，使用这些技巧和步骤可以详细、准确地描述施工方案，提高施工质量和效率。

第十三节　使用 Excel 编写建筑造价的示例

创建项目清单：在 Excel 表格中，创建一个项目清单，列出所有的建筑项目，包括建筑物的各个部分、材料、设备和劳动力等。每个项目应有一个编号和名称，并记录所需的数量和规格等信息。以下是需要考虑的一些方面：

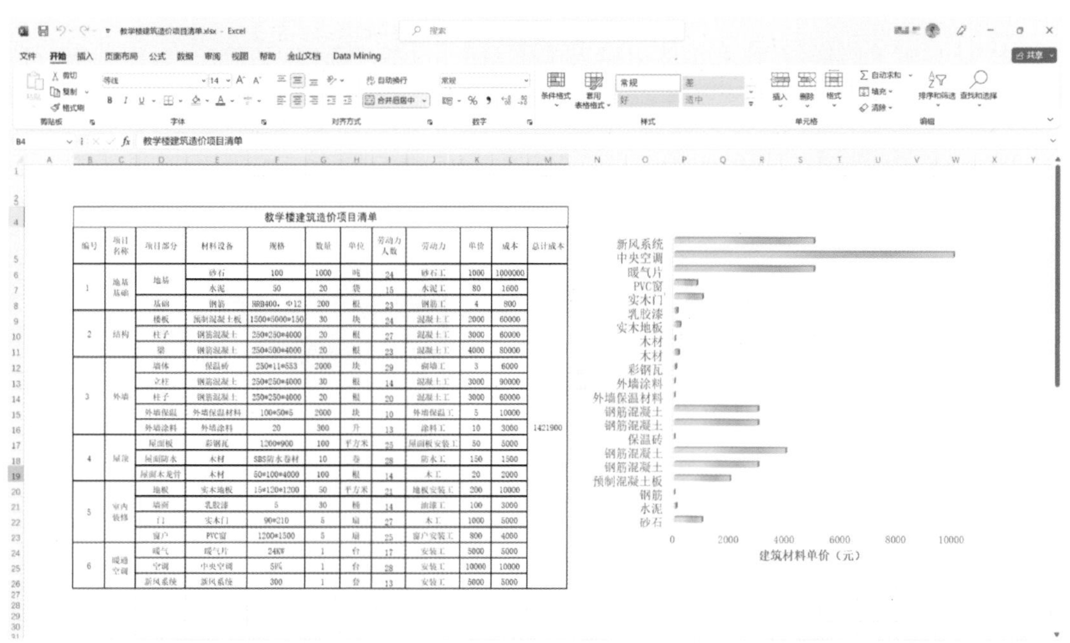

教学楼建筑造价项目清单

编号	项目名称	项目部分	材料设备	规格	数量	单位	劳动力人数	劳动力	单价	成本	总计成本
1	地基基础	地基	砂石	100	1000	吨	24	砂石工	1000	1000000	
			水泥	50	20	袋	15	水泥工	80	1600	
		基础	钢筋	HRB400，Φ12	200	根	23	钢筋工	4	800	
2	结构	楼板	预制混凝土板	1500*5000*150	30	块	24	混凝土工	2000	60000	
		柱子	钢筋混凝土	250*250*4000	20	根	27	混凝土工	3000	60000	
		梁	钢筋混凝土	250*500*4000	20	根	23	混凝土工	4000	80000	
3	外墙	墙体	保温砖	250*11*553	2000	块	29	砌墙工	3	6000	
		立柱	钢筋混凝土	250*250*4000	30	根	14	混凝土工	3000	90000	
		柱子	钢筋混凝土	250*250*4000	20	根	20	混凝土工	3000	60000	
		外墙保温	外墙保温材料	100*50*5	2000	块	10	外墙保温工	5	10000	
		外墙涂料	外墙涂料	20	300	升	13	涂料工	10	3000	1421900
4	屋顶	屋面板	彩钢瓦	1200*900	100	平方米	25	屋面板安装工	50	5000	
		屋面防水	木材	SBS防水卷材	10	卷	28	防水工	150	1500	
		屋面木龙骨	木材	50*100*4000	100	根	14	木工	20	2000	
5	室内装修	地板	实木地板	15*120*1200	50	平方米	21	地板安装工	200	10000	
		墙面	乳胶漆	5	30	桶	14	油漆工	100	3000	
		门	实木门	90*210	5	扇	27	木工	1000	5000	
		窗户	PVC窗	1200*1500	5	扇	25	窗户安装工	800	4000	
6	暖通空调	暖气	暖气片	24KW	1	台	17	安装工	5000	5000	
		空调	中央空调	5匹	1	台	28	安装工	10000	10000	
		新风系统	新风系统	300	1	台	13	安装工	5000	5000	

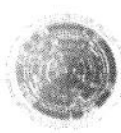

(1) 计算单价:对于每个项目,计算其单价,包括材料和劳动力的单价。这可以通过调查市场价格或询问供应商来获得。每个单价应在表格中列出。

(2) 计算成本:根据项目清单和单价计算每个项目的成本。这可以通过将数量乘以单价来完成。每个项目的成本应列在表格中。

(3) 总计成本:将每个项目的成本相加,以计算整个建筑项目的总成本。这将给出预计的建筑成本,可以用于建筑师、业主和承包商之间的协商和决策。

(4) 调整成本:如果建筑项目发生了变化,可以通过更改数量或单价来调整成本。这将反映在总成本上,并且可以帮助您了解项目变化对成本的影响。

(5) 比较成本:可以使用 Excel 的图表功能来比较不同项目、材料和设备的成本。这可以帮助建筑师、业主和承包商作出更明智的决策,以在预算范围内完成项目。

以上是一个可能的建筑造价方面的 Excel 示例,Excel 表格的灵活性和可定制性可以使其适用于各种不同类型的建筑项目。

第十四节　使用 PPT 制作建筑工程方案的介绍

使用 PPT 制作建筑工程方案的介绍,可以向客户、业主、设计师等人群展示方案的优势和特点。以下是一个可能的制作建筑工程方案介绍 PPT 的步骤:

(1) 设计主题和布局:选择合适的主题和布局,以便清晰地表达方案的信息。可以使用主题模板或自定义设计,以突出方案的独特性和专业性。

(2) 项目概述:简要介绍项目的概况,包括项目的名称、地点、规模、预算等。这可以帮

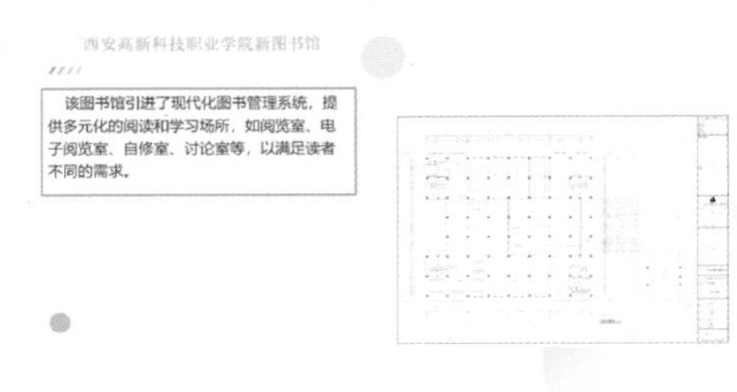

助读者快速了解方案的范围和目标。

(3) 建筑设计:介绍建筑的设计概念、材料、风格等。可以使用图像、图表、草图等来展示方案的美学价值和创新性。

(4) 结构设计:介绍建筑的结构设计、荷载、防震等。可以使用动画效果、3D模型等来帮助读者更好地了解方案的技术性和实用性。

(5) 功能设计:介绍建筑的功能设计,包括空间分配、灯光、绿化等。可以使用图表、图像、视频等来展示方案的功能性和实用性。

(6) 时间计划:介绍项目的时间计划,包括设计、审批、施工等。可以使用Gantt图、时间轴等来展示项目的进度和计划。

(7) 成本预算:介绍项目的成本预算和费用分配,包括设计费、建筑材料、劳动力等。可以使用图表、表格等来展示方案的成本效益。

(8) 意见征集:在介绍完方案后,可以向听众征求他们的意见和建议。这可以帮助提高方案的质量和可接受性。

(9) 总结:总结方案的优点和特点,并对未来的发展和实施提出建议。可以使用图表、图像、引用等来强调方案的重点和亮点。

以上是一个可能的使用PPT制作建筑工程方案介绍的步骤,通过精心的设计和展示,可以更好地了解建筑工程方案的价值和重要性。

练习题和思考题及课程论文研究方向

练习题

1. 使用 Excel 创建一个建筑项目的材料清单，包括材料名称、规格、数量和成本等信息。

2. 使用 PPT 制作一个建筑项目的概念设计展示，包括建筑外观、功能布局和设计理念等内容。

3. 使用 Python 编写一个建筑模型生成程序，根据输入的参数自动生成建筑的三维模型。

4. 使用 MATLAB 编写一个建筑结构的弹性分析程序，计算结构在外力作用下的变形和应力分布。

5. 使用 AutoCAD 软件进行建筑施工图的绘制，包括平面布局、立面细节和剖面图等。

6. 使用 Revit 软件进行建筑信息模型(BIM)的构建和协调，实现建筑设计与施工的一体化。

思考题

1. 建筑信息模型(BIM)对于建筑行业的数字化转型有何重要作用？讨论其在设计、协作和维护等方面的优势和挑战。

2. 建筑工程中的可持续设计原则如何影响建筑的环境影响和能源效率？探讨可持续设计在建筑行业中的应用和发展趋势。

3. 人工智能在建筑工程中的应用前景如何？讨论其在设计优化、施工管理和智能化运营等方面的潜在价值和限制。

课程论文研究方向

1. 基于深度学习和计算机视觉的建筑外观识别与分类方法研究。

2. 建筑施工过程中的无人机应用与智能化监测研究。

3. 建筑室内环境舒适性评价与优化研究，包括采光、通风和温湿度等方面的分析与改进。

第三章　计算机在道路桥梁工程中的应用

Chapter 3: The Application of Computers in Road and Bridge Engineering

欢迎来到第三章——“计算机在道路桥梁工程中的应用”。这一章中，我们将深入探讨计算机技术在道路桥梁工程的各个方面的应用，包括设计、分析、建设过程管理、交通系统、安全监测、维护管理，以及智能公路系统等。

本章首先概述了计算机在道路桥梁工程中的应用与发展概况。接着，我们将通过一系列具体的编程示例，详细介绍计算机辅助设计和有限元分析在设计和分析道路与桥梁结构中的应用。

在讨论计算机在桥梁建设过程管理、智能交通系统、道路交通控制系统、桥梁结构安全监测系统、道路维护管理系统的应用时，我们将通过具体的编程示例展示这些系统的工作原理和应用价值。

智能公路系统是一个新兴领域，它利用计算机技术提供实时的、精准的道路和交通信息，提高道路使用效率，降低交通事故。我们将通过实例介绍智能公路系统的一些核心功能。

此外，我们还将讨论桥梁工程常用软件的特色和发展趋势，并介绍如何使用 Word、Excel 和 PPT 等常见软件来编写道路桥梁的建设方案、制作桥梁设计参数表和制作桥梁设计方案汇报。

无论您是道路桥梁工程的学生、工程师，还是对此领域感兴趣的读者，这一章都将为您提供丰富而有价值的信息。我们期待您在阅读这一章节的过程中，感受到计算机技术在道路桥梁工程中的重要作用，并受到启发。

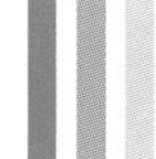

第一节　计算机在道路桥梁工程中的应用与发展概况

计算机技术在道路桥梁中有着广泛的应用，以下是其中一些方面：

(1) 桥梁设计和分析：计算机辅助设计(CAD)和有限元分析(FEA)技术可以用来设计和分析桥梁结构，以提高设计效率和准确性。

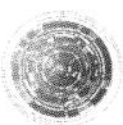

（2）建设过程管理和控制：计算机技术可以用来管理桥梁项目，例如工程计划、资源管理、施工进度跟踪和质量控制等。

（3）智能交通系统：计算机技术可以用来实现智能交通系统，例如智能交通控制、智能收费、智能路况预测等等。

（4）道路交通控制系统：利用计算机技术，结合交通信号控制、车辆识别等技术，实现道路交通自动化管理，提高交通流量和效率。

（5）桥梁结构安全监测系统：利用计算机技术和物联网技术，对桥梁结构进行实时监测和数据分析，预测桥梁结构的安全状况，提高桥梁的使用寿命和安全性。

（6）道路维护管理系统：利用计算机技术和 GIS 技术，对道路状况进行实时监测和数据分析，提高道路维护的准确性和效率。

（7）自动驾驶技术：利用计算机技术、传感器技术和人工智能技术，实现车辆的自动驾驶，提高道路安全和交通流量。

（8）智能公路系统：利用计算机技术、物联网技术、人工智能技术等，对公路系统进行智能化管理，包括车辆识别、路况预测、动态路线规划等，提高公路系统的效率和安全性。

未来，随着计算机技术的不断发展和创新，道路桥梁中的应用将会有更多的发展趋势：

（1）AI 和机器学习：人工智能和机器学习技术将会在道路桥梁中得到更广泛的应用，例如自动化设计、优化结构、预测性维护等等。

（2）智能传感器和物联网技术：智能传感器和物联网技术将会用来监测和控制道路和桥梁的各种参数，例如交通流量、路况、桥梁结构的健康状况等等。

（3）自主驾驶技术：自主驾驶技术将会在道路桥梁中得到广泛应用，例如自主驾驶车辆的安全性能评估、自主驾驶公共交通系统等等。

（4）可持续性和环保技术：计算机技术将会用来推动道路桥梁中的可持续性和环保技术，例如绿色交通、能源管理和废物回收等等。

总的来说，计算机技术将会在道路桥梁中继续发挥着重要作用，随着新技术的发展和应用，将会有更多的创新和发展趋势出现。

第二节　计算机辅助设计和有限元分析用于设计和分析道路与桥梁结构

计算机辅助设计（CAD）和有限元分析（FEA）技术在道路和桥梁结构设计和分析中发挥着重要作用。它们为工程师提供了高度精确和可视化的方法来评估结构性能和安全性。

1. 计算机辅助设计（CAD）

计算机辅助设计是一种利用计算机系统进行设计和技术绘图的技术。在道路和桥梁结构设计中，CAD 具有以下优点：

（1）高效设计：CAD 软件提高了道路和桥梁设计的效率，可以快速生成、修改和更新设计图纸。

（2）准确性和一致性：通过 CAD 软件，工程师能够确保设计图纸的准确性和一致性，减

少错误。

(3) 可视化:CAD 软件可以创建道路和桥梁结构的三维模型,使工程师更直观地了解设计方案,以及识别和解决潜在问题。

(4) 设计协同:CAD 软件允许多个设计团队成员同时访问和编辑设计图纸,便于设计协同和信息共享。

(5) 与其他软件的集成:CAD 模型可以导入到其他工程分析软件,如有限元分析(FEA)软件、交通流模拟软件等,进行结构性能和交通流量等方面的分析。

程序示例:Python 编写的工程分析程序

工程分析示例代码

此程序定义了两个函数:draw_pier 用于绘制桥墩,draw_beam 用于绘制梁。在 main 函数中,我们指定了桥墩高度、梁长度以及桥墩数量。然后,通过循环绘制桥墩和梁以生成桥梁结构的字符表示。

请注意,这只是一个简化的示例,实际的桥梁结构设计涉及更多的细节和复杂性。要创建实际的 CAD 桥梁模型,要使用专业的 CAD 软件。

2. 有限元分析(FEA)

有限元分析是一种数值方法,用于求解复杂的工程问题,如道路和桥梁结构的应力、应变、挠度等。在道路和桥梁结构设计中,FEA 具有以下优点:

(1) 精确性:FEA 软件可以通过将结构划分为许多小的元素(如单元格或网格),并对其应用材料属性和边界条件,以求解复杂的结构行为。这种方法提供了对道路和桥梁结构性能的精确预测。

(2) 复杂加载条件分析:FEA 软件可以处理各种复杂的加载条件,包括静态加载、动态加载、地震加载等。这有助于工程师了解不同加载条件下道路和桥梁结构的性能。

(3) 材料行为分析:FEA 软件可以模拟各种材料行为,如弹性、塑性、疲劳等,以预测道路和桥梁结构在不同条件下的性能。

(4) 优化设计:FEA 分析可以指导工程师对道路和桥梁结构进行优化,以提高结构性能和降低成本。

(5) 评估结构耐久性:FEA 分析可以帮助工程师评估道路和桥梁结构在长期使用过程中的耐久性,包括疲劳、腐蚀、裂缝扩展等问题。

(6) 桥梁结构监测与维护:FEA 技术可以辅助实际监测数据进行结构性能评估,预测潜在问题,并指导桥梁的维护和修复方案。

(7) 交通流量与道路性能评估:通过与交通流模拟软件的集成,FEA 可以帮助工程师评估交通流量对道路和桥梁结构性能的影响,以及对道路安全和舒适性的影响。

(8) 跨学科分析:FEA 技术可以与其他工程领域的软件进行集成,如气象、水文、地质等,以全面评估道路和桥梁结构在各种环境条件下的性能。

综上所述,计算机辅助设计(CAD)和有限元分析(FEA)技术在道路和桥梁结构设计和分析中具有广泛的应用。它们为工程师提供了强大的计算能力,使得道路和桥梁结构可以更准确地预测其性能、提高安全性和耐久性。同时,这些技术不断发展和改进,为未来道路和桥梁结构设计和分析提供了更多的可能性。

有限元分析通常使用专业的软件(如 ANSYS、Abaqus 或 OpenSees)进行。然而,我们可以通过 Python 编程演示一个简化的有限元分析(FEA)示例,用于计算简单的梁桥承载能力。在这个示例中,我们将使用直接刚度法求解结构问题。

程序示例:Python 编写的梁桥承载程序

梁桥承载示例代码

在这个示例中,我们定义了一个简单的梁桥,其杨氏模量为 200 GPa,梁长度为 10 米,惯性矩为 0.0004 平方米。我们使用直接刚度法构建刚度矩阵,并将载荷施加在一个端点上。通过消除固定边界条件,我们可以求解位移向量。

第三节 计算机在桥梁建设过程管理和控制的应用

计算机技术在桥梁建设过程的管理和控制中发挥着关键作用。计算机可以帮助提高工程项目的效率、准确性和可靠性,从而确保项目按计划进行。以下是计算机在桥梁建设过程管理和控制中的一些主要应用:

(1) 项目管理软件:通过项目管理软件(如 Microsoft Project、Primavera P6 等),工程师可以计划、协调和跟踪桥梁建设项目。这些工具有助于维护项目进度,确保按时完成,控制成本,并跟踪资源分配。

(2) BIM(建筑信息模型):BIM 技术在桥梁建设项目中的应用越来越普遍。BIM 是一种数字化的三维模型,包含了桥梁结构的几何、材料和工程信息。BIM 有助于各个项目团队成员之间的协同工作,提高设计、施工和维护过程的效率。

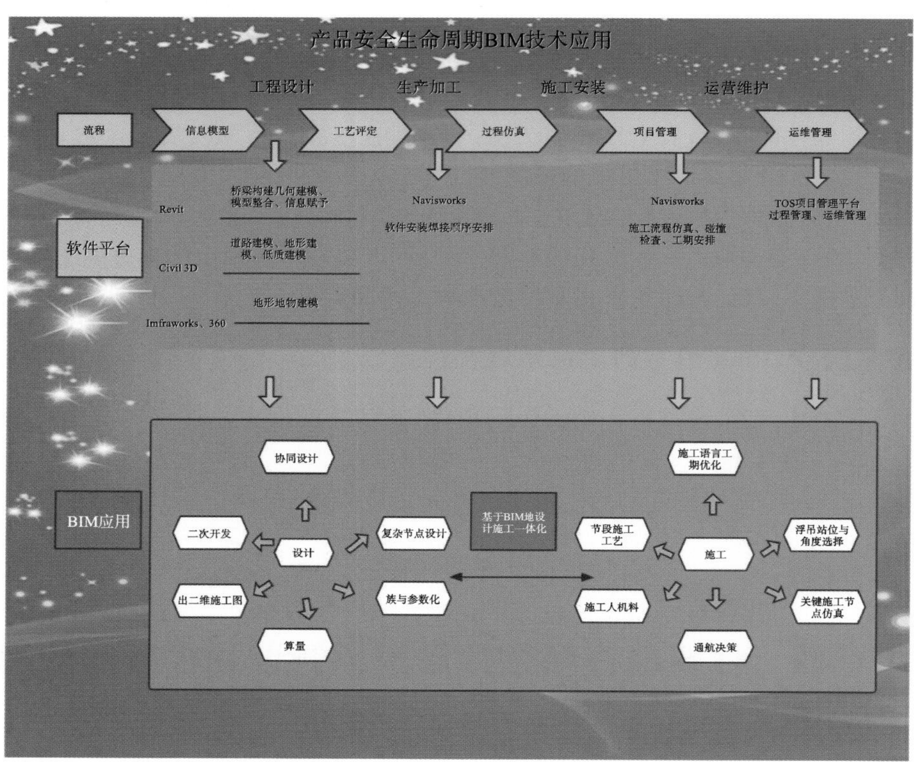

(3) 施工进度监控:计算机技术可以实时监测施工现场的进度。通过使用无人机、摄像头和传感器收集数据,工程师可以实时了解施工现场的状况,并对项目进度进行评估和调整。

(4) 质量控制和检测:计算机技术在质量控制和检测中起到了重要作用。通过计算机辅助检测设备(如 X 射线、超声波、激光扫描仪等),工程师可以更加准确地评估桥梁结构的质量和完整性。

(5) 成本估算和控制:计算机可以协助工程师进行项目成本估算和控制。通过对设计、施工和维护数据的分析,计算机可以预测项目成本、资源需求和潜在风险,从而提高项目管理的效率。

(6) 信息管理和交流:计算机技术可以方便地存储、检索和共享桥梁建设项目中的信息。云存储、协同工作平台和移动应用程序等技术可以帮助团队成员随时随地获取项目信息,提高协同工作效率。

(7) 设计优化和仿真:计算机可以帮助工程师进行桥梁结构设计的优化和仿真。通过有限元分析、风洞试验和交通流模拟等方法,计算机可以预测桥梁结构在不同条件下的性能,从而为工程师提供指导,以优化设计方案并提高桥梁的安全性、耐久性和性能。

(8) 安全管理:计算机技术可以帮助桥梁建设过程中的安全管理。通过实时监测工程

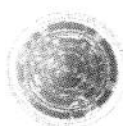

现场环境和工人行为，计算机可以识别潜在安全隐患，从而减少事故风险。此外，计算机可以辅助开展安全培训、制定应急预案，以及进行事故调查和分析。

(9) 供应链管理：计算机技术可以帮助桥梁建设项目的供应链管理。通过监控物料需求、库存和运输过程，计算机可以确保及时、准确地满足施工现场的物资需求，从而提高项目效率。

(10) 环境影响评估：计算机技术可以辅助评估桥梁建设项目对环境的影响。通过模拟和分析项目对水文、地质、生态等方面的影响，计算机可以为工程师提供有关环境保护和可持续发展的建议。

总之，计算机在桥梁建设过程的管理和控制中发挥着至关重要的作用。随着计算机技术的不断发展和创新，其在桥梁建设过程中的应用将变得更加广泛和高效。计算机技术不仅提高了桥梁建设项目的效率和准确性，还有助于确保项目的可持续发展和环境友好性。

在桥梁建设过程中，计算机技术的一个常见应用是协助工程师对工程项目进行进度跟踪。

程序示例：Jave 编写的桥梁建设项目程序

桥梁建设项目示例代码

这个简单的 Java 程序创建了一个散列映射，用于存储桥梁建设项目的各个阶段及其完成百分比。然后，printProgress 函数遍历映射并输出每个阶段的完成情况。

请注意，这个示例仅用于演示目的，实际的桥梁建设项目进度跟踪会涉及更多详细信息和复杂性。在实际应用中，可以使用数据库和网络技术来存储和共享项目进度数据，并通过 Web 应用程序或移动应用程序实时查看和更新项目进度。

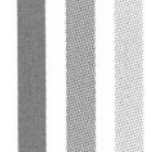

第四节　计算机在智能交通系统中的应用

智能交通系统(Intelligent Transportation System，ITS)是一种综合运用计算机技术、通信技术、控制技术、传感技术等现代技术，实现道路交通管理、控制与信息服务的系统。计算机在智能交通系统中发挥着核心作用，以下是计算机在智能交通系统中的一些主要应用：

(1) 交通信号控制：计算机可以实时分析各路口的交通状况，根据需求自动调整信号灯的时序。这有助于减少拥堵现象，提高道路通行能力。

(2) 交通监测与预测：计算机可以实时收集交通监测设备(如摄像头、传感器、测速设备等)的数据，对交通流量、速度、拥堵等状况进行分析和预测。这有助于交通管理部门及时采取措施，缓解交通压力。

(3) 导航与路径规划：计算机可以为驾驶员提供实时导航和路径规划服务，根据实时路况数据推荐最佳路线。这有助于提高出行效率，减少油耗和排放。

(4) 车辆自动驾驶：计算机技术在自动驾驶汽车的发展中起到了关键作用。通过计算机视觉、雷达、激光雷达等传感器，计算机可以识别道路环境，实现自动驾驶功能。自动驾驶

汽车有望提高交通安全、降低能耗，改变出行方式。

(5) 公共交通管理：计算机可以实时监控公共交通工具（如公交、地铁等）的运行状况，预测到站时间，为乘客提供实时信息。此外，计算机还可以协助调度车辆，优化线路，提高公共交通效率。

(6) 交通事故处理：计算机可以协助交通事故的处理。通过实时监控交通状况，计算机可以快速检测交通事故，并将事故信息传送给交通管理部门。这有助于缩短事故处理时间，减少交通拥堵。

(7) 电子收费系统：计算机技术使得电子收费系统（如 ETC）成为可能。电子收费系统可以自动识别车辆，收取通行费，无须停车。这有助于提高收费站的通行效率，降低拥堵。

(8) 智能停车管理：计算机可以实现智能停车场的管理和优化。通过传感器和摄像头收集数据，计算机可以实时监测停车场的空余车位，并为驾驶员提供停车位信息。此外，计算机还可以自动完成停车费用的计算和收取，提高停车场的运营效率。

(9) 车联网：车联网（V2X）是指车与车（V2V）、车与道路基础设施（V2I）、车与行人（V2P）等之间的通信。计算机技术在车联网中发挥着关键作用，实现车辆与周围环境的实时互联互通。这有助于提高道路交通安全、减少交通拥堵和降低能耗。

(10) 减排与能源管理：计算机在减排和能源管理方面具有广泛应用。通过对交通数据的分析，计算机可以评估交通系统的能耗和排放水平，为交通政策制定提供支持。此外，计算机还可以协助规划和管理充电设施，推动电动汽车的普及。

(11) 交通政策与规划支持：计算机可以辅助交通规划和政策制定。通过对大量交通数据的分析，计算机可以为城市规划、交通政策制定和基础设施建设提供有力支持，实现可持续的交通发展。

总之，计算机在智能交通系统中发挥着关键作用。随着计算机技术的不断发展和创新，其在智能交通系统中的应用将变得更加广泛和高效。计算机技术不仅可以提高交通运行效率，降低能耗和排放，还可以增强交通安全，改善出行体验。

程序示例:Python 编写的模拟实时交通流量分析程序

模拟实时交通流量分析示例代码

假设我们有一个简化的单向道路,该道路分为几个路段,每个路段都有传感器来检测通过的车辆数量。使用以下代码建立模型。

这个简单的 Python 程序模拟了实时获取道路传感器数据并分析交通流量的过程。generate_sensor_data 函数模拟生成每个路段的传感器数据,analyze_traffic_flow 函数根据传感器数据分析交通流量并给出相应建议。程序会每隔 5 秒钟进行一次分析,以模拟实时分析的过程。

这个示例仅用于演示目的,在实际应用中,智能交通系统会涉及更多的数据源(如摄像头、导航数据等)和复杂的分析方法。在现实场景中,交通数据可能通过互联网从远程服务器获取,交通流量分析的结果可以通过网页、手机应用或其他途径实时通知给驾驶员。

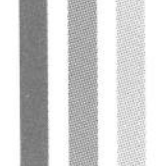

第五节　计算机在道路交通控制系统中的应用

计算机在道路交通控制系统中具有广泛的应用,主要体现在以下方面:

(1) 信号控制:计算机可以实时处理路口的交通数据,根据实时交通状况调整信号灯的时序和相位。通过动态调整信号灯,可以有效减少交通拥堵,提高道路通行能力。此外,计算机还可以实现协同控制,使相邻路口的信号灯相互配合,形成绿波,降低驾驶员在路口的等待时间。

(2) 交通监测与预测:计算机可以实时收集各种交通监测设备(如摄像头、传感器、测速设备等)的数据,并对交通流量、速度、拥堵等状况进行分析和预测。这有助于交通管理部门了解道路实时状况,及时采取措施,缓解交通压力。

(3) 交通指挥与调度:计算机可以为交通指挥中心提供实时的道路交通信息,协助交通管理人员根据实时交通状况制定合理的交通管控措施,如限行、禁行、改道等。此外,计算机还可以实现对公共交通工具(如公交、出租车等)的实时调度,优化线路,提高公共交通效率。

(4) 路况信息服务:计算机可以为驾驶员提供实时路况信息,如拥堵、事故、施工等。通过手机应用、导航设备、路边显示屏等途径,驾驶员可以实时了解道路状况,提前规划行程,避免拥堵路段。

(5) 事故检测与处理:计算机可以辅助交通事故的检测与处理。通过实时监控交通状况,计算机可以快速检测交通事故,并将事故信息传送给交通管理部门。这有助于缩短事故处理时间,减少交通拥堵。

(6) 交通数据分析与规划:计算机可以对大量交通数据进行分析,为城市规划、交通政策制定和基础设施建设提供有力支持。通过数据挖掘和预测分析技术,计算机可以帮助交通管理部门识别交通问题的根本原因,制定针对性的改善措施。

(7) 车联网技术:计算机在车联网(Vehicle-to-Everything,V2X)技术中发挥关键作用。

车联网包括车对车(V2V)、车对基础设施(V2I)和车对行人(V2P)等多种通信形式。计算机技术可以实现车辆与周围环境的实时互联互通,提高道路交通安全、降低交通拥堵和减少能源消耗。

(8) 自动驾驶技术:计算机在自动驾驶技术中发挥核心作用。通过搜集车辆传感器、摄像头、激光雷达等设备的数据,计算机可以实时分析路况、障碍物和行人信息,并通过先进的算法实现车辆的自动驾驶。自动驾驶技术有望大幅提高道路交通安全和行驶效率。

(9) 智能路灯系统:计算机可以实现智能路灯的控制和管理。通过监测道路交通状况和环境参数,计算机可以自动调整路灯的亮度和开关时间,从而节约能源、降低维护成本,并提高道路安全。

(10) 交通行为分析:计算机可以对交通行为进行分析,辅助交通管理部门开展交通安全宣传教育。通过对交通违法行为的记录和分析,计算机可以为交通管理部门提供有关交通行为的统计数据和分析报告,为交通安全工作提供科学依据。

(11) 电子收费系统:计算机技术可以实现高速公路、城市停车场等场所的电子收费系统。通过自动识别车牌、无线通信技术等方式,计算机可以自动完成车辆通行费的计算和收取,减少人工操作,提高收费效率。

综上所述,计算机在道路交通控制系统中发挥着关键作用。随着计算机技术的不断发展和创新,其在道路交通控制系统中的应用将变得更加广泛和高效。计算机技术有助于提高道路通行能力,降低能耗和排放,增强交通安全,改善出行体验。

在实际道路交通控制系统中,视频抓拍功能通常依赖于硬件摄像头和图像处理库。在这个示例中,我们将使用 OpenCV(开源计算机视觉库)和 C 语言演示一个简单的视频抓拍功能。

程序示例:C 语言编写的交通控制程序

交通控制示例代码

此示例程序使用 OpenCV 库,初始化摄像头并打开一个窗口来显示实时视频。程序将持续捕获摄像头的每一帧图像,并在窗口中显示。当用户按下's'键时,程序将保存当前帧到名为"captured_frame.jpg"的文件。按下'q'键时,程序将结束并释放资源。

请注意,这个示例仅用于演示目的。在实际道路交通控制系统中,视频抓拍功能可能涉及更复杂的图像处理和分析算法,例如车牌识别、车辆计数等。

第六节 计算机在桥梁结构安全监测系统中的应用

计算机在桥梁结构安全监测系统中发挥着关键作用。随着计算机技术和传感器技术的快速发展,桥梁结构安全监测系统已经实现了实时、连续和自动化的数据采集、处理和分析。以下是计算机在桥梁结构安全监测系统中的主要应用:

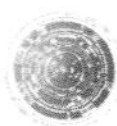

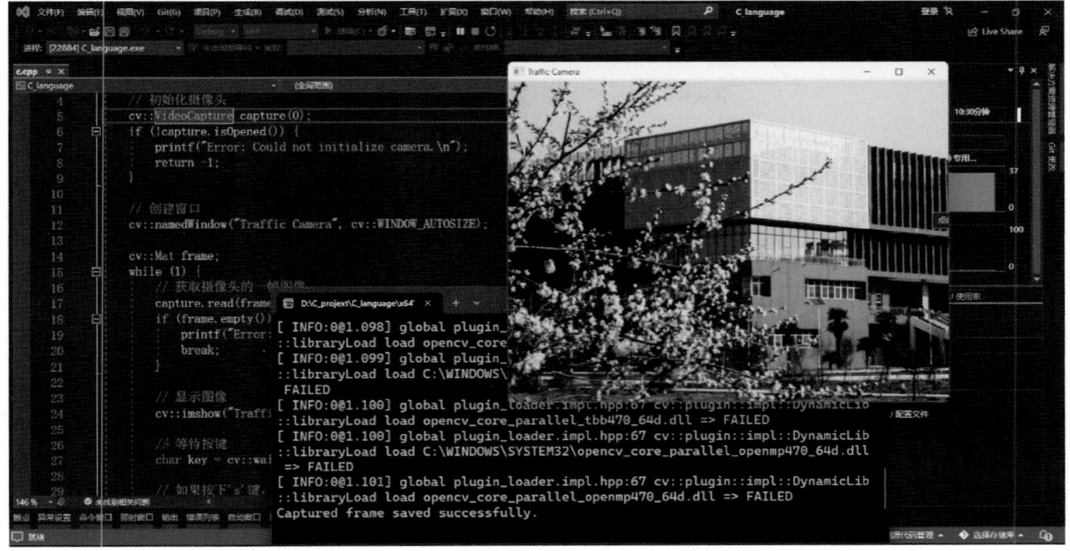

（1）数据采集：桥梁结构安全监测系统中，计算机通过与各种传感器（如应变计、位移传感器、加速度计、温度计等）连接，实现对桥梁结构的实时数据采集。计算机可以对采集到的数据进行预处理，消除噪声，提高数据质量。

（2）数据存储与管理：计算机可以实现对大量监测数据的高效存储和管理。通过数据库技术，计算机可以将实时采集到的数据进行分类、归档和检索，便于后续的数据分析和处理。

（3）实时监测与报警：计算机可以根据预设的阈值和安全标准，实时监测桥梁结构的健康状况。当监测到的数据超过阈值时，计算机会自动触发报警系统，通知工程师及时进行检查和处理，从而有效防止结构事故的发生。

（4）数据分析与挖掘：计算机可以运用先进的数据分析和挖掘技术，对监测数据进行深入分析。通过时间序列分析、频谱分析等方法，计算机可以帮助工程师识别结构性能的变化趋势，评估桥梁结构的安全状况。

（5）结构安全评估：计算机可以运用有限元分析、结构动力学分析等技术，对桥梁结构进行安全评估。通过计算结构的应力、应变、挠度等指标，计算机可以辅助工程师判断桥梁结构的承载能力和疲劳寿命。

（6）可视化与报告：计算机可以将监测数据和分析结果以图表、曲线等形式进行可视化展示。通过生成详细的监测报告，计算机可以为工程师、管理者和决策者提供直观、全面的桥梁结构安全信息。

（7）智能预警与维护决策支持：计算机可以根据历史数据和实时监测数据，运用机器学习和人工智能技术进行智能预警和维护决策支持。通过对大量监测数据的分析，计算机可以预测潜在的结构问题，提前提醒工程师进行检查和维修。此外，计算机可以根据数据分析结果，为桥梁的维护和修复制定合理、科学的方案，提高桥梁维护的效率和成本效益。

（8）数字孪生技术：计算机可以利用数字孪生技术为桥梁结构安全监测提供更加精确

的模拟和预测。通过构建桥梁的虚拟模型，并实时更新模型中的参数，计算机可以模拟实际桥梁的运行状况，从而为桥梁的设计、建设、维护和管理提供有效支持。

(9) 云计算与物联网技术：计算机可以利用云计算和物联网技术实现远程监测和数据共享。通过将监测数据上传至云端，计算机可以实现对多个桥梁结构的集中监测和管理。此外，云计算和物联网技术也可以为桥梁结构安全监测提供更强大的计算能力和数据处理能力。

(10) 集成与标准化：计算机可以实现桥梁结构安全监测系统的集成与标准化。通过开发统一的数据接口和通信协议，计算机可以将不同厂商、不同类型的传感器和监测设备集成到一个统一的监测平台中，从而简化系统的维护和管理。

总之，计算机在桥梁结构安全监测系统中具有广泛的应用。通过实时数据采集、存储与管理、实时监测与报警、数据分析与挖掘、结构安全评估、可视化与报告、智能预警与维护决策支持、数字孪生技术、云计算与物联网技术以及集成与标准化等方面，计算机技术为桥梁的设计、建设、维护和管理提供了强大的技术支持，从而保障了桥梁结构的安全与可靠运行。

在下面的示例中，我们将讨论一个基于 Python 的桥梁结构安全监测系统，该系统使用传感器收集数据，分析和预测桥梁结构的应变和位移。

这个简化的桥梁监测系统假设我们有两个传感器：一个应变计（测量应变）和一个位移传感器（测量位移）。传感器数据将通过 Python 程序进行处理和分析，根据阈值触发报警。

程序示例：Python 编写的桥梁监测系统程序

桥梁监测系统示例代码

在这个简化的例子中，我们模拟了从应变计和位移传感器获取的数据。get_sensor_data()函数返回随机生成的应变和位移值。程序循环 100 次，每次循环都从传感器获取一组数据并将其添加到应变和位移列表中。analyze_data()函数根据预定的阈值分析数据，如果数据超过阈值，则发出警告。

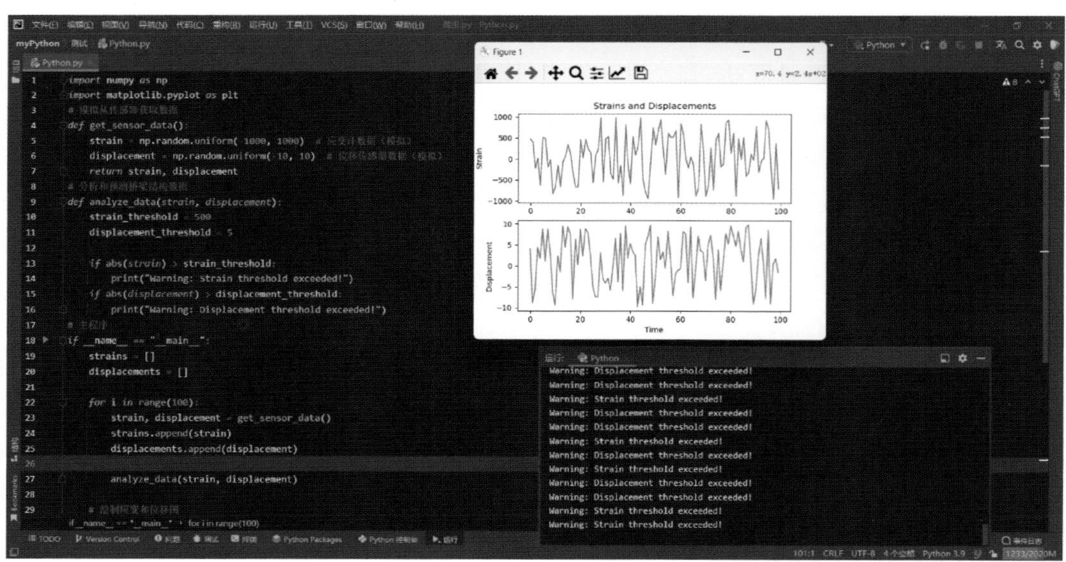

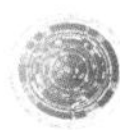

在循环结束后，我们使用 matplotlib 库绘制应变和位移的图表，以便于分析。

运行程序，在命令行中，导航到包含 bridge_monitoring. py 文件的目录，并运行以下命令：

python bridge_monitoring. py

程序将生成应变和位移的图表，并在数据超过预定阈值时发出警告。

这仅是一个简化的示例。在实际桥梁结构安全监测系统中，需要使用实际传感器数据，可能会有更多种类的传感器（如加速度计、温度计等），并可能需要实现更为复杂数学模型来更准确地评估桥梁结构的安全状况。

对于更复杂的监测系统，您可以考虑实施以下功能：

（1）使用物联网（IoT）技术连接实际传感器，以实时收集和传输数据。

（2）使用数据库存储和管理收集到的数据，便于长期分析和跟踪。

（3）应用机器学习和人工智能技术，自动识别结构异常和潜在问题，实现智能预警功能。

（4）使用云计算技术，实现远程监测、数据共享和分布式计算。

（5）集成数字孪生技术，为桥梁结构安全监测提供更精确地模拟和预测。

请注意，为了实现这些功能，您可能需要使用不同的编程语言和技术。例如，物联网（IoT）连接可能需要使用 C＋＋或其他嵌入式编程语言，而数据库存储和管理可能需要使用 SQL 等数据查询语言。但是，Python 仍然是一个很好的选择，因为它提供了大量的库和模块来支持各种技术和领域，使其成为桥梁结构安全监测系统的一个强大工具。

第七节　计算机在道路维护管理系统中的应用

计算机在道路维护管理系统中的应用涵盖了许多方面。以下是一些主要的应用领域：

（1）路网信息管理：计算机可以用于存储、管理和更新道路网络的信息。这包括路线、里程、路面类型、交通标志、路面标线、桥梁、隧道等各种基础设施的详细信息。通过地理信息系统（GIS）和全球定位系统（GPS）技术，计算机可以实现道路信息的可视化和定位。

（2）道路巡检和评估：计算机辅助道路巡检系统可以自动记录道路状况，如裂缝、坑洞、沉降等。这些信息可以用于评估道路状况，确定道路维修的优先级和计划。

（3）道路维修和养护计划：计算机可以根据道路状况、预算限制、维修类型和其他因素为道路维修和养护制定计划。计算机还可以优化资源分配，确保维修工作的高效进行。

（4）资产管理：计算机可以用于管理道路维护相关的资产，如设备、材料、人员等。通过计算机系统，道路维护单位可以实现资产的跟踪、调度、维修和更换。

（5）质量控制和监督：计算机可以用于对道路维修工程的质量进行实时监控。通过分析工程进度、材料质量和施工方法等因素，计算机可以确保维修工程达到预期的质量标准。

（6）维修成本和预算分析：计算机可以用于分析道路维修的成本和预算需求。这包括对维修工程的直接成本（如材料、设备、人工）和间接成本（如管理、监督、质量控制）的计算和分析。计算机还可以为道路维修预算提供支持,确保资源的合理分配。

(7) 数据分析和决策支持:计算机可以对道路维护数据进行分析,从而为决策者提供有关道路维护工作的详细信息。这包括对道路状况、维修需求、资源分配等方面的分析,以便制定更有效的道路维护策略。

(8) 通信和协同工作:计算机可以提高道路维护部门之间的通信和协同工作效率。通过计算机系统,道路维护单位可以实时共享信息、协调任务和资源,以便更好地应对突发事件和紧急维修需求。

(9) 道路维护培训和教育:计算机可以用于培训和教育道路维护人员。通过在线课程、模拟软件和多媒体教学资源,计算机可以帮助提高道路维护人员的技能和知识。

(10) 环境影响评估:计算机可以用于评估道路维修工程对环境的影响。通过分析维修活动产生的废物、排放物和其他污染物,计算机可以帮助制定环保措施,以降低道路维修对环境的负面影响。

(11) 道路安全评估:计算机可以用于评估道路维修对道路安全的影响。通过对交通事故、道路状况和驾驶行为等因素的分析,计算机可以为道路安全提供有力的支持。

(12) 公共参与和信息共享:计算机可以使公众更方便地参与道路维护的决策过程。通过在线平台、社交媒体和其他渠道,计算机可以帮助公众获取有关道路维护项目的信息,以便提出意见和建议。

总之,计算机在道路维护管理系统中的应用不仅可以提高道路维护工作的效率和质量,还可以支持更明智的决策和资源分配。通过实时数据收集、分析和共享,计算机可以帮助道路维护单位更好地应对挑战,确保道路基础设施的安全、可靠和可持续发展。

一个计算机在道路维护管理系统中的应用实例是自动检测道路表面状况。在这个例子中,我们将演示如何使用 Python 和 OpenCV 库来处理车载摄像头拍摄的道路图像,检测道路表面上的裂缝和坑洞。

首先,确保已安装 Python 和 OpenCV 库。可以使用以下命令安装 OpenCV:

```
pip install opencv-python
```

接下来,创建一个 Python 脚本,例如 road_condition_detection. py,并输入示例代码。

程序示例:Python 编写的自动检测道路表面状况程序

自动检测道路表面状况示例代码

将一张道路图像(如 road_image. jpg)放在脚本所在的文件夹中。运行脚本,将对图像进行处理,并在窗口中显示检测到的裂缝和坑洞。

这个简单的示例主要用于说明计算机在道路维护管理系统中的应用。实际应用可能需要使用更高级的图像处理和机器学习技术,以及与现实道路监测设备的集成。

第八节 智能公路系统

一条被称作“超级高速公路”的大道位于中国浙江，将绍兴、宁波、杭州等三座城市相互连接。这一条高速公路之所以被称作“智慧型高速公路”是因为该道路将设置供车辆自动驾驶的通道，并且融入了汽车充电桩、太阳能供电系统、覆盖率极广的无线网络等等高科技设备，使车辆可以在使用自动驾驶功能时，更加精准且安全。

智能公路系统（Intelligent Highway System，IHS）是一种基于信息通信技术（ICT）的先进交通管理系统，旨在实现高效、安全和环保的道路交通。智能公路系统涉及多种技术，如车辆识别、道路监控、交通信号控制、导航、紧急救援等，为驾驶者提供实时交通信息，提高道路运输效率和安全性。

除此之外，这一条智能高速公路也同时会加入当前非常热门的智能云端监控系统，凭借着大数据的基础，对来往车辆进行实时管控。不仅如此，有消息指这一条高速公路甚至结合了无线充电技术，能够让纯电动车型在行驶途中补充电量，无须为续航里程所担心。

1. 智能公路系统的核心技术

(1) 传感器技术:通过安装在道路上的传感器收集实时交通信息,如车辆数量、速度、方向等。常见的传感器包括摄像头、雷达、地磁等。

(2) 通信技术:将实时交通信息通过无线通信技术(如 Wi-Fi、蜂窝网络等)传输至数据中心进行分析。

(3) 数据分析:对收集到的交通信息进行实时分析,识别交通拥堵、事故、恶劣天气等情况,为交通管理部门和驾驶者提供决策依据。

(4) 车辆识别技术:通过车牌识别、车辆特征识别等技术,追踪车辆行驶轨迹,协助交通管理部门进行违章稽查等工作。

(5) 交通信号控制:根据实时交通情况,动态调整红绿灯时长,优化交通流动性。

(6) 导航系统:为驾驶者提供实时路线规划、路况信息、交通违章查询等服务。

(7) 自动驾驶与车联网技术:通过车辆间通信(V2V)和车路协同(V2X)技术,实现车辆自动驾驶和交通管理系统的无缝对接。

2. 智能公路系统的主要功能

(1) 实时路况监控:监测道路交通情况,为驾驶者提供实时路况信息,帮助其规避拥堵、事故等情况。

(2) 交通拥堵管理:通过分析交通流量数据,预测未来拥堵情况,提前采取措施进行疏导。

(3) 事故监测与救援:实时监测事故发生,自动报警并通知救援部门,降低事故处理时间和成本。

(4) 环境保护:通过优化交通信号控制、导航路线等措施,减少车辆排放,降低环境污染。

(5) 高速公路收费管理:采用电子收费系统(ETC)进行无人化、非接触式收费,降低拥堵,提高通行效率。

(6) 智能停车:引导驾驶者寻找空闲停车位,提高停车场利用率,减少寻找停车位的时间和排放。

(7) 路况维护与安全:通过道路状况监测,及时发现和修复路面损害,预防道路事故。

(8) 交通信息发布:通过信息发布系统,向驾驶者推送实时路况、气象、限行等信息,帮助其做出合理决策。

(9) 车辆安全与驾驶辅助:提供车辆安全预警、车道偏离预警、前方碰撞预警等功能,提高驾驶安全。

(10) 应急管理:为突发事件(如恶劣天气、大型活动等)提供交通疏导、现场指挥等支持。

智能公路系统通过整合先进的信息通信技术,实现道路交通的高效、安全和环保。随着科技的不断发展,智能公路系统将在未来交通管理中发挥越来越重要的作用。

一个典型的智能公路系统示例是美国的 Active Traffic Management(ATM)系统,这是一种以提高交通效率和安全为目标的先进交通管理系统。它通过实时收集和分析交通数据,动态调整速度限制、启用变道和发布交通信息等措施,改善道路拥堵和事故状况。

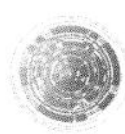

程序示例：Python 编写的模拟智能公路的动态速度限制调整功能程序

模拟智能公路的动态速度限制调整示例代码

该示例根据实时交通流量，系统会自动调整速度限制，以缓解拥堵和提高道路安全。

此示例程序会生成一天内每小时的交通流量数据，并根据流量自动调整速度限制。示例仅为了说明智能公路系统的一个功能，实际应用中的智能公路系统会涉及更多复杂的技术和算法。

第九节　桥梁工程常用软件特色和发展趋势

桥梁工程涉及众多技术领域，如结构分析、设计、施工、检测等。为了提高工程质量、降低成本、缩短周期，各类桥梁工程软件应运而生。这些软件具有不同的特色，满足桥梁工程中各种需求。以下列举了一些常用的桥梁工程软件及其特色：

（1）MIDAS/Civil：MIDAS/Civil 是一款专业的桥梁结构分析与设计软件，支持多种桥梁类型（梁桥、拱桥、悬索桥、斜拉桥等）和分析方法（线性、非线性、动力等）。它提供了丰富的荷载模型、预应力设计、施工阶段分析等功能，以及与 CAD 软件的无缝对接，广泛应用于全球桥梁工程。

（2）SAP2000：SAP2000 是一款通用的结构分析与设计软件，适用于桥梁、建筑等多种工程结构。它具有直观的图形界面、丰富的单元库、多种荷载组合方法，支持静力、动力、温度、移动荷载等分析，以及钢筋混凝土、钢结构、预应力等设计规范。SAP2000 在桥梁工程中被广泛使用。

（3）AASHTOWare Bridge Design and Rating（BrDR）：BrDR 是一款由美国公路与交通工程师协会（AASHTO）开发的桥梁设计和验算软件，遵循美国桥梁设计规范（AASHTO LRFD Bridge Design Specifications）。它提供了桥梁荷载评定、超限车辆许可、桥梁设计等功能，适用于美国桥梁工程。

（4）LUSAS：LUSAS 是一款专业的桥梁结构分析软件，支持线性、非线性、静力、动力等多种分析方法。它提供了精细的有限元分析功能，适用于复杂的桥梁结构和特殊工况，如桥梁抗震、施工阶段分析、预应力设计等。

桥梁工程软件的发展趋势可以概括为以下几个方面：

（1）自动化和智能化：随着人工智能、机器学习等技术的不断发展，桥梁工程软件也会越来越注重自动化和智能化。例如，基于计算机视觉和深度学习技术的自动化桥梁检测、识别和评估系统正在被广泛研究和应用。

（2）集成化：现代桥梁工程涉及多个领域和专业，例如结构、地质、水文、交通等。因此，桥梁工程软件也需要实现不同领域和专业之间的集成和协同工作，以提高设计、施工和维护效率和质量。

（3）数据驱动：数据分析和处理技术在桥梁工程中的应用越来越广泛。例如，基于传感器和监测系统收集的桥梁运行数据可以用于评估桥梁的健康状况，预测结构性能和疲劳寿命等。因此，桥梁工程软件也需要具备强大的数据处理和分析能力。

（4）可视化：桥梁工程软件也需要注重可视化和交互性，以帮助工程师更好地理解和分析桥梁结构和运行数据。例如，三维可视化和虚拟现实技术可以帮助工程师更加生动直观地了解桥梁的结构和运行情况。

（5）环境保护：现代桥梁工程需要考虑环境保护和可持续性等因素。因此，桥梁工程软件也需要考虑这些因素，并提供相应的功能和模块，例如能源效率分析、碳排放计算等。

第十节　使用 Word 编写道路桥梁的建设方案

使用 Word 编写道路桥梁的建设方案可以详细、准确地描述建设方案和施工要求，以下是可能需要用到的步骤和技巧：

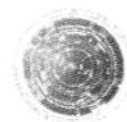

（1）设计建设方案：根据实际需要，设计一个合适的建设方案，包括道路桥梁的位置、规格、长度、宽度等，同时设计施工工艺和监理要求。

（2）编写建设方案：在 Word 中编写建设方案，包括建设内容、施工工艺、监理要求等，使用 Word 的排版和格式化功能，使内容更具可读性和整洁度。

（3）插入设计图纸：在建设方案中插入设计图纸，包括平面图、剖面图、立面图等，可以使用 Word 的插图功能，也可以从 CAD 等软件中导入图纸。

（4）描述施工工艺：在建设方案中描述施工工艺，包括道路桥梁的施工步骤、施工设备、施工人员等，使用 Word 的段落和编号功能，使工艺流程更加清晰和易懂。

（5）说明监理要求：在建设方案中说明监理要求，包括监理人员、监理工具、监理标准等，确保建设符合国家和行业标准。

（6）完善安全措施：在建设方案中完善安全措施，包括安全设施、安全要求、安全操作等，确保施工安全。

（7）添加参考资料：在建设方案中添加参考资料，如施工规范、验收标准、质量控制手册等，以便于工程师进行技术参考和质量控制。

（8）审核和修订：在完成建设方案后，进行审核和修订，确保建设方案符合要求，并保存数据备份以备修改。

以上是使用 Word 编写道路桥梁的建设方案的一些技巧和步骤，使用这些技巧和步骤可以详细、准确地描述建设方案和施工要求，提高施工质量和效率。

第十一节　使用 Excel 制作桥梁设计参数表

使用 Excel 制作桥梁设计参数表可以准确地列出桥梁设计的各项参数，以下是可能需要用到的步骤和技巧：

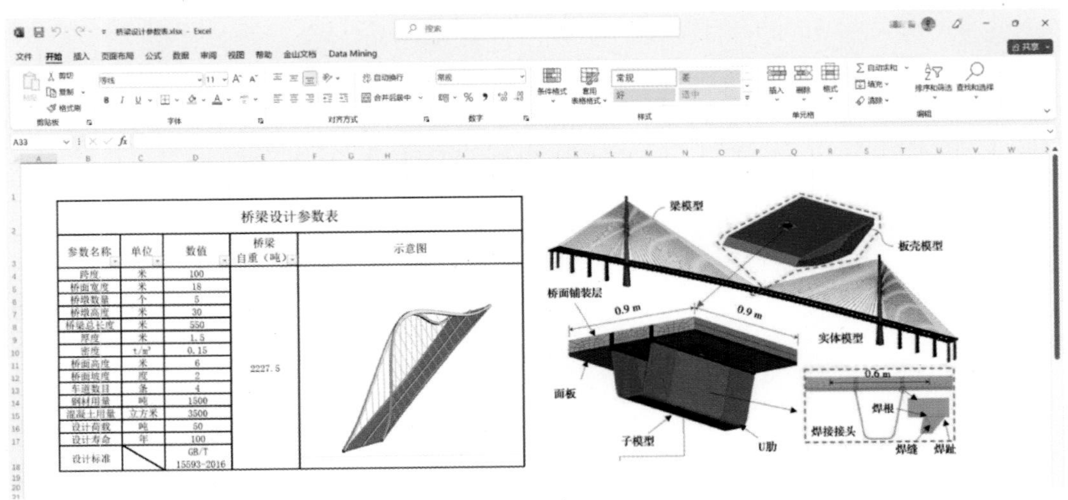

桥梁设计参数表

参数名称	单位	数值	桥梁自重（吨）	示意图
跨度	米	100	2227.5	
桥面宽度	米	18		
桥墩数量	个	5		
桥墩高度	米	30		
桥梁总长度	米	550		
厚度	米	1.5		
密度	t/m^3	0.15		
桥面高度	米	6		
桥面坡度	度	2		
车道数目	条	4		
钢材用量	吨	1500		
混凝土用量	立方米	3500		
设计荷载	吨	50		
设计寿命	年	100		
设计标准		GB/T 15593-2016		

(1) 设计参数表格:在 Excel 中设计一个合适的参数表格,包括参数名称、单位、数值等,可以根据实际需要添加和删除列。

(2) 填写桥梁设计参数:在参数表格中填写桥梁设计参数,包括桥梁长度、宽度、跨径、载荷等,使用 Excel 的表格功能,进行格式化和计算,以确保数据准确无误。

(3) 添加公式:如果某些参数需要使用公式计算得出,可以在参数表格中添加公式,使用 Excel 的公式功能,自动计算结果,减少手动计算的误差。

(4) 进行数据筛选和排序:如果需要按照某些参数进行筛选或排序,可以使用 Excel 的筛选和排序功能,方便查找和比较各项参数的大小和关系。

(5) 设计图表和图形:在 Excel 中设计图表和图形,展示各项参数的关系和变化趋势,使用 Excel 的图表和图形功能,直观地显示数据结果。

(6) 数据可视化:在 Excel 中使用数据可视化功能,将桥梁设计参数表呈现成直观、易懂的图表和图形,例如使用 Excel 的热力图、散点图等。

(7) 审核和调整:在完成参数表后,进行审核和调整,确保数据准确无误,并保存数据备份以备修改。

以上是使用 Excel 制作桥梁设计参数表的一些技巧和步骤,使用这些技巧和步骤可以准确地列出桥梁设计的各项参数,方便工程师进行设计和计算。

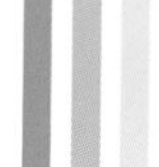

第十二节　使用 PPT 制作桥梁设计方案汇报

使用 PPT 制作桥梁设计方案汇报可以直观、生动地展示桥梁设计方案的理念、结构图和各项参数,以下是可能需要用到的步骤和技巧:

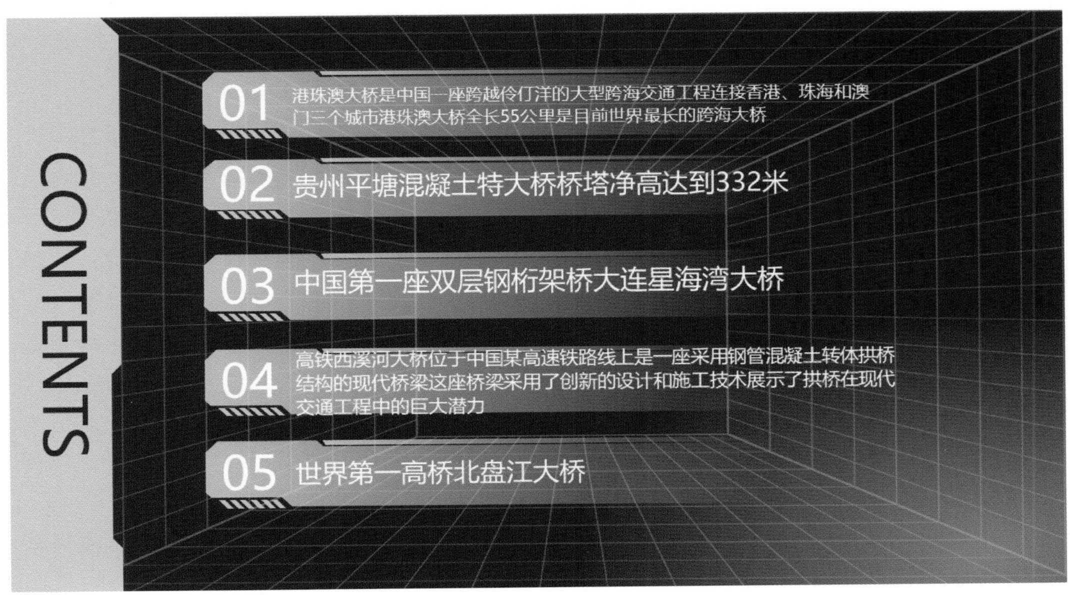

(1) 设计展示主题：设计一个展示主题，包括桥梁设计方案的理念、结构和参数等，确定主题后可以按照主题设计展示内容和排版风格。

(2) 插入桥梁结构图：在 PPT 中插入桥梁结构图，包括平面图、剖面图、立面图等，可以使用 PPT 的插图功能，也可以从 CAD 等软件中导入图纸。

(3) 编辑文字说明：在图片下方编辑文字说明，描述桥梁设计方案的理念、结构和参数等，使用 PPT 的文字框和排版功能，使文字更加清晰和易读。

(4) 设计动画效果：在 PPT 中设计动画效果，使展示更加生动和吸引人，例如使用转场效果、幻灯片放映等。

(5) 插入视频和音频：在 PPT 中插入桥梁设计的视频和音频，展示桥梁的建设过程和效果，增强展示效果。

(6) 使用图表和统计数据：在 PPT 中使用图表和统计数据，展示桥梁设计的各项参数和市场销售情况，使用 PPT 的图表和数据可视化功能，使展示更加有说服力。

(7) 选择适当的主题模板：在 PPT 中选择适当的主题模板，以便于根据展示主题进行相应的调整和设计，可以使用 PPT 内置的主题模板，也可以自定义主题模板。

(8) 审核和调整：在完成展示后，进行审核和调整，确保展示内容和排版风格符合要求，并保存数据备份以备修改。

以上是使用 PPT 制作桥梁设计方案汇报的一些技巧和步骤，使用这些技巧和步骤可以直观、生动地展示桥梁设计方案的理念、结构图和各项参数，提高工程师的交流和汇报效果。

练习题和思考题及课程论文研究方向

练习题

1. 使用 Python 编写一个道路桥梁工程的材料清单程序，包括材料名称、规格、数量和成本等信息。

2. 使用 Excel 制作一个桥梁设计参数表，包括跨径、荷载要求和材料选择等设计参数。

3. 使用 PPT 制作一个桥梁设计方案的汇报文稿，包括桥梁类型、结构特点和施工计划等内容。

4. 使用 AutoCAD 软件进行道路与桥梁的平面布局设计，包括道路线型、交叉口和桥梁位置等元素。

5. 使用 MATLAB 编写一个桥梁结构的动力响应分析程序，评估桥梁在地震或风荷载下的稳定性。

6. 使用 Bridge Designer 或其他专业桥梁设计软件进行桥梁结构设计和分析，包括梁、墩和桩等要素。

思考题

1. 智能交通系统在道路桥梁工程中的应用有哪些潜在优势和挑战？讨论其对交通流量优化和安全管理的影响。

2. 桥梁结构安全监测系统如何提高桥梁的结构健康监测和维护管理？探讨其在桥梁工程中的应用和发展趋势。

3. 道路维护管理系统的作用和意义是什么？讨论如何利用计算机技术提升道路维护效率和质量。

课程论文研究方向

1. 基于人工智能和大数据分析的道路交通流量预测与优化方法研究。

2. 桥梁结构健康监测与维护决策支持系统的设计与实现研究。

3. 智能公路系统中的车辆感知与通信技术研究，包括车联网和自动驾驶技术的应用。

第四章　计算机在能源与动力的应用

Chapter 4: The Application of Computers in Energy and Power Systems

欢迎阅读第四章——"计算机在能源与动力的应用"。在这一章中，我们将展示计算机技术如何深入渗透到能源与动力领域，并在此过程中带来了深刻的变化。

本章首先会给出计算机在能源与动力领域的应用与发展概况，为后续的深入讨论打下基础。然后，我们将通过 Python 编写的机器学习算法和模拟水库调度的程序示例，让您了解计算机在水利水电工程领域的应用。

接下来，我们将讨论计算机在新能源领域的应用，并通过具体的程序示例展示如何使用计算机技术预测太阳能光伏系统的功率输出。同时，我们将介绍智能电网的工作原理和价值，以及计算机在绿色能源预测和移动端能源中的应用。

在本章的最后部分，我们将教您如何使用 Word 编写关于新能源类型和趋势的报告，如何使用 Excel 制作能源消耗统计表，以及如何使用 PPT 制作水利水电工程系统的介绍。这些技巧将帮助您更有效地在实际工作中应用计算机技术。

本章旨在提供一个全面的视角，让您了解计算机技术在能源与动力领域的广泛应用。我们希望这些信息能够对您在该领域的学习或工作有所帮助，并为您提供一些关于如何利用计算机技术提高能源利用效率和生产力的思路。

第一节　计算机在能源与动力领域的应用与发展概况

计算机在能源与动力领域的应用主要涵盖了以下几个方面：

(1) 能源消耗模拟和优化：通过建立能源系统的模型，运用计算机模拟和优化能源消耗的过程，为能源系统的设计和改进提供科学依据。

(2) 能源预测与调度：通过采集大量的能源数据，利用计算机进行分析和处理，预测未来的能源需求，进行能源调度和优化。

(3) 智能电网：利用计算机技术，将传统电网升级为智能电网，实现对电力生产、传输、配送、使用等环节的全面监测和控制，提高电力系统的可靠性、效率和安全性。

(4) 新能源开发与利用:利用计算机辅助设计和仿真工具,进行新能源技术的开发和研究,包括太阳能、风能、生物质能等。

(5) 智能交通系统:智能交通系统是一种基于计算机技术的现代交通管理系统,可以实现交通信息的实时收集、分析和处理,提高交通效率和安全性,降低交通拥堵和事故率。智能交通系统已经在许多城市得到了广泛的应用,包括伦敦、新加坡、北京等。

(6) 智能制造:智能制造是一种基于计算机技术的现代制造模式,可以实现对制造过程的智能化控制和优化,提高制造效率和质量,降低制造成本。智能制造已经在许多企业得到了广泛的应用,包括三星、苹果、戴尔等。

(7) 绿色能源预测:绿色能源预测是一种基于计算机技术的预测模型,可以实现对可再生能源的预测和优化,提高绿色能源的利用效率和可靠性。绿色能源预测已经在许多能源公司和政府机构得到了广泛的应用,包括欧洲能源局、中国能源研究院等。

(8) 基于数据中心的能源管理:数据中心是一种能源密集型的设施,消耗大量的电力和热能。基于计算机技术的能源管理系统可以实现对数据中心的能源消耗进行实时监测和优化,提高能源利用效率和可持续性。许多互联网公司,如谷歌、亚马逊等,已经在自己的数据中心中应用了这种能源管理系统。

未来发展趋势

(1) 人工智能在能源领域的应用将会越来越广泛,从能源消耗预测到能源系统智能优化和调度等方面均会发挥重要作用。

(2) 能源互联网将成为未来的趋势,计算机技术将在能源互联网的建设和运营中发挥重要作用。

(3) 新能源技术将会得到更加广泛的应用和推广,计算机辅助设计和仿真工具将会在新能源技术研发中得到更广泛的应用。

(4) 能源系统的数字化、智能化和安全化建设将是未来的重要发展方向,计算机技术将在这些方面发挥重要作用。

第二节 计算机在水利水电工程领域中的应用

计算机在水利水电工程领域中的应用已经非常广泛,它们不仅可以提高工程设计的效率和准确性,还可以优化水资源的管理和调度。以下是一些计算机在水利水电工程中的主要应用领域:

(1) 水文模拟与预报:计算机可以运行复杂的水文模型,帮助预测径流、洪水、干旱等自然现象。这些预测结果对于水资源规划、水库调度和防洪措施的制定具有重要意义。

(2) 水库调度:计算机可以运行多目标优化算法,为水库调度提供最优解。这些算法可

以同时考虑供水、发电、防洪等多种目标，以实现水资源的最佳利用。

(3) 水电站设计与优化：计算机可以进行水电站结构设计、水力学分析以及水轮机选型等工作。通过计算机辅助设计(CAD)和有限元分析(FEA)等技术，可以提高设计质量和减少设计时间。

(4) 水力发电调度：计算机可以根据实时水位、水流量和电力需求等信息，自动调整水电站的发电量。这有助于提高电力系统的稳定性和经济性。

(5) 水环境监测与保护：计算机可以对水环境数据(如水质、水温等)进行实时监测和分析。通过预警系统和智能决策支持系统，可以制定有效的水环境保护措施。

(6) 地理信息系统(GIS)：GIS 可以对水利水电工程的空间数据进行管理、分析和可视化。通过 GIS 技术，可以更好地了解水资源分布、基础设施布局等信息，为工程规划和管理提供支持。

(7) 智能监控与维护：计算机可以实现水利水电设施的远程监控和故障诊断。通过物联网(IoT)技术和大数据分析，可以实现设备的智能维护和故障预防。

(8) 虚拟现实(VR)与仿真：计算机可以创建水利水电工程的虚拟现实环境，为工程设计、施工和培训提供直观的三维视角。此外，通过计算机仿真技术，可以在不影响实际系统的情况下测试不同的工程方案和管理策略。

(9) 智能化设计：利用计算机仿真、虚拟现实、人工智能等技术进行水利水电工程的设计，提高设计效率和准确性。例如，基于人工智能的智能化水文模型可以自动化分析大量的水文数据，并生成精确的洪水预报和水位预测等结果，为工程设计提供数据支持。

(10) 智能化施工:利用机器人、自动控制等技术进行水利水电工程的施工,提高施工效率和安全性。例如,利用机器人进行水电站的巡检和维护,可以提高巡检的效率和精度,降低人员的危险系数。

(11) 智能化监测:利用传感器、云计算等技术对水利水电工程的运行状态进行实时监测和预警,提高工程的安全性和可靠性。例如,基于传感器和云计算的智能化水位监测系统可以实时监测水位变化,并提供灾害预警服务,帮助人们采取相应的防护措施。

(12) 智能化维护:利用人工智能、物联网等技术对水利水电工程进行智能化维护,提高工程的维护效率和质量。例如,利用人工智能对水电站设备的维护进行智能化分析和规划,可以提高维护的效率和准确性,降低维护成本。

总之,计算机在水利水电工程领域中的应用已经深入到各个环节和方面,对水利水电工程的规划、设计、建设、运营和维护等方面产生了深远的影响。

例如,长江三峡工程是中国最大的水利水电工程,其中计算机技术被广泛应用。在规划设计阶段,计算机模拟技术被用于分析河流水文水力特性、地质条件和工程结构等,确保工程设计得科学合理。在施工建设阶段,计算机控制技术被应用于混凝土浇筑机、坝墙拼接机器人等设备,提高了施工效率和施工质量。在运行管理阶段,计算机监测系统被用于对工程进行实时监测和数据采集,为工程运行管理提供了重要支持。

南水北调工程是中国大型水利工程之一,其中计算机技术在规划设计、施工建设和运行管理等方面得到了广泛应用。计算机模拟技术被用于分析工程的水文水力特性和运行状态,计算机辅助设计技术被用于制定工程施工方案和安全监测计划。计算机监测技术被用于实时监测水库水位、水压、裂缝等工程运行状态数据,为工程运行管理提供了重要支持。

计算机技术不断发展和创新,使得在水利水电工程领域的应用愈发广泛。从规划设计到运营维护,计算机技术为水利水电工程的高效、安全和可持续发展提供了有力支持。随着新技术的不断涌现,计算机在水利水电工程中的应用将更加深入,为人类的水资源管理和水电能源发展带来更多的可能性。

以水电站设计为例,传统的水电站设计需要进行复杂的水文、地质、工程力学等方面的计算和分析,设计周期长,设计成本高,而且难以保证设计的准确性。

而基于人工智能技术的智能化水电站设计方法,可以利用大量的历史数据和仿真分析,以及优化算法等技术,实现快速、准确、经济的水电站设计。

具体来说,智能化水电站设计的流程如下:

(1) 收集历史数据:收集历史水文、地质、工程力学等数据,建立数据集。

(2) 数据预处理:对数据进行预处理和清洗,去除噪声和异常值,保证数据的准确性和完整性。

(3) 建立智能化模型:利用机器学习和深度学习等技术,建立智能化水电站设计模型,将历史数据和仿真分析结果作为模型的输入,通过优化算法,得到最优的设计方案。

(4) 评估设计方案:对得到的设计方案进行评估和优化,检查方案的可行性和安全性,并对方案进行改进和优化。

(5) 生成设计报告:根据最优的设计方案,生成设计报告,并进行进一步的设计和优化。

程序示例:Python 编写机器学习算法建立水电站的程序

机器学习算法建立水电站示例代码

该示例展示了如何使用机器学习算法建立水电站设计模型,具体步骤包括数据预处理、模型训练和测试等。

在水利水电工程中,一个典型的仿真应用实例是水库调度模型。通过水库调度模型,我们可以模拟不同的水库管理策略,以优化水资源的利用和管理。

程序示例:Python 编写的模拟水库调度程序

模拟水库调度示例代码

示例的 Python 代码模拟了一个单一水库的调度。我们假设该水库的目标是为下游提供恒定的水流量,同时确保水库的水位安全。为了简化问题,我们将忽略蒸发损失、泄洪等因素。

在这个示例中,我们首先生成了一个随机入库流量序列,并设定了目标下游供水流量、最大库容和初始库容。我们使用一个简单的调度策略,即每天从水库中释放恒定的目标流量。如果库容超过最大库容,我们将水库库容限制在最大库容,并计算溢流量。最后,我们打印每天的调度结果。

这个示例仅用于演示目的,实际水库调度可能涉及更多因素和更复杂的算法。在实际应用中,我们可以使用优化算法(如遗传算法、线性规划等)来寻找更优的调度策略。

第三节　计算机在新能源领域的应用

新能源是指一种可持续、环保、高效的能源,如太阳能、风能、生物质能、地热能等。计算机在新能源领域的应用对于能源系统的优化、智能管理和可持续发展具有重要意义。以下是一些计算机在新能源领域的主要应用:

(1) 能源系统建模与仿真:计算机可以对各种新能源系统进行建模和仿真,预测系统的性能、效率和可靠性。这些模型可以为能源系统的设计、优化和运营提供科学依据。

(2) 能源系统优化:计算机可以运行多目标优化算法,为新能源系统的设计、运营和调度提供最优解。这些算法可以帮助实现能源系统的经济性、可靠性和环保性目标。

(3) 供需平衡与调度:计算机可以根据实时能源需求、资源状况和市场价格等信息,自动调整新能源系统的发电量和储能量。这有助于提高电力系统的稳定性和经济性。

(4) 智能电网管理:计算机可以对电力系统的状态进行实时监测和分析,实现新能源与传统能源的协同调度。通过预警系统和智能决策支持系统,可以制定有效的电力系统保护措施。

(5) 设备监控与维护:计算机可以实现新能源设施的远程监控和故障诊断。通过物联网(IoT)技术和大数据分析,可以实现设备的智能维护和故障预防。

(6) 能源数据分析:计算机可以对大量能源数据进行统计分析和挖掘,为能源政策制定、市场预测和资源评估提供支持。

(7) 地理信息系统(GIS):GIS可以对新能源项目的空间数据进行管理、分析和可视化。通过GIS技术,可以更好地了解能源资源分布、基础设施布局等信息,为能源项目的规划和管理提供支持。

(8) 虚拟现实(VR)与仿真:计算机可以创建新能源项目的虚拟现实环境,为项目设计、施工和培训提供直观的三维视角。此外,通过计算机仿真技术,可以在不影响实际系统的情况下测试不同的工程方案和管理策略。

(9) 人工智能(AI)与机器学习:通过AI和机器学习技术,计算机可以从海量数据中学习和挖掘有用信息。这些技术可以广泛应用于新能源领域的资源评估、能源系统优化、设备监控、能源市场预测等方面,提高新能源项目的效率和智能化水平。

(10) 数字孪生:数字孪生是一种将实物设备和计算机模型相结合的技术。在新能源领域,数字孪生可以实现设备的实时监控和优化,为设备维护和故障预防提供有力支持。

(11) 生命周期评估(LCA):计算机可以运行生命周期评估模型,评估新能源项目在整个生命周期中的环境影响。这些评估结果可以为新能源项目的可持续发展提供科学依据。

(12) 项目风险评估:计算机可以运行风险评估模型,预测新能源项目在建设和运营过程中可能面临的风险。这些风险包括自然灾害、技术故障、市场波动等,对于降低项目风险和提高投资回报具有积极作用。

(13) 能源政策分析与评估:计算机可以运行政策分析模型,评估不同能源政策对新能源发展的影响。这些评估结果可以为政策制定者提供有力依据,推动新能源产业的可持续发展。

(14) 微电网规划与管理:计算机可以对微电网系统进行规划、设计和管理。通过对微电网内各种新能源和储能设备的优化调度,可以实现微电网的高效、稳定和环保运行。

计算机技术在新能源领域的应用不仅提高了能源系统的运行效率和可靠性,还有助于实现能源产业的绿色转型和可持续发展。随着新技术的不断涌现,计算机在新能源领域的应用将更加深入,为全球能源转型和气候变化应对带来更多的可能性。

未来,计算机在新能源领域的应用和发展趋势主要包括以下几个方面:

(1) 大数据和人工智能的应用:随着新能源的大规模应用,所产生的海量数据需要通过计算机进行分析和挖掘。人工智能技术可以处理这些数据并提供更加精确地预测和决策,从而更好地管理和利用新能源。

(2) 智能化的能源网络:未来,新能源的发电、储存、输送和使用将更加智能化和网络化。计算机将在这些智能化的系统中发挥重要作用,例如实时监测和控制能源的生产、消费和储存。

(3) 区块链技术的应用:区块链技术可以为新能源市场提供更加透明、安全和高效的交易和结算服务,从而促进新能源市场的发展。计算机将发挥重要作用在新能源市场的区块链应用中。

(4) 云计算和边缘计算:云计算和边缘计算可以提高新能源系统的效率和可靠性,例如通过云计算来优化新能源生产、储存和消费的管理,通过边缘计算来提高新能源设备的智能化程度。

(5) 生态环保的发展:计算机在新能源领域的应用需要更加注重生态环保,减少对环境的影响。未来计算机应用将更加注重新能源的可持续性发展,从而推动新能源在可持续发

展中的应用。

总之，随着新能源技术的不断创新和发展，计算机在新能源领域的应用和发展趋势也将不断演化，将为新能源的开发和利用提供更加全面、高效和智能化的支持。

程序示例：JAVA 编写线性回归模型预测太阳能光伏系统的功率输出的程序

功率输出预测示例代码

这个例子仅用于演示目的，实际应用中需要使用更复杂的模型和大量数据进行预测。

在这个示例中，我们首先定义了模拟数据（太阳辐射强度和对应的光伏系统功率输出），然后使用线性回归方法计算模型参数。最后，我们使用模型预测给定太阳辐射强度下的功率输出。

这个例子非常简化，实际应用中需要使用更复杂的模型和大量的实际数据来预测光伏系统的功率输出。此外，还可以考虑其他影响因素，如温度、光伏板角度和遮挡等。

第四节　智能电网

智能电网是一种现代化、高度自动化和集成的电力系统，旨在实现可靠、高效和环保的电力传输与分配。计算机在智能电网中的应用对于电网的优化、智能管理和可持续发展具有重要意义。以下是计算机在智能电网中的一些主要应用：

（1）高级计量基础设施（AMI）：AMI 是智能电网的基础，它包括智能电表、通信网络和

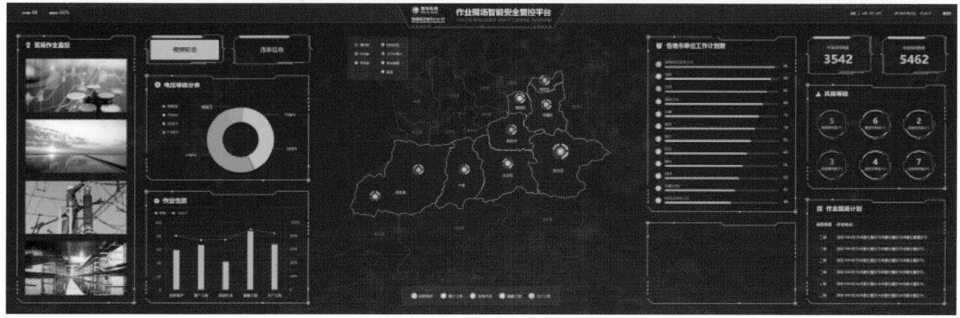

数据管理系统。计算机可以实时收集和分析电力消费数据，为电力公司提供实时用电信息，以便更好地进行电力调度和负荷管理。

(2) 电网监控与控制：计算机可以实时监测电网的运行状态，如电压、电流、频率等。通过实时数据分析和控制策略，可以实现对电网的自动控制和优化，以保证电力系统的稳定和安全运行。

(3) 故障检测与定位：计算机可以运行故障检测和定位算法，实时发现和定位电网故障。这可以帮助电力公司及时修复故障，减少停电时间和损失。

(4) 能源管理系统(EMS)：EMS是一个集成的计算机系统，用于实时监测、分析和优化电力系统的运行。通过EMS，可以实现对电网的负荷预测、电力调度、能源交易等功能的自动化和智能化。

(5) 分布式能源资源(DER)管理：计算机可以对分布式能源资源(如太阳能光伏、风能、储能设备等)进行实时监控和调度。这有助于实现能源系统的高效、可靠和环保运行。

(6) 微电网规划与管理：计算机可以对微电网系统进行规划、设计和管理。通过对微电网内各种新能源和储能设备的优化调度，可以实现微电网的高效、稳定和环保运行。

(7) 电动汽车充电与车载能源管理：计算机可以实现电动汽车的智能充电和车载能源管理。通过实时监测和调度，可以降低充电设备的建设成本，提高充电效率，减少对电网的负荷冲击。

(8) 需求响应管理：计算机可以实现对用户用电需求的实时监测和分析。通过需求响应策略，可以调整用户用电行为，减少电力系统的负荷波动，提高系统稳定性。

(9) 数据分析与决策支持：计算机可以对大量电网数据进行实时分析和挖掘，为电网运行、维护和优化提供决策支持。通过大数据技术、人工智能和机器学习算法，可以识别潜在问题、预测未来需求、优化能源分配等。

(10) 虚拟电厂(VPP)：虚拟电厂是一种将分布式能源资源(如太阳能、风能、储能设备等)集成在一起，通过计算机系统进行优化调度的管理模式。VPP可以实现对多个分布式能源资源的协同运行，提高能源利用效率和可靠性。

(11) 网络安全与信息保护：计算机可以实现对智能电网的网络安全和信息保护。通过加密通信、入侵检测和安全防护技术，可以确保电网数据的安全和隐私。

(12) 地理信息系统(GIS)：GIS可以对电力系统的空间数据进行管理、分析和可视化。通过GIS技术，可以更好地了解电力设施布局、故障定位、线路规划等信息，为电力系统的规划和管理提供支持。

(13) 电力市场与能源交易：计算机可以实现电力市场的自动化和智能化。通过实时监测电力需求、资源状况和市场价格等信息，可以实现电力交易的公平、透明和高效运行。

计算机在智能电网中的应用有助于提高电力系统的运行效率、可靠性和环保性，实现能源的可持续发展。随着新技术的不断涌现，计算机在智能电网中的应用将更加深入，为全球能源转型和气候变化应对带来更多的可能性。

程序示例：C++编写智能电网的程序

智能电网示例代码

该示例基于负荷预测的简单负荷调度。我们将使用C++编程演示一个简单的负荷预测模型，以便电力公司可以根据预测的负荷调整发电计划。这个例子仅用于演示目的，实际应用中需要使用更复杂的模型和大量

数据进行预测。

在这个示例中，我们首先定义了模拟数据（小时和对应的负荷），然后使用一个简化的线性回归模型进行负荷预测。最后，我们使用模型预测目标小时（例如 15 点）的负荷。

这个例子非常简化，实际应用中需要使用更复杂的模型和大量的实际数据来预测负荷。此外，负荷预测还需要考虑其他影响因素，如天气、节假日和特殊事件等。

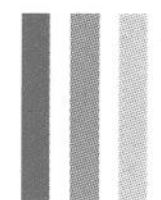

第五节 计算机在绿色能源预测中的应用

计算机在绿色能源预测中扮演了关键角色，对于提高可再生能源的利用率和降低成本具有重要意义。以下是计算机在绿色能源预测中的一些主要应用：

（1）太阳能预测：计算机可以预测太阳能光伏系统的功率输出。这些预测基于历史数据、天气预报、太阳辐射强度、温度等参数。通过准确预测太阳能发电量，电力公司可以更好地进行电力调度，提高太阳能系统的利用率。

（2）风能预测：计算机可以预测风力发电系统的功率输出。风能预测需要考虑风速、风向、气压等气象参数，以及风力发电机组的特性。准确的风能预测有助于电力公司优化风电场的运行，提高风能利用率。

（3）水能预测：计算机可以预测水力发电系统的功率输出。水能预测需要考虑水库水位、径流量、气象条件等参数。准确的水能预测有助于水力发电公司合理调度发电计划，确保水能资源的合理利用。

（4）能源需求预测：计算机可以预测用户的能源需求。这些预测基于历史数据、气象条件、经济发展等参数。通过准确预测能源需求，电力公司可以优化能源调度，降低成本，提高绿色能源的利用率。

（5）电池储能预测：计算机可以预测电池储能系统的充放电行为。这些预测需要考虑电池特性、充放电历史、环境条件等参数。准确的电池储能预测有助于优化储能系统的运行，延长电池寿命，降低成本。

（6）微电网预测：计算机可以预测微电网内各种绿色能源（如太阳能、风能、储能设备等）的功率输出和需求。通过准确预测微电网的能源状况，电力公司可以实现微电网的高效、稳定和环保运行。

计算机在绿色能源预测中采用了各种数据挖掘、机器学习和人工智能技术，如时间序列分析、回归模型、神经网络、支持向量机等。这些技术不断发展，将进一步提高绿色能源预测的准确性和实时性，为可再生能源的广泛应用和智能电网的建设提供有力支持。

（1）电力市场预测：计算机可以预测电力市场的价格和需求，帮助绿色能源在电力市场中参与竞争。通过对历史价格、需求、产能等数据的分析，可以为绿色能源制定合理的交易策略，提高其市场竞争力。

（2）碳排放预测：计算机可以预测碳排放量，为政府和企业制定低碳发展策略提供支持。通过分析历史碳排放数据、能源消费结构、经济发展等因素，可以预测未来的碳排放趋势，从而制定合理的碳减排政策。

(3) 智能调度与优化：计算机可以对绿色能源进行智能调度和优化，提高能源利用效率。通过实时监测各种绿色能源的输出和需求，计算机可以制定合理的调度策略，确保能源系统的高效、可靠和环保运行。

(4) 能源设备监测与维护：计算机可以实现对绿色能源设备(如太阳能电池板、风力发电机、储能设备等)的实时监测和维护。通过分析设备运行数据，可以发现潜在故障、预测设备寿命、制定维护计划，提高设备的可靠性和经济性。

计算机在绿色能源预测中的应用，有助于实现能源系统的高效、可靠和环保运行，推动全球能源转型和应对气候变化。随着计算机技术的不断发展，绿色能源预测将更加精准和智能化，为未来的可持续发展提供更多的可能性。

程序示例：Python 编写绿色能源预测的程序

绿色能源预测示例代码

该示例使用简单线性回归模型预测太阳能光伏发电量。这个例子使用 Python 进行演示，需要注意的是这个例子仅用于演示目的，实际应用中需要使用更复杂的模型和大量数据进行预测。

在这个示例中，我们首先定义了模拟数据(小时和对应的太阳能光伏发电量)，然后使用一个简化的线性回归模型进行发电量预测。最后，我们预测目标小时(例如 15 点)的太阳能光伏发电量，并绘制实际和预测的发电量曲线。

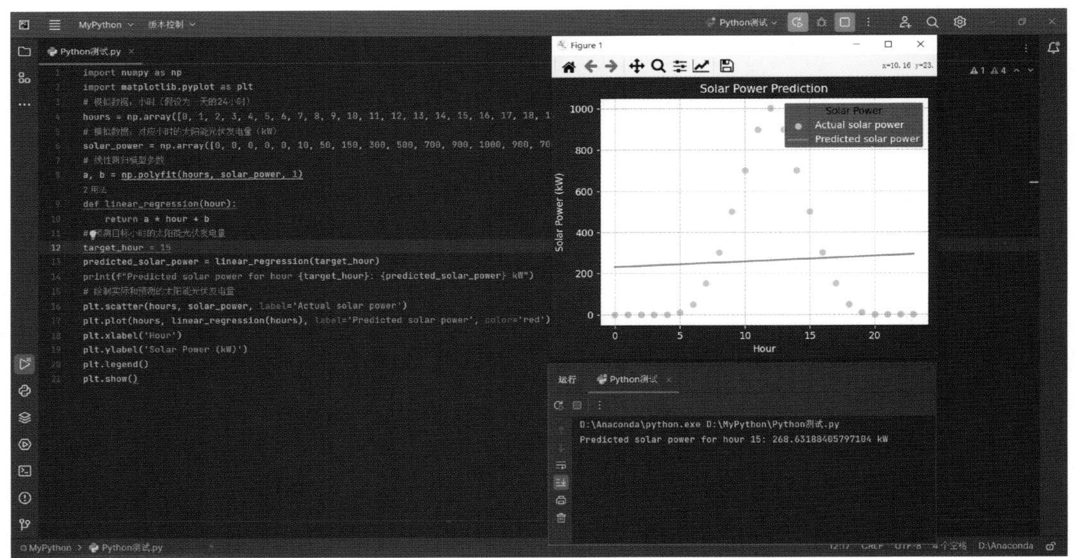

这个例子非常简化，实际应用中需要使用更复杂的模型和大量的实际数据来预测太阳能光伏发电量。此外，太阳能发电量预测还需要考虑其他影响因素，如天气、云量和遮挡物等。

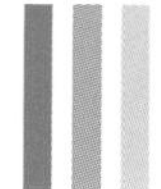

第六节　计算机在移动端能源的应用

计算机技术在移动端能源方面的应用已经取得了显著的成果，为能源管理、优化和节能提供了新的可能性。以下是计算机在移动端能源应用的一些主要方面：

(1) 智能充电管理：计算机技术可以实现智能充电管理，通过监测设备的充电状态、充放电次数和使用情况，智能调整充电策略。这有助于延长电池寿命，减少能源浪费，并为用户提供更稳定、高效的充电体验。

(2) 能源优化与节能：计算机技术可以对移动端设备的硬件和软件性能进行实时监控和优化，从而降低能源消耗。例如，通过调整屏幕亮度、关闭不必要的应用程序和降低处理器性能，可以在保持良好用户体验的同时，显著降低设备的能耗。

(3) 节能模式与算法：借助计算机技术，移动端设备可以根据用户需求和使用场景实施节能模式。例如，在低电量情况下，设备可以自动切换到省电模式，关闭非必要功能以延长待机时间。此外，计算机算法可以根据用户行为和习惯，预测设备的能源需求并提前进行调整，从而实现更高效的能源利用。

(4) 无线充电技术：计算机技术在无线充电领域的应用也取得了重要进展。例如，磁共振、磁感应等无线充电技术的发展，使得移动端设备可以实现无线充电。计算机技术可以实现更精确、安全和高效的充电控制，提高无线充电的充电效率和充电体验。

(5) 移动端能源监测与管理系统：计算机技术可以实现移动端能源的远程监测与管理。用户可以通过移动端应用程序实时查看设备的能源状况，如电量、充电速度等。此外，计算机技术还可以实现能源数据的收集、分析和预测，为用户提供个性化的节能建议和能源管理方案。

总之，计算机技术在移动端能源应用方面发挥着越来越重要的作用。通过智能充电管理、能源优化、节能模式、无线充电技术和能源监测与管理系统等方面的应用，计算机技术为移动端能源的发展提供了强大的支持。以下是计算机技术在移动端能源应用的一些延伸方面：

(1) 新型电池技术的研发：计算机模拟和数据分析技术在新型电池技术的研发过程中发挥着重要作用。通过计算机模拟，研究人员可以预测和分析新型电池材料的性能，加速新电池技术的开发和推广。例如，固态电池、超级电容器等新型电池技术的研究与开发，为移动端设备提供了更高效、安全和环保的能源解决方案。

(2) 能源回收与再利用：计算机技术在能源回收与再利用领域也具有潜在应用价值。例如，通过计算机算法，可以实现对移动端设备的动能、热能等能源的回收和再利用。这有助于提高设备的能源利用率，降低能源浪费。

(3) 能源互联网与智能电网：随着物联网、大数据和人工智能技术的发展，计算机技术在能源互联网和智能电网领域的应用也日益广泛。移动端设备可以通过能源互联网实现能源的共享和交换，实现更高效、灵活的能源利用。此外，智能电网技术可以实现移动端设备与电网的双向互动，提高能源利用的智能化水平。

（4）可再生能源的集成：计算机技术在可再生能源的集成应用方面具有巨大潜力。例如，通过计算机控制系统，可以实现太阳能、风能等可再生能源与移动端设备的无缝对接，降低对传统能源的依赖，提高能源的可持续利用。

综上所述，计算机技术在移动端能源应用方面的作用日益凸显，为移动端设备的能源管理、优化和节能提供了全新的解决方案。在未来，随着计算机技术的不断发展，移动端能源的应用将更加智能、高效和环保。

程序示例：Jave 编写在移动端电源应用中的程序

电源应用示例代码

该示例创建一个简单的安卓应用，用于显示设备的当前电量，并在电量低于 20%时发出警告。

为了实现这个应用，我们需要创建一个安卓项目并使用 Java 编程。

在示例的安卓应用中，我们创建了一个 MainActivity 类，该类继承自

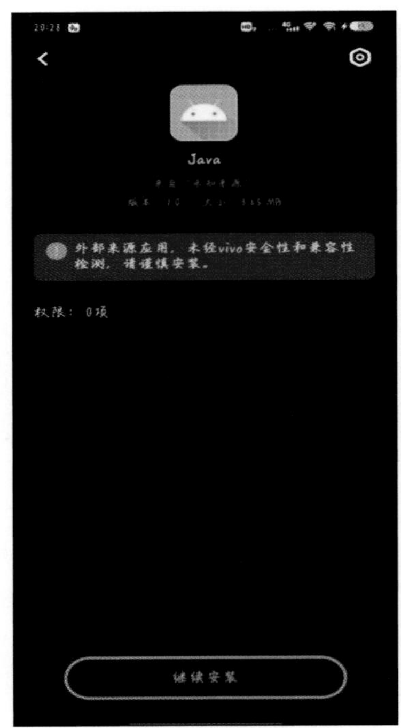

AppCompatActivity。在 onCreate 方法中，我们使用 BatteryManager 获取设备的当前电量信息，并将电量百分比显示在一个 TextView 控件中。当电量低于 20%时，我们在 TextView 中追加警告信息。

第七节　使用 Word 编写新能源类型和趋势

使用 Word 编写新能源类型和趋势可以详细地介绍各种新能源类型和发展趋势，以下是可能需要用到的步骤和技巧：

(1) 设计技术文档：根据实际需要，设计一个合适的技术文档，包括新能源类型和趋势、发展趋势和前景等，同时设计文档的结构和格式。

(2) 编写技术文档：在 Word 中编写技术文档，包括各种新能源类型的介绍、发展趋势和前景等，使用 Word 的排版和格式化功能，使内容更具可读性和整洁度。

(3) 描述各种新能源类型：在技术文档中描述各种新能源类型，包括太阳能、风能、水能、地热能等，使用 Word 的段落和编号功能，使新能源类型更加清晰和易懂。

(4) 描述发展趋势和前景：在技术文档中描述新能源的发展趋势和前景，包括政策法规、市场需求、技术创新等，使用 Word 的段落和编号功能，使发展趋势和前景更加清晰和易懂。

(5) 进行数据分析：在技术文档中进行数据分析，包括新能源的产量、消耗、投资等方面的数据，使用 Word 的表格和计算功能，进行数据分析，确保数据准确无误。

(6) 完善应用案例：在技术文档中完善应用案例，包括各种新能源的应用场景和成功案例，以便于读者了解新能源的应用和效果。

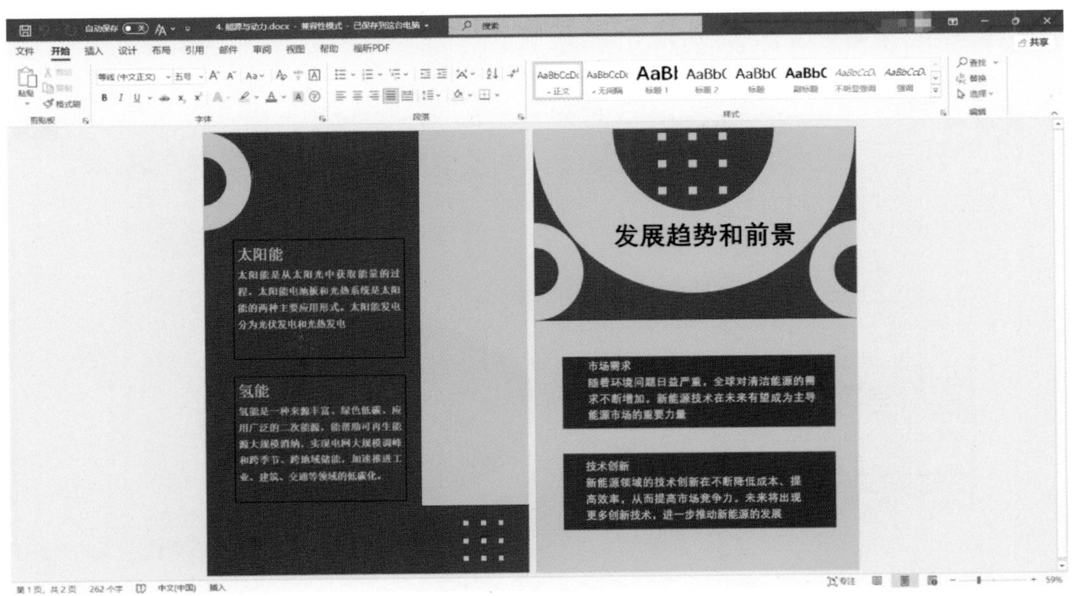

(7) 添加参考资料:在技术文档中添加参考资料,如新能源技术手册、市场分析报告、政策法规文本等,以便于读者进行参考和进一步学习。

(8) 审核和修订:在完成技术文档后,进行审核和修订,确保技术文档符合要求,并保存数据备份以备修改。

以上是使用 Word 编写新能源类型和趋势的一些技巧和步骤,使用这些技巧和步骤可以详细地介绍各种新能源类型和发展趋势,方便能源工程师进行技术参考和质量控制。

第八节 使用 Excel 制作能源消耗统计表

使用 Excel 制作能源消耗统计表可以准确地列出各项能源的消耗量、消耗费用等,以下是可能需要用到的步骤和技巧:

(1) 设计统计表格:在 Excel 中设计一个合适的统计表格,包括能源类型、消耗量、消耗费用等,可以根据实际需要添加和删除列。

(2) 填写能源消耗数据:在统计表格中填写能源消耗数据,包括各项能源的消耗量、消耗费用等,使用 Excel 的表格功能,进行格式化和计算,以确保数据准确无误。

(3) 添加公式:如果某些能源的消耗费用需要使用公式计算得出,可以在统计表格中添加公式,使用 Excel 的公式功能,自动计算结果,减少手动计算的误差。

(4) 进行数据筛选和排序:如果需要按照某些能源进行筛选或排序,可以使用 Excel 的筛选和排序功能,方便查找和比较各项能源的大小和关系。

(5) 设计图表和图形:在 Excel 中设计图表和图形,展示各项能源消耗的关系和变化趋势,使用 Excel 的图表和图形功能,直观地显示数据结果。

(6) 数据可视化:在 Excel 中使用数据可视化功能,将能源消耗统计表呈现成直观、易懂的图表和图形,例如使用 Excel 的热力图、散点图等。

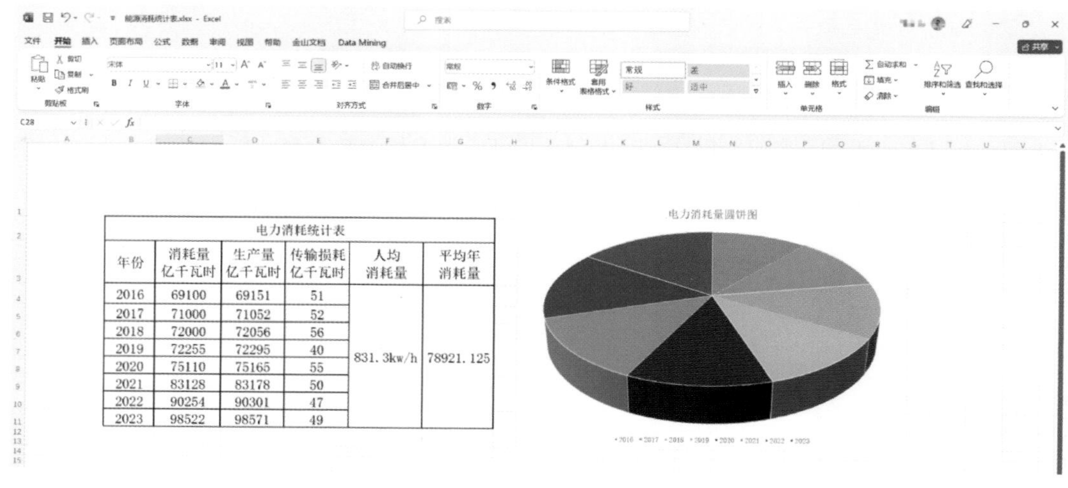

电力消耗统计表

年份	消耗量 亿千瓦时	生产量 亿千瓦时	传输损耗 亿千瓦时	人均 消耗量	平均年 消耗量
2016	69100	69151	51	831. 3kw/h	78921. 125
2017	71000	71052	52		
2018	72000	72056	56		
2019	72255	72295	40		
2020	75110	75165	55		
2021	83128	83178	50		
2022	90254	90301	47		
2023	98522	98571	49		

（7）审核和调整：在完成统计表后，进行审核和调整，确保数据准确无误，并保存数据备份以备修改。

以上是使用 Excel 制作能源消耗统计表的一些技巧和步骤，使用这些技巧和步骤可以准确地列出各项能源的消耗量、消耗费用等，方便能源工程师进行统计和管理。

第九节　使用 PPT 制作水利水电工程系统的介绍

使用 PPT 制作水利水电工程系统的介绍可以生动、直观地展示系统的结构和功能，以下是可能需要用到的步骤和技巧：

（1）设计主题和内容：设计一个合适的主题和内容，包括水利水电工程系统的结构和功能、优点和应用等，确定主题后可以按照主题设计展示内容和排版风格。

（2）插入系统结构图：在 PPT 中插入水利水电工程系统的结构图，包括各个部分的组成和功能，可以使用 PPT 的插图功能，也可以从 CAD 等软件中导入图纸。

（3）编辑文字说明：在图片下方编辑文字说明，描述系统的结构和功能、优点和应用等，使用 PPT 的文字框和排版功能，使文字更加清晰和易读。

（4）设计动画效果：在 PPT 中设计动画效果，使展示更加生动和吸引人，例如使用转场效果、幻灯片放映等。

（5）插入视频和音频：在 PPT 中插入水利水电工程系统的视频和音频，展示系统的运行和效果，增强展示效果。

（6）使用图表和统计数据：在 PPT 中使用图表和统计数据，展示系统的效率和质量，使用 PPT 的图表和数据可视化功能，使展示更加有说服力。

(7) 选择适当的主题模板：在 PPT 中选择适当的主题模板，以便于根据展示主题进行相应的调整和设计，可以使用 PPT 内置的主题模板，也可以自定义主题模板。

(8) 审核和调整：在完成展示后，进行审核和调整，确保展示内容和排版风格符合要求，并保存数据备份以备修改。

练习题和思考题及课程论文研究方向

练习题

1. 使用 Python 编写一个能源消耗统计程序，根据输入的数据统计能源的使用情况并生成统计表格。

2. 使用 Excel 制作一个绿色能源预测模型，根据历史数据预测未来的可再生能源产量。

3. 使用 PPT 制作一个水利水电工程系统的介绍演示，包括工程概述、水能利用和发电原理等内容。

4. 使用 MATLAB 编写一个电力系统稳定性分析程序，评估电力系统在各种工况下的稳定性指标。

5. 使用 HOMER 软件进行微电网系统设计和优化，包括可再生能源和能源储存设备的组合。

6. 使用 C++编写一个智能电网调度程序，实现对电力供需的动态调控和优化。

思考题

1. 智能电网在能源领域中的应用和发展趋势是什么？讨论其对能源生产和消费模式的影响和挑战。

2. 新能源技术在可持续能源发展中的角色和意义是什么？探讨其在减少碳排放和能源转型中的应用和局限性。

3. 绿色能源预测的方法和技术有哪些？讨论其在能源生产调度和市场交易中的作用和影响。

课程论文研究方向

1. 基于人工智能和深度学习的绿色能源生产和消费优化方法研究。

2. 智能电网中的分布式能源管理和协调控制策略研究。

3. 新能源技术与电力系统的融合研究，包括光伏与电动车充电桩的智能集成与优化。

第五章　计算机在材料科学与工程中的应用

Chapter 5：The Application of Computers in Materials Science and Engineering

欢迎您来到本书的第五章——“计算机在材料科学与工程中的应用”。在这一章中，我们将深入探讨计算机技术在材料科学与工程领域的重要应用和不断发展。

我们将首先概述计算机在材料科学与工程中的应用与发展概况，然后详细探讨计算机在材料建模与仿真中的应用，以及机器学习与数据科学在这一领域中的作用。我们将展示如何使用 Python 进行一维固体热传导模拟，以及如何利用 Java 实现简单的线性回归算法。

在材料设计与优化方面，我们将通过 Python 编写的简单机器学习应用的示例，让您了解计算机在这个方向的工作原理。在材料虚拟实验部分，我们将展示如何使用 Unity 软件和 C# 编程语言构建一个 VR 可视化环境。

材料科学与工程的数据库与知识库是信息管理的重要工具，我们将通过 Python 编写的简单材料研究数据库程序示例进行说明。接下来，我们将探讨计算机在材料先进制造技术中的应用，以及在优化材料工艺设计中的应用案例。

最后，我们将指导您如何使用 Word 编写材料性能测试报告，如何使用 Excel 进行材料成本分析，以及如何使用 PPT 制作材料成本分析的介绍。

本章内容丰富，对于那些想要在材料科学与工程领域应用计算机技术的读者来说，将提供大量有价值的信息和实践技巧。我们希望您能通过这一章的学习，掌握更多关于计算机在材料科学与工程中的应用知识，为未来的学习或工作打下坚实的基础。

第一节　计算机在材料科学与工程中的应用与发展概况

在材料科学与工程领域，计算机技术已成为研究新材料、优化现有材料性能和预测材料行为的重要工具。以下是计算机在材料科学与工程中的一些主要应用：

(1) 材料建模与仿真：计算机可以通过分子动力学、量子力学和连续介质力学等方法对材料结构、性能和行为进行建模。这些模型有助于预测和优化材料的微观结构、力学性能、电磁性能等多方面特性。

(2) 机器学习与数据科学:随着大量实验和模拟数据的产生,机器学习和数据科学在材料科学领域扮演着越来越重要的角色。通过训练机器学习模型,研究人员可以更快速地发现新材料、预测材料性能和优化制程参数。

(3) 材料设计与优化:计算机辅助材料设计(CAMD)和计算机辅助工程(CAE)工具可以帮助研究人员在设计阶段预测和优化材料的性能。通过对材料组成、结构和加工工艺进行调整,可以提高材料的性能和降低成本。

(4) 虚拟实验:计算机模拟可以减少实际实验的需求,节省时间和成本。虚拟实验可以模拟不同的环境条件、应力状态和工艺参数,从而为实际实验提供指导。

(5) 材料数据库与知识库:计算机技术有助于建立大型材料数据库,收集和整理不同来源的实验数据、模拟结果和文献资料。这些数据库和知识库为研究人员提供了宝贵的信息资源,有助于提高研究效率和创新能力。

(6) 材料制造与加工:计算机在先进制造技术(如 3D 打印、机器人自动化等)中发挥着关键作用。这些技术可以实现对材料结构和性能的精确控制,提高生产效率和产品质量。

(7) 材料表征与检测:计算机技术广泛应用于材料的表征和检测,如 X 射线衍射、电子显微镜、原子力显微镜等。计算机技术可以帮助处理和分析这些仪器产生的大量数据,提取有关材料结构和性能的关键信息。

(8) 优化工艺参数:计算机辅助工艺优化技术可以通过模拟实验和数据分析来优化材料加工过程中的各种参数,如温度、压力、速度和时间。这有助于提高产品性能、降低成本并减少浪费。

(9) 高性能计算(HPC):在材料科学领域,高性能计算为大规模地模拟和复杂问题的求解提供了强大的计算能力。这些计算能力可以用于研究材料的动态过程、相变、缺陷形成等多尺度、多物理现象。

(10) 跨学科研究与合作:计算机技术促进了不同学科之间的信息共享和合作,为材料科学与工程领域的研究带来了新的视角和方法。例如,在生物材料、纳米材料和能源材料等领域,计算机技术与化学、物理、生物学等学科的交叉融合推动了创新和发展。

总之,计算机技术在材料科学与工程领域发挥着至关重要的作用,从基础研究到实际应用都产生了深远影响。随着计算机技术的不断发展,我们有理由相信它将在未来继续推动材料科学与工程领域的创新与进步。

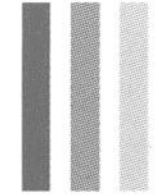

第二节　计算机在材料建模与仿真中的应用

在材料建模与仿真中,计算机技术对于理解材料的基本性质、预测行为和优化性能具有重要意义。以下是计算机在材料建模与仿真中的主要应用:

(1) 分子动力学模拟:分子动力学模拟是一种计算方法,通过模拟原子或分子在受到外部作用力时的运动轨迹,来研究材料的结构、性能和行为。计算机可以通过解决牛顿运动方程来模拟原子和分子的时间演化,从而为研究热力学性质、相变和传输性质等提供理论依据。

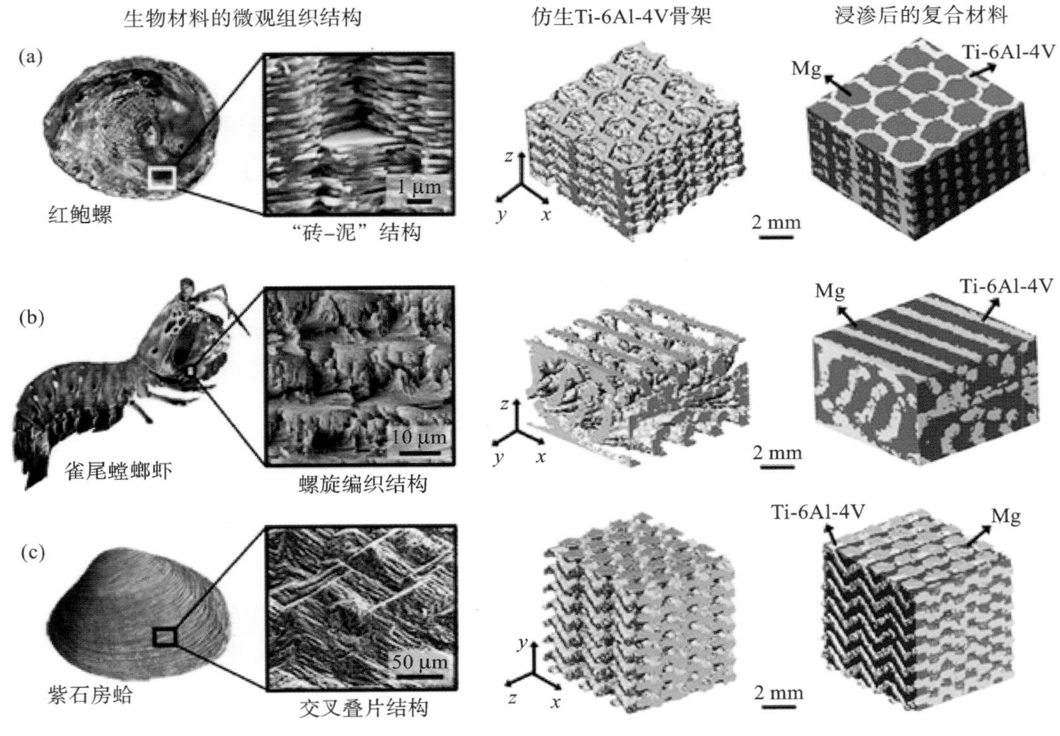

(2) 量子力学计算：量子力学计算方法，如密度泛函理论(DFT)和从头算(ab initio)方法，可以用于计算材料的电子结构、能带结构和力学性能。计算机可以解决薛定谔方程，从而预测材料的光学、磁学和电学性质等多方面特性。

(3) 连续介质力学模拟：连续介质力学模拟方法用于研究材料在不同尺度上的力学行为，如弹性、塑性和断裂等。计算机可以通过有限元分析(FEA)、有限差分法(FDM)和有限体积法(FVM)等方法求解材料应力、应变和位移等相关物理量。

(4) 热力学建模：计算机可以通过建立热力学模型预测材料的热力学性质，如熔点、相变温度和热容等。此外，计算机还可以通过计算热力学相图来描述材料在不同温度、压力和组成下的相稳定性和相变过程。

(5) 统计力学与动力学建模：计算机可以通过蒙特卡洛(MC)方法和动力学蒙特卡洛(KMC)方法等随机模拟技术研究材料的热力学和动力学过程。这些方法有助于研究材料的缺陷形成、扩散和扩散驱动的相变等问题。

(6) 多尺度建模与仿真：由于材料的行为和性能受到多个尺度因素的影响，因此需要采用多尺度建模方法进行研究。计算机可以实现从原子尺度到微观尺度再到宏观尺度的多尺度建模与仿真，从而为材料设计和性能优化提供全面的理论指导。例如，将分子动力学模拟与有限元分析相结合，可以研究纳米复合材料的力学性能；将量子力学计算与热力学建模相结合，可以预测材料的热稳定性和相变行为。

(7) 机器学习与人工智能在建模与仿真中的应用：计算机可以利用机器学习和人工智能技术对材料建模与仿真进行优化。通过训练神经网络和其他机器学习模型，可以提高计算精度和速度，降低计算成本。此外，机器学习方法还可以用于自动化地发现新的模型和理论，从而加速材料科学研究的进展。

(8) 虚拟实验与优化：计算机可以通过模拟实验来预测材料在不同环境条件、应力状态和工艺参数下的性能和行为。虚拟实验有助于优化实验设计，减少实际实验的需求，节省时间和成本。此外，计算机还可以通过遗传算法、模拟退火算法等全局优化方法寻找材料的最优结构和性能。

(9) 高性能计算(HPC)在建模与仿真中的应用：高性能计算为材料建模与仿真提供了强大的计算能力。通过并行计算、GPU 加速和云计算等技术，计算机可以快速解决复杂的模型和方程，从而提高研究效率和精度。

总之，计算机在材料建模与仿真中发挥着关键作用，为材料科学研究提供了强大的理论支持和计算工具。随着计算机技术的不断发展，我们有理由相信计算机将继续推动材料建模与仿真领域的创新与进步。

程序示例：Python 编写一维固体热传导模拟的程序

一维固体热传导模拟示例代码

假设我们有一个导热材料，长为 10 cm，我们想要模拟热量在这个材料中传导的过程。

首先，我们需要定义一些参数，如导热系数(k)、初始温度(T_initial)、左端固定温度(T_left)和右端固定温度(T_right)。我们将采用显式有限差分法(Explicit Finite Difference Method)进行仿真。

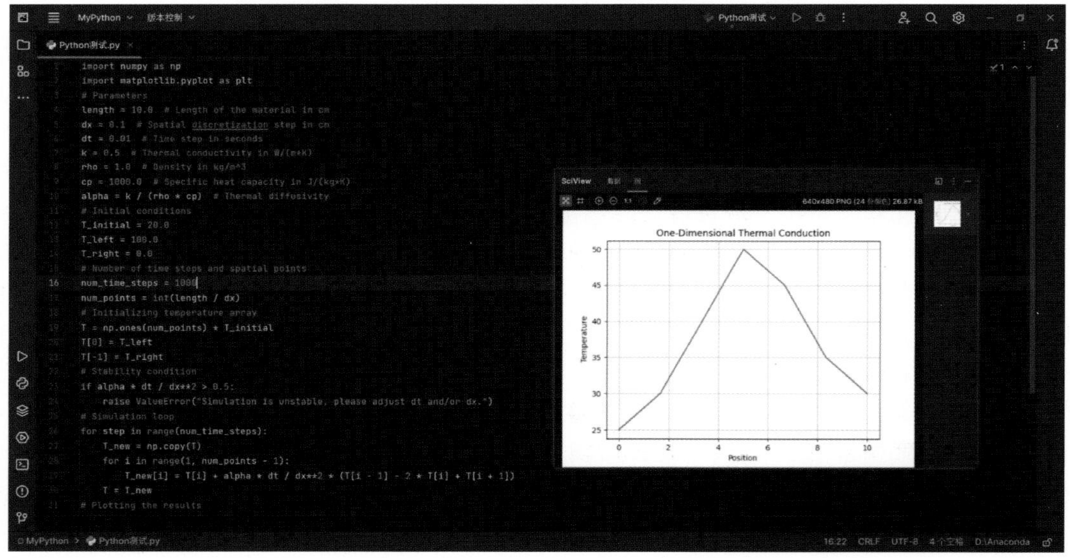

在这个示例中，我们将材料离散为一维网格，每个网格点的温度随时间更新。通过显式有限差分法，我们可以计算每个时间步长后的温度分布。最后，我们使用 matplotlib 库绘制了温度分布图。

这个示例仅用于演示目的，实际应用可能涉及更复杂数学模型、边界条件和求解器。在材料建模与仿真领域，Python 和其他编程语言广泛应用于实现更复杂的仿真算法，如分子动力学、有限元分析等。

第三节　机器学习与数据科学在材料科学与工程中的应用

随着计算能力的提高和大量数据的可用性，机器学习和数据科学在材料科学与工程中的应用逐渐显现出重要价值。以下是一些关键应用领域：

（1）材料筛选与设计：机器学习方法可以用于从海量的候选材料中筛选出具有特定性能的优异材料。通过训练机器学习模型，可以预测未知材料的性能，从而指导新材料的设计和发现。例如，可以使用机器学习预测新的高熵合金、钙钛矿太阳能电池材料和高性能电池电极材料。

（2）材料属性预测：通过训练机器学习模型，可以预测材料的各种性能参数，如导电性、导热性、力学性能和磁性等。这些预测结果可以用于优化材料性能、降低实验和计算成本，加速研究进程。

（3）优化材料制备工艺：数据科学和机器学习方法可以帮助分析实验数据，优化材料制备工艺，提高生产效率。例如，可以通过回归分析、聚类分析和优化算法来调整合成参数，以获得更好的材料性能和降低成本。

（4）机器学习助力计算材料学：通过使用机器学习方法，如神经网络和支持向量机等，可以加速计算材料学的模拟和预测过程。机器学习方法可以降低传统从头算和密度泛函理论计算的成本，提高预测精度。

（5）数据驱动的材料实验设计：数据科学方法可以帮助优化实验设计，提高实验效率。通过分析历史实验数据和使用设计实验方法，可以确定关键实验因素，降低实验次数和成本。

（6）数据挖掘与知识发现：数据挖掘技术可以从大量实验和计算数据中提取有用的信息和知识。例如，关联规则挖掘和聚类分析等方法可以揭示材料性能与结构、成分和工艺参数之间的关系。

（7）智能监测与控制：机器学习和数据科学方法可以用于实时监测和控制材料加工过程。通过构建智能控制系统，可以自动调整工艺参数，实现生产过程的优化和自动化。

（8）多尺度材料模型的集成：机器学习方法可以用于将不同尺度的材料模型集成在一起，以实现多尺度建模和仿真。通过训练机器学习模型，可以将原子尺度、纳米尺度和宏观尺度的信息有效地融合，从而更准确地预测材料的行为和性能。

（9）材料数据库的构建和管理：数据科学方法可以用于构建、管理和查询大型材料数据库。这些数据库包括实验和计算数据、晶体结构、材料性能等信息，为研究人员提供了宝贵的资源。利用数据库和数据挖掘技术，可以加速材料科学研究的进展。

（10）故障诊断与预测：机器学习方法可以用于对材料的故障进行诊断和预测。通过分析实时数据和历史数据，可以预测材料的寿命、损伤和故障，从而实现预测性维护和降低设备停机时间。

总之，机器学习和数据科学在材料科学与工程领域的应用具有广泛的前景。通过使用这些方法，研究人员可以加速新材料的发现和设计，提高材料性能，优化生产过程，降低成本，为实现可持续发展作出贡献。随着机器学习和数据科学技术的不断发展，它们在材料科学与工程领域的应用将进一步拓展。

程序示例：Jave 编写的简单线性回归算法的程序

简单线性回归算法示例代码

该示例用于预测材料的导热系数。假设我们有一组实验数据，其中包含材料的密度和导热系数，我们将使用线性回归建立它们之间的关系。

在这个示例中，我们首先创建了一个输入数据矩阵 X 和一个输出数据矩阵 Y。然后，我们使用 JAMA 库中的线性代数操作计算回归系数矩阵 B。最后，我们使用回归系数预测一个给定密度（例如 3.5 g/cm^3）的材料的导热系数。

这个示例仅用于演示目的，实际应用可能涉及更复杂数学模型和更大的数据集。在材料科学领域，Java 和其他编程语言可以广泛应用于实现机器学习算法，如神经网络、支持向量机和决策树等。

第四节　计算机在材料设计与优化中的应用

计算机在材料设计与优化中发挥着关键作用，它们帮助研究人员通过计算模拟、预测和分析来加速新材料的发现和性能改进。以下是计算机在材料设计与优化中的主要应用：

（1）计算材料学：计算机通过第一性原理计算、密度泛函理论（DFT）和分子动力学（MD）等方法，使得研究人员能够模拟和预测材料的原子结构、电子特性和热力学性能。这些计算方法为材料研究提供了一个理论框架，并提供了新材料设计的基础。

（2）材料筛选与设计：计算机可以对海量的候选材料进行高通量筛选，从而找到具有特定性能的优异材料。基于计算方法的筛选可以极大地节省实验成本和时间。此外，计算机还可以预测新材料的性能，为新材料的设计提供指导。

（3）机器学习与数据科学：计算机通过应用机器学习和数据科学方法，可以分析实验和计算数据，预测材料的性能，优化材料制备工艺。这些方法有助于发现潜在的新材料和提高现有材料的性能。

（4）优化算法：计算机可用于实现各种优化算法，如遗传算法、粒子群优化和模拟退火等。这些算法在材料设计和工艺优化中发挥着关键作用，能够找到具有最佳性能的材料组合和工艺参数。

（5）多尺度建模：计算机能够实现多尺度建模，将不同层次的模型（如量子力学、分子动力学、连续介质力学等）有机地结合在一起。这种方法可以更准确地预测材料的性能，并为材料设计提供更全面的信息。

（6）虚拟实验与仿真：计算机可以实现材料的虚拟实验和仿真。通过计算机模拟，研究人员可以在不实际进行实验的情况下预测材料的行为和性能。这可以节省实验成本和时间，并减少对环境的影响。

（7）数值方法：计算机可以实现各种数值方法，如有限元分析（FEA）、有限差分法和有

限体积法等。这些方法在解决材料力学、热传导、电磁场等问题时发挥着重要作用，为材料设计和优化提供了有力的计算工具。

(8) 智能监测与控制：计算机可以实现实时监测和智能控制材料加工过程。通过构建智能控制系统，可以自动调整工艺参数，实现生产过程的优化和自动化。

(9) 材料数据库与知识发现：计算机可以用于构建和管理材料数据库，包括实验和计算数据、晶体结构、材料性能等信息。通过数据挖掘技术，可以加速材料科学研究的进展，发现材料性能与结构、成分和工艺参数之间的关系。

(10) 跨学科研究：计算机在材料设计与优化中的应用涉及许多学科，如物理、化学、力学、电子学和生物学等。通过跨学科研究，计算机可以帮助研究人员发现新材料和新现象，拓展研究领域。

总之，计算机在材料设计与优化中发挥着关键作用。通过计算方法、机器学习、优化算法等技术，计算机为研究人员提供了强大的工具，帮助他们加速新材料的发现和性能改进。随着计算机硬件和软件技术的不断发展，它们在材料科学与工程领域的应用将进一步拓展。

程序示例：Python 编写的简单机器学习应用的程序

简单机器学习应用示例代码

该示例用于预测金属材料的抗拉强度。假设我们有一组金属材料的组成和实验测量的抗拉强度数据，我们将使用随机森林回归模型来预测新材料的抗拉强度。

在这个示例中，我们首先创建一个输入数据矩阵 composition 和一个输出数据矩阵 tensile_strength。然后，我们将数据划分为训练集和测试集。接着，我们使用随机森林回归模型对训练数据进行拟合。最后，我们使用训练好的模型预测新材料的抗拉强度。

这个示例仅用于演示目的，实际应用可能涉及更复杂数学模型和更大的数据集。在材料科学领域，Python 和其他编程语言可以广泛应用于实现机器学习算法，如神经网络、支持向量机和决策树等，以优化材料性能和设计新材料。在现实生活中，材料科学家和工程师可能会考虑更多的输入特征，如晶格结构、晶粒大小和制备工艺等，以提高模型的预测准确性。

在材料设计和优化方面，计算机和编程已经成为研究和开发过程中不可或缺的工具。通过建立复杂的模型和使用高级的机器学习技术，研究人员可以从庞大的数据集中提取有用的信息，从而更好地理解材料的性能和行为。

第五节　计算机在材料虚拟实验中的应用

计算机在材料虚拟实验中发挥着重要作用，使研究人员能够在不进行实际实验的情况下，通过计算模拟和数据分析来探索和理解材料的性能、行为和加工过程。以下是计算机在材料虚拟实验中的主要应用：

(1) 第一性原理计算与密度泛函理论(DFT)：计算机可以通过第一性原理计算和 DFT 模拟材料的电子结构和原子排布。这些方法为材料的基本性质提供了详细的原子级描述，

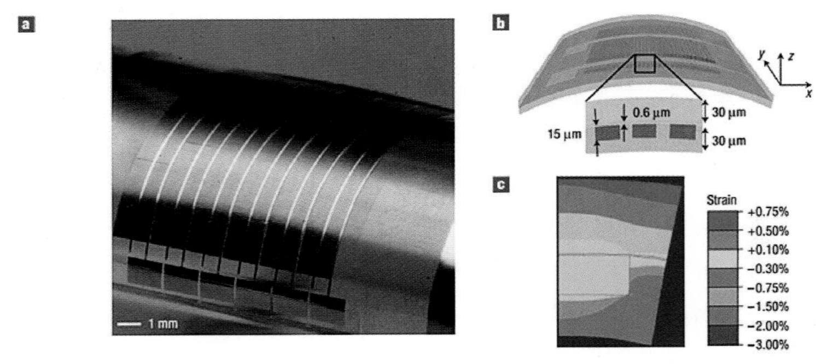

Research and Review Articles from Nature Publishing Group. 2011: 38-46.

有助于理解材料的化学键合、能带结构和磁性等特性。

(2) 分子动力学(MD)模拟:通过 MD 模拟,计算机可以预测材料在不同温度、压力和应力条件下的热力学性能、力学性能和晶体缺陷行为。MD 模拟在研究纳米材料、高分子材料和生物材料方面具有广泛的应用。

(3) 有限元分析(FEA)与多尺度建模:计算机可用于实现 FEA 和多尺度建模,模拟材料在宏观尺度上的力学、热传导和电磁行为。这些方法在优化材料设计、预测材料失效和开发新材料方面具有重要意义。

(4) 材料筛选与设计:通过高通量计算和数据分析,计算机可以对大量候选材料进行筛选,找到具有特定性能的优异材料。这些方法为新材料的发现和设计提供了高效且经济的手段。

(5) 机器学习与数据科学:计算机可以应用机器学习和数据科学方法,如神经网络、支持向量机和决策树等,分析和预测材料的性能和加工过程。这些方法有助于揭示材料性能与结构、组成和工艺参数之间的关系,从而优化材料设计。

(6) 虚拟实验室与数字孪生技术:计算机可以通过虚拟实验室和数字孪生技术模拟实验环境和加工过程。这些方法可以帮助研究人员预测材料的行为和性能,为实际实验提供指导,从而节省实验成本和时间。

(7) 优化算法与智能控制:计算机可用于实现各种优化算法,如遗传算法、粒子群优化和模拟退火等,对材料的组成、结构和制备工艺进行优化。此外,计算机还可以实现智能监测和控制系统,自动调整工艺参数,以实现生产过程的优化和自动化。

(8) 虚拟原型与可视化:计算机可以创建虚拟原型,模拟材料在特定条件下的行为和性能。这些虚拟原型可以帮助研究人员在早期阶段进行设计决策,降低开发成本。此外,计算机还可以实现材料性能的可视化,帮助研究人员直观地理解材料的特性。

(9) 高性能计算与并行计算:计算机在高性能计算和并行计算方面的应用,使得研究人员可以处理复杂的材料模型和大量的数据。这些技术为材料科学研究提供了强大的计算能力,加速了新材料的发现和性能改进。

(10) 教育与培训:计算机在材料科学教育和培训中也发挥着重要作用。通过虚拟实验和模拟工具,学生和研究人员可以在计算机环境中学习和实践材料科学的基本原理,提高实验技能和理论水平。

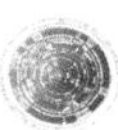

总之，计算机在材料虚拟实验中的应用已经成为材料科学研究的核心组成部分。通过计算模拟、数据分析和优化算法等技术，计算机为研究人员提供了强大的工具，帮助他们加速新材料的发现和性能改进。随着计算机硬件和软件技术的不断发展，我们可以预期在未来的材料科学研究中，计算机将在更广泛的领域发挥作用。

程序示例：使用 Unity 软件和 C# 编程语言构建一个 VR 可视化环境的程序

VR 可视化环境示例代码

一个有趣的材料虚拟实验实例是使用虚拟现实（VR）技术观察和分析纳米级别的材料结构，例如石墨烯。该示例中，我们将使用 Unity 引擎和 C# 编程语言为石墨烯构建一个 VR 可视化环境。

在 Unity 项目中导入一个球体模型并将其作为碳原子预制体。将预制体分配给“GrapheneBuilder”脚本中的“carbonAtomPrefab”字段。

根据需要调整“GrapheneBuilder”脚本的“width”“height”和“scale”字段，以生成所需大小的石墨烯模型。在 Unity 场景中添加 VR 摄像机和控制器，按照您的 VR 设备的官方文档进行配置。构建并运行项目，现在应该能够在 VR 环境中观察和分析石墨烯模型。

通过使用类似的方法，可以创建更复杂的材料结构并将其可视化在 VR 环境中中，从而使研究人员和学生能够更直观地理解材料的结构和特性。以下是一些建议的扩展和改进：

(1) 为原子模型添加键模型：您可以在脚本中创建键模型（如使用细长的圆柱体），连接相邻的碳原子，以更准确地表示石墨烯的结构。

(2) 添加交互功能：为了增强虚拟实验的交互性，可以允许用户通过 VR 控制器拾取、移动和操作原子。这将有助于研究人员探索原子之间的相互作用和材料的力学行为。

(3) 实现动态模拟：可以进一步整合分子动力学模拟，使原子在一定的温度和压力条件下动态移动。这将有助于观察和理解材料在不同环境条件下的行为。

(4) 支持多种材料和晶体结构：通过扩展脚本，可以支持更多种类的材料和晶体结构，如金属、陶瓷和高分子材料。这将使虚拟实验环境更加通用和实用。

(5) 教育和培训应用：可以为虚拟实验添加教程和任务，引导用户学习和实践材料科学的基本原理和实验技能。这将使虚拟实验成为材料科学教育的有力工具。

通过整合虚拟现实技术和材料科学，研究人员和学生可以在沉浸式的环境中探索和理解复杂的材料结构。这种方法为材料科学教育和研究提供了新的可能性，有望推动该领域的进一步发展。

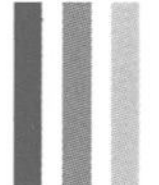

第六节 材料科学与工程的数据库与知识库

材料科学与工程领域的数据库和知识库是存储、组织和共享材料相关数据和信息的重要资源。这些数据库和知识库为研究人员提供了便利的数据获取途径，有助于加速新材料的发现和性能改进。以下是一些主要的材料科学与工程数据库和知识库：

(1) Materials Project（材料项目）：Materials Project 是一个开放的计算材料科学数据

库，提供了大量基于第一性原理计算的材料性能数据，包括电子结构、磁性、力学性能、热力学性能等。Materials Project 还提供了在线计算工具和 API，方便用户查询、分析和预测材料性能。

网址：https://materialsproject.org/

(2) NIST Materials Data Repository(NIST 材料数据仓库)：美国国家标准与技术研究院(NIST)维护的一个材料数据仓库，包括热力学性能、相图、晶体结构等多种数据。NIST 还提供了许多材料科学相关的数据库和计算工具。

网址：https://materialsdata.nist.gov/

(3) Crystallography Open Database(晶体学开放数据库)：Crystallography Open Database 是一个开放的晶体学数据资源，提供了大量的晶体结构数据，包括原子坐标、空间群、晶胞参数等。用户可以通过关键词、化学式、空间群等条件进行检索。

网址：https://www.crystallography.net/cod/

(4) Inorganic Crystal Structure Database(无机晶体结构数据库，ICSD)：ICSD 是一个无机晶体结构的数据库，提供了超过 20 万种无机材料的晶体结构数据。ICSD 可以通过关键词、化学式、空间群等条件进行检索，但需要付费订阅。

网址：https://icsd.fiz-karlsruhe.de/

(5) AFLOWLIB：AFLOWLIB 是一个自动化流程(AFLOW)计算材料科学数据库，提供了大量基于第一性原理计算的材料性能数据。AFLOWLIB 包括电子结构、热力学性能、力学性能等数据，以及材料筛选和优化工具。

网址：http://www.aflowlib.org/

(6) MatWeb：MatWeb 是一个广泛使用的材料属性数据库，提供了上万种材料的性能数据，包括力学性能、热性能、电性能等。MatWeb 的数据来源于制造商、实验室和文献，支持多种检索方式。

网址：http://www.matweb.com/

(7) NanoHUB：NanoHUB 是一个纳米科学与工程的在线资源和社区，提供了大量的纳米材料数据和仿真工具。NanoHUB 不仅包含纳米材料的性能数据，还提供了在线仿真和建模工具，有助于研究人员学习和探索纳米尺度的材料科学问题。

网址：https://nanohub.org/

(8) Cambridge Structural Database(CSD，剑桥结构数据库)：CSD 是一个有机和金属有机晶体结构的数据库，收录了大量有机和金属有机化合物的晶体结构数据。CSD 包括原子坐标、空间群、晶胞参数等信息，支持多种检索方式，但需要付费订阅。

网址：https://www.ccdc.cam.ac.uk/

(9) Polymer Database(聚合物数据库，PoLyInfo)：PoLyInfo 是一个聚合物相关的信息数据库，提供了大量聚合物材料的性能数据、合成方法、结构信息等。该数据库由日本国立材料科学研究所维护，支持多种检索方式。

网址：https://polyinfo.nims.go.jp/

(10) PAULING FILE：PAULING FILE 是一个材料相图和晶体化学数据的数据库，提供了多组分材料体系的相图、相稳定性、晶胞参数等数据。PAULING FILE 数据来源于文献，支持多种检索方式，但需要付费订阅。

网址：http://paulingfile.com/

以上数据库和知识库为材料科学与工程领域的研究人员提供了宝贵的数据资源，有助于推动新材料的发现和性能研究。随着数据科学和机器学习技术的发展，这些数据库和知识库将发挥越来越重要的作用，为材料科学领域的研究提供更高效、智能的数据支持。

程序示例：Python编写的简单材料研究数据库程序

材料研究数据库示例代码

该示例用于存储金属材料的基本性能数据，创建一个名为 materials_database.py 的 Python 脚本，并添加以下代码：

在命令行中运行 materials_database.py 脚本。这将创建一个名为 materials.db 的 SQLite 数据库，并插入三种金属材料（铝、铜和铁）的性能数据。然后，脚本将查询并输出所有材料数据。

输出结果应如下所示：

```
(1,'Aluminum',2.7,69.0,237.0)
(2,'Copper',8.96,110.0,398.0)
(3,'Iron',7.87,211.0,80.0)
```

通过上述示例，我们创建了一个简单的材料研究数据库，并演示了如何使用 Python 和 SQLite 插入和查询数据。当然，实际应用中的材料数据库通常会涉及更多的数据字段、类型和关联关系。根据需要，可以进一步扩展数据库结构和功能，以满足材料研究的各种需求和挑战。

以下是一些建议，可以用来扩展和改进我们的材料研究数据库示例：

(1) 添加更多的数据字段：根据实际需求，可以在数据库中添加更多的数据字段，例如材料的化学式、晶体结构、熔点、抗拉强度等。这将使数据库能够存储更全面的材料性能数据。

(2) 建立数据关联：为了表示材料之间的关系（如相图、合金组分等），可以在数据库中创建新的数据表，并建立适当的关联关系。这将使数据库更具组织性，并有助于分析和挖掘材料之间的相互作用。

(3) 数据导入和导出：为了方便数据交换和共享，可以实现从 CSV、Excel 或其他格式的文件导入数据的功能。此外，可以实现将数据库中的数据导出为这些格式的文件，以便在其他应用程序或数据库中使用。

(4) 数据验证和清理：为了确保数据库中的数据质量，可以在插入数据时添加数据验证和清理功能。这可以包括检查数据的完整性、一致性和准确性，以及处理缺失值、重复值和异常值等问题。

(5) 数据分析和可视化：可以使用 Python 的数据分析和可视化库（如 Pandas、Matplotlib 和 Seaborn 等）对数据库中的数据进行分析和可视化。这将有助于研究人员发现材料性能的规律和趋势，以及探索潜在的新材料和性能改进方向。

(6) 集成机器学习和人工智能：可以将数据库与机器学习和人工智能技术相结合，以实现自动化的材料筛选、性能预测和优化。这将有望加速新材料的发现和设计，推动材料科学与工程领域的发展。

通过对数据库进行扩展和改进，我们可以构建一个更加强大和实用的材料研究数据库，以满足材料科学与工程领域的各种需求。这将有助于研究人员更有效地获取、共享和利用材料数据，为新材料的发现和性能研究提供有力支持。

第七节　计算机在材料先进制造技术中的应用

计算机在材料先进制造技术中发挥着至关重要的作用。计算机技术可以提高生产效率、降低制造成本，并促进新材料和制造工艺的发展。以下是计算机在材料先进制造技术中的一些主要应用：

(1) 计算机辅助设计(CAD)：CAD 是利用计算机技术进行设计的过程，广泛应用于材料制造领域。工程师可以使用 CAD 软件创建和修改材料制品的三维模型，并对其进行性能分析和优化。此外，CAD 模型可以直接用于计算机辅助制造(CAM)系统，实现高度自动化的生产。

(2) 计算机辅助制造(CAM)：CAM 是利用计算机技术控制和管理生产过程的方法。CAM 系统可以根据 CAD 模型自动生成数控(NC)代码，以控制数控机床等制造设备。通过 CAM 技术，可以实现高精度、高效率的材料制造，并降低人工误差和生产成本。

(3) 三维打印和增材制造：三维打印技术(也称为增材制造)是一种通过逐层堆积材料来构建物体的制造方法。计算机在此过程中扮演关键角色，可以将 CAD 模型转换为逐层切片的数据，以指导打印机喷射、熔融或固化材料。三维打印技术可用于制造各种复杂形状和

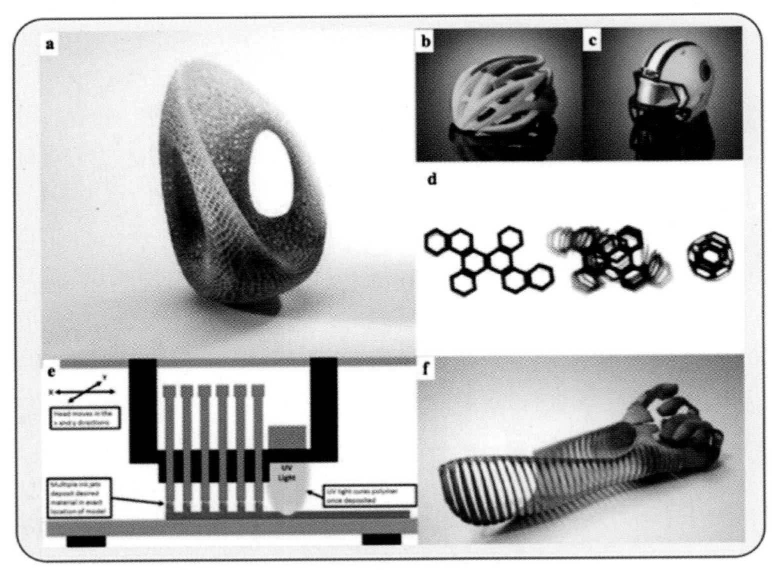

多材料打印聚合物

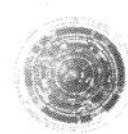

功能的材料制品，具有较高的设计灵活性和定制能力。

(4) 虚拟仿真和优化：计算机可以通过有限元分析(FEA)、计算流体动力学(CFD)等数值模拟方法，对材料制造过程进行虚拟仿真。这有助于工程师预测和分析材料在制造过程中的性能表现，并优化工艺参数、设备设计等。虚拟仿真技术可以降低实验成本，缩短产品开发周期，并提高制造质量。

(5) 工业机器人和自动化：计算机技术促进了工业机器人和自动化系统的发展，这些系统可以替代人工执行一系列复杂、重复或危险的材料制造任务。通过计算机控制和编程，工业机器人可以实现高度灵活和精确的操作，提高生产效率和安全性。

(6) 物联网(IoT)和智能制造：物联网(IoT)技术将物理设备、传感器和计算机系统连接在一起，实现数据的实时收集、传输和分析。在材料先进制造中，IoT 可以用于监控和控制生产设备、环境参数等，以优化制造过程和资源利用。通过将 IoT 技术与人工智能、大数据分析等方法相结合，可以实现智能制造，从而提高生产质量、效率和可持续性。

(7) 数字孪生技术：数字孪生是一种利用计算机模拟和数据分析创建物理实体虚拟副本的方法。在材料制造中，数字孪生可以用于预测和优化设备性能、寿命等，并实现设备的远程监控、维护和故障诊断。此外，数字孪生还可以模拟材料制造过程中的能源消耗、排放等环境影响，以指导绿色和可持续生产。

(8) 供应链管理和物流优化：计算机技术在材料制造领域的应用不仅局限于生产过程，还包括供应链管理和物流优化。通过实时跟踪和分析生产、库存、运输等数据，计算机系统可以帮助企业优化供应链操作，降低成本并提高客户满意度。

(9) 人工智能与机器学习：人工智能(AI)和机器学习技术在材料先进制造中发挥着越来越重要的作用。AI 可以用于自动检测和识别生产中的缺陷、异常等问题，并实现智能调度、预测维护等功能。此外，机器学习可以通过分析历史数据和模式来预测和优化制造过程，提高生产效率和质量。

通过以上介绍，我们可以看到计算机在材料先进制造技术中具有广泛的应用。计算机技术不仅提高了材料制造的效率和质量，还推动了新材料和制造工艺的发展，为材料科学与工程领域带来了革命性的变革。

程序示例：Python 编写一个立方体的 3D 模型的程序

立方体 3D 模型示例代码

假设我们要使用 3D 打印机制造一个简单的立方体。使用 Python 编程，结合一个开源的 CAD 库(例如 numpy-stl)来创建一个立方体的 3D 模型，然后将其导出为 STL 文件，以便在 3D 打印软件中使用。

示例代码首先定义了一个函数 create_cube，它接受一个参数 size，表示立方体的边长。函数内部定义了立方体的顶点坐标和面片索引，然后创建一个空的 STL 网格并填充顶点数据。最后，我们调用这个函数创建一个边长为 10 的立方体，并将其保存为 STL 文件。

这个 STL 文件可以导入到 3D 打印软件中(如 Cura、Simplify3D 等)，然后按照打印机的要求设置参数，如打印材料、层高、填充密度等。之后，3D 打印软件会将模型切片并生成用于控制 3D 打印机的 G-code。最后，将 G-code 文件发送到 3D 打印机进行打印。

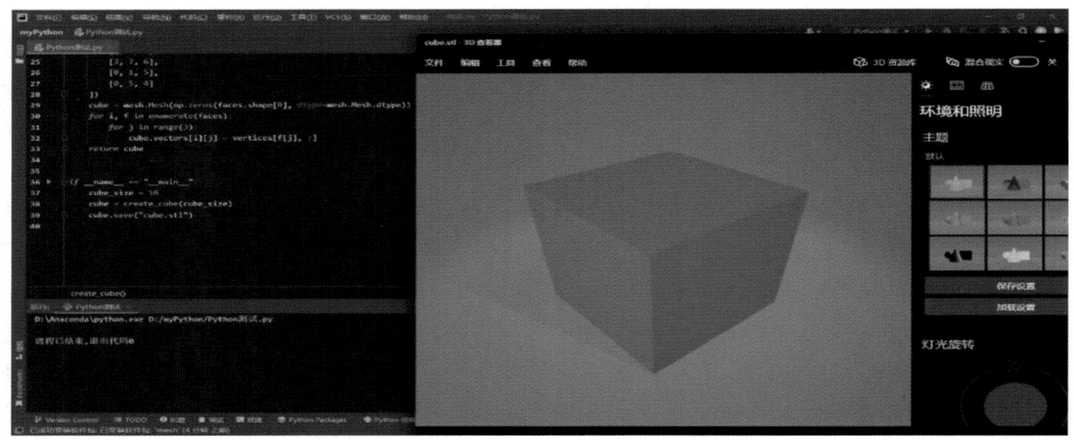

在 3D 打印过程中，打印机会根据 G-code 文件中的指令逐层堆积材料。G-code 指令包括熔融材料的温度、喷头的运动速度和路径、层高等。打印机会按照 G-code 指令精确地控制喷头的运动和材料的挤出，以实现立方体的逐层制造。随着打印过程的进行，立方体逐渐从底部向上构建，直到最终完成整个物体。

在这个示例中，我们演示了如何使用计算机编程创建一个简单的立方体 3D 模型，以及如何将其转换为 3D 打印所需的 STL 文件。实际的 3D 打印过程涉及硬件设备和专用软件，可能需要根据具体情况进行调整和优化。这个示例帮助了解计算机在三维打印和增材制造中的基本应用。通过计算机技术，我们可以实现各种复杂形状和功能的材料制品的快速、灵活和定制化生产。

第八节　计算机在优化材料工艺设计中的应用案例

以下是一个实际案例，展示了计算机在优化材料工艺设计中的应用：

在某铝合金压铸生产线上，铸件出现了裂纹和其他表面缺陷，这些缺陷严重影响了产品的性能和外观。为了解决这个问题，制造商决定使用计算机技术来优化铸造工艺。

制造商首先建立了一个物理模型，用于描述铝合金在压铸过程中的热流和应力分布。然后，利用仿真软件对模型进行仿真分析，以预测和优化铸造过程中的各种参数，如温度、压力和速度等。

通过仿真分析，制造商发现问题出在铸造模具的设计上，模具的结构和材料不适合生产铝合金产品。于是，他们使用计算机建模和仿真技术重新设计了模具，并使用优化算法对模具结构和材料进行了全局优化。

最后，制造商将新的模具制造出来，并进行了测试和验证。测试结果表明，使用新模具

的压铸产品表面缺陷减少了95%，性能和外观都得到了显著改善。这个优化过程不仅提高了产品质量和生产效率，还为制造商节省了大量时间和成本。

通过这个案例，我们可以看到计算机在优化材料工艺设计中的应用的重要性。通过建立物理模型、仿真分析、数据分析、优化算法和智能控制系统等技术，制造商可以在材料制造过程中实现更快速、准确和可持续的生产，提高产品质量和生产效率。

程序示例：Python 编写遗传算法优化问题的程序

遗传算法优化示例代码

在这个示例中，我们定义了一个简单的目标函数 $y=x^2$，并使用遗传算法进行全局优化。遗传算法使用种群的进化来搜索最优解，具体包括选择、交叉、变异等操作。我们使用 Python 编写了一个简单的遗传算法函数 genetic_algorithm，并在主函数中调用它进行优化。

在这个示例中，我们对于材料工艺设计中的实际问题，需要根据具体情况进行参数设置和算法优化。通常情况下，材料工艺设计中的优化问题具有多个约束条件和多个目标函数，需要使用多目标优化算法进行求解。在实际应用中，还需要将计算机模拟和实验结果相结合，进行验证和调整。

第九节　使用 Word 编写材料性能测试报告

使用 Word 编写材料性能测试报告可以详细地介绍材料的性能指标和测试结果，以下是可能需要用到的步骤和技巧：

（1）设计测试报告模板：根据实际需要，设计一个合适的测试报告模板，包括材料性能测试指标、测试方法和测试结果等，同时设计模板的结构和格式。

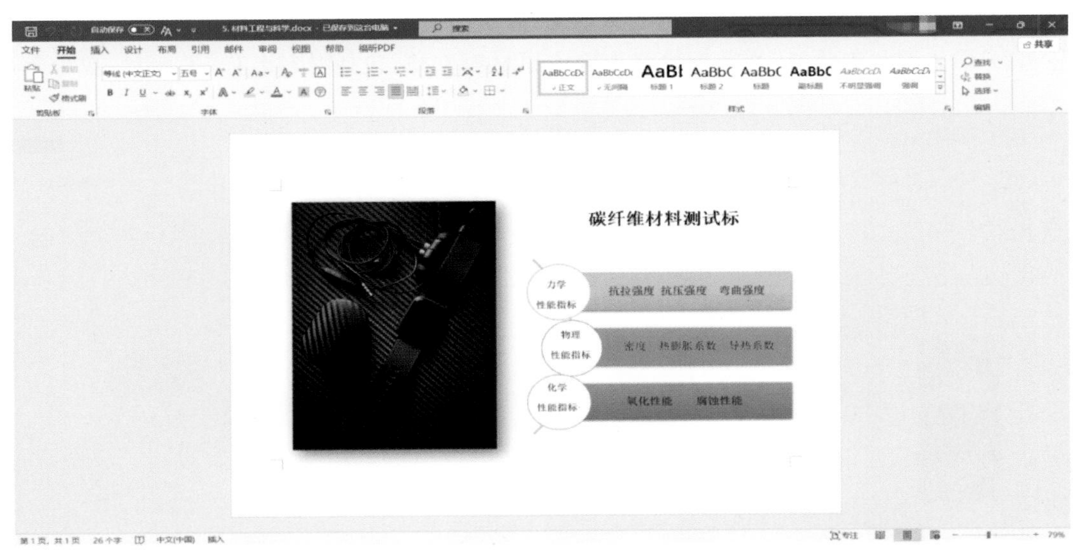

（2）编写测试报告：在 Word 中编写测试报告，包括材料性能测试指标、测试方法和测试结果等，使用 Word 的排版和格式化功能，使内容更具可读性和整洁度。

（3）描述测试指标：在测试报告中描述材料性能测试指标，包括力学性能、物理性能、化学性能等，使用 Word 的段落和编号功能，使测试指标更加清晰和易懂。

（4）描述测试方法：在测试报告中描述材料性能测试方法，包括试验标准、测试设备和测试流程等，使用 Word 的段落和编号功能，使测试方法更加清晰和易懂。

（5）描述测试结果：在测试报告中描述材料性能测试结果，包括测试数据、图表和分析结果等，使用 Word 的表格、图表和计算功能，进行数据分析，确保测试结果准确无误。

（6）完善测试过程：在测试报告中完善测试过程，包括实验前准备、实验过程和实验后处理等，以便于读者了解测试过程和流程。

（7）添加参考资料：在测试报告中添加参考资料，如测试标准、材料手册、测试设备说明等，以便于读者进行参考和进一步学习。

（8）审核和修订：在完成测试报告后，进行审核和修订，确保测试报告符合要求，并保存数据备份以备修改。

以上是使用 Word 编写材料性能测试报告的一些技巧和步骤，使用这些技巧和步骤可以详细地介绍材料的性能指标和测试结果，方便材料工程师进行材料性能的测试和质量控制。

第十节　使用 Excel 进行材料成本分析

使用 Excel 进行材料成本分析可以快速地计算原材料价格、生产成本和销售价格等，以下是可能需要用到的步骤和技巧：

（1）设计数据表格：在 Excel 中设计数据表格，包括原材料价格、生产成本和销售价格等，可以使用 Excel 的表格功能和格式化功能，使数据表格更加清晰和易读。

（2）输入原材料价格：在数据表格中输入原材料价格，包括材料名称、采购量、单价等信

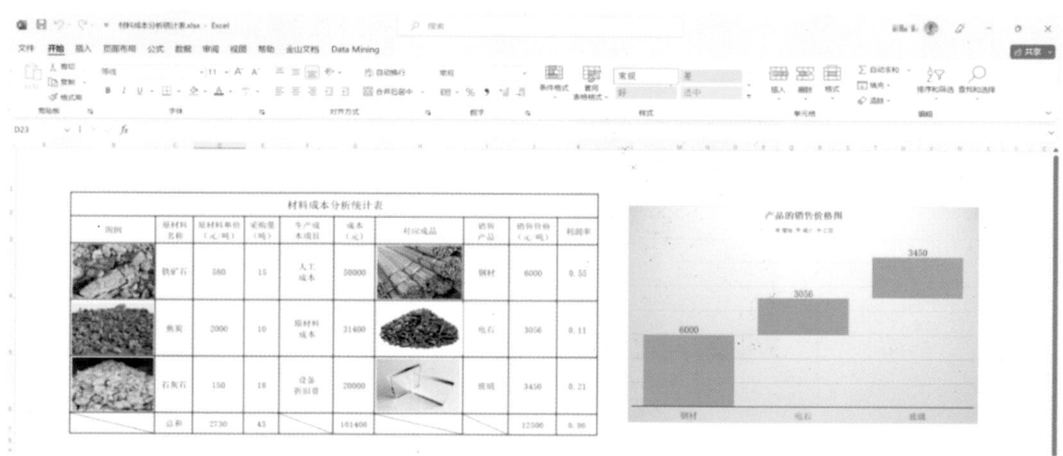

息，可以使用 Excel 的数据录入和格式化功能，确保原材料价格数据准确无误。

（3）计算生产成本：根据生产流程和原材料价格，计算生产成本，包括人工费用、机械设备费用、材料费用等，可以使用 Excel 的公式和计算功能，自动计算生产成本。

（4）计算销售价格：根据生产成本和市场需求，计算销售价格，包括利润率、税费等，可以使用 Excel 的公式和计算功能，自动计算销售价格。

（5）进行数据分析：在数据表格中进行数据分析，包括成本结构、利润分析、市场需求等方面的数据，可以使用 Excel 的图表和数据可视化功能，进行数据分析，确保数据准确无误。

（6）保存备份数据：在完成数据分析后，保存备份数据，以备修改和更新，同时进行数据安全和保护。

以上是使用 Excel 进行材料成本分析的一些技巧和步骤，使用这些技巧和步骤可以快速地计算原材料价格、生产成本和销售价格等，方便材料工程师进行成本控制和质量控制。

第十一节　使用 PPT 制作材料成本分析

使用 PPT 制作材料成本分析可以清晰地展示原材料价格、生产成本和销售价格等，以下是可能需要用到的步骤和技巧：

（1）设计幻灯片布局：在 PPT 中设计合适的幻灯片布局，包括标题、数据表格、图表等，同时设计幻灯片的配色和字体，使内容更加清晰和易读。

（2）输入数据表格：在幻灯片中输入数据表格，包括原材料价格、生产成本和销售价格等，可以使用 PPT 的表格功能和格式化功能，使数据表格更加清晰和易读。

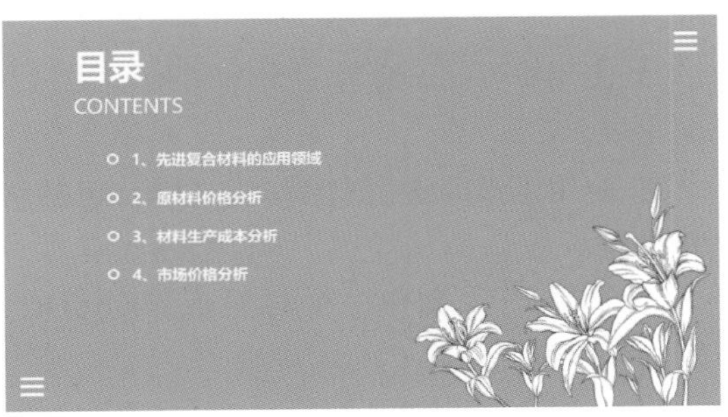

先进复合材料的应用领域

1　先进复合材料在航空航天领域的应用：介绍先进复合材料在飞机和卫星等领域的应用，如提高飞机机身强度和降低重量、提高卫星的载荷能力等。
2　先进复合材料在汽车制造领域的应用：介绍先进复合材料在汽车制造中的应用，如提高汽车的安全性和降低油耗等。
3　先进复合材料在建筑领域的应用：介绍先进复合材料在建筑和结构工程领域的应用，如提高建筑物的抗震性能和延长建筑寿命等。

（3）制作图表：根据数据表格制作图表，包括折线图、柱状图、饼图等，可以使用PPT的图表功能和格式化功能，使图表更加清晰和易读。

（4）描述原材料价格：在幻灯片中描述原材料价格，包括材料名称、采购量、单价等信息，可以使用PPT的文本框和编号功能，使原材料价格更加清晰和易读。

（5）描述生产成本：在幻灯片中描述生产成本，包括人工费用、机械设备费用、材料费用等，可以使用PPT的文本框和编号功能，使生产成本更加清晰和易读。

（6）描述销售价格：在幻灯片中描述销售价格，包括利润率、税费等，可以使用PPT的文本框和编号功能，使销售价格更加清晰和易读。

（7）进行数据分析：在幻灯片中进行数据分析，包括成本结构、利润分析、市场需求等方面的数据，可以使用PPT的图表和数据可视化功能，进行数据分析，使分析结果更加清晰和易读。

（8）添加注释和参考资料：在幻灯片中添加注释和参考资料，如分析方法、分析过程、参考文献等，以便于观众进行参考和进一步学习。

（9）调整和修订：在完成幻灯片制作后，进行调整和修订，确保幻灯片符合要求，并保存备份数据以备修改。

以上是使用PPT制作材料成本分析的一些技巧和步骤，使用这些技巧和步骤可以清晰地展示原材料价格、生产成本和销售价格等，方便材料工程师进行成本控制和质量控制。

练习题和思考题及课程论文研究方向

练习题

1. 使用Python编写一个材料性能测试数据分析程序，读取测试数据并进行统计分析、可视化展示。

2. 使用Excel进行材料成本分析，包括材料采购成本、加工成本和维护成本等方面的计算和比较。

3. 使用PPT制作一个材料成本分析的汇报，包括成本结构、变动因素和优化方案等内容。

4. 使用MATLAB编写一个材料模型的有限元分析程序，分析材料在受力下的变形和应力分布。

5. 使用ANSYS软件进行材料建模与仿真，包括材料特性的建模、材料性能的预测和分析。

6. 使用COMSOL Multiphysics软件进行材料虚拟实验，模拟材料的热传导、流体流动等物理过程。

思考题

1. 机器学习和数据科学在材料科学与工程中的应用前景如何？讨论其在材料性能预测和设计优化方面的潜力和挑战。

2. 虚拟实验在材料研究中的作用和意义是什么？探讨其在材料性能测试、新材料发现和工艺优化中的应用和局限性。

3. 数据库与知识库在材料科学与工程中的建设和应用如何推动材料研究和工程应用的进展？讨论其在材料数据管理和知识分享方面的价值和挑战。

课程论文研究方向

1. 基于机器学习和深度学习的新材料设计与发现方法研究。

2. 材料虚拟实验环境的构建与优化，包括虚拟现实和增强现实在材料研究中的应用与创新。

3. 材料工艺优化与制造过程建模研究，利用计算机技术提升材料加工和制造工艺的效率和质量。

第六章　计算机在环保工程与环境设计中的应用

Chapter 6：The Application of Computers in Environmental Engineering and Environmental Design

欢迎阅读本书的第六章——“计算机在环保工程与环境设计中的应用”。在这一章中，我们将探讨计算机技术在环保工程和环境设计中的广泛应用，包括环境污染控制、智能污水处理、空气质量监测、生态系统保护、城市规划和城市生态设计、智能垃圾分类以及环境模拟与预测。

我们将首先概述计算机在环保工程与环境设计中的应用，接着我们会探讨计算机在环境污染控制中的应用，包括使用 Python 编写城市空气质量监测与预测的数据处理的程序示例。在智能污水处理方面，我们将提供一个用 C 语言编写的简单污水处理模拟的程序示例。

我们还会讨论计算机在空气质量监测中的应用，包括 Java 编写的简单空气质量监测的程序示例，以及计算机在生态系统保护中的应用，包括用 C＋＋编写的简单生态系统模拟的程序示例。

在城市规划和城市生态设计方面，我们将展示一个用 C＋＋编写的简单的城市规划模拟的程序示例。在智能垃圾分类中的应用，我们将提供 Python 编写的计算机视觉技术实现垃圾分类的程序示例，以及 Java 编写的垃圾分类移动应用程序的程序示例。

我们也会探讨计算机在环境模拟与预测中的应用，包括 MATLAB 编写的大气污染模拟与预测的程序示例，以及 Python 编写的大气污染模拟的程序示例。

最后，我们将指导你如何使用 Word 编写环保方案，如何使用 Excel 制作环境污染物监测报表，以及如何使用 PPT 制作环保数据统计分析报告。

我们希望这一章的内容可以帮助您更好地理解计算机在环保工程与环境设计中的应用，为您在这一领域的学习或工作提供帮助。

第一节　计算机在环保工程与环境设计中的应用

随着我国城市化进程的不断加快以及生活物质水平的稳步提高，大气、水、土壤污染等城市环境问题日益突出，仅仅靠人力监测、治理环境问题已不能满足当前发展需求。为了更

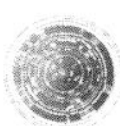

好地满足人民群众对优美生态环境的需求，实现环境与经济协调发展，国家逐步加大环境保护力度，相继出台《“互联网”＋绿色生态三年行动实施方案》《生态环境大数据建设总体方案》《关于深化环境监测改革提高环境监测数据质量的意见》，加快推动大数据、互联网、物联网等新一代信息技术在环境治理、污染防治等工作中的应用，“智能＋环保”也因此应运而生。

计算机技术包括图像处理技术、数据库技术、计算机控制技术、软件技术、多媒体技术、网络技术、人工智能技术等。这些计算机技术在生态环境工程中大量应用，在环境质量评价和环境影响评价、监测分析、污染治理、生态环境保护、环境规划与环境管理、环境应急预警预报、社会参与等方面，为环境保护提供了科学管理、计算、模拟等现代化高效研究手段。

以下是其中一些具体应用的方面：

(1) 环境污染控制：计算机技术可以用来监测和控制空气、水和土壤污染，例如使用传感器进行环境监测、自动控制和处理系统等等。

(2) 智能污水处理：利用计算机技术，结合先进的传感器、监测仪器等设备，对污水处理过程进行监测和控制，实现高效、自动化的污水处理。

(3) 空气质量监测：通过计算机技术和物联网技术，对城市空气质量进行实时监测和数据分析，提高环境监测和污染预警的精度和效率。

(4) 可再生能源：计算机技术可以用来管理和控制可再生能源，例如风能、太阳能和水利能源等等。

(5) 生态系统保护：计算机技术可以用来模拟和预测生态系统的变化，例如气候变化、海洋生态系统和森林生态系统等等。

(6) 城市规划和设计：计算机技术可以用来进行城市规划和设计，例如使用虚拟现实技术进行城市规划、城市生态设计等等。

(7) 智能垃圾分类：利用计算机视觉技术和机器学习算法，对垃圾进行分类和识别，提高垃圾分类的准确性和效率。

(8) 智能能源管理：利用计算机技术和传感器技术，对能源系统进行实时监测和数据分析，优化能源消耗和能源利用效率，实现可持续发展。

(9) 环境模拟与预测：利用计算机模拟技术，对环境系统进行模拟和预测，预测环境变化和污染扩散等，为环境保护和管理提供科学依据。

未来，随着计算机技术的不断发展和创新，环保工程与环境设计中的应用将会有更多的发展趋势：

(1) 大数据和人工智能：大数据和人工智能技术将会在环保工程与环境设计中得到更广泛的应用，例如分析和预测环境污染、优化环境控制系统等等。

(2) 区块链技术：区块链技术将会用来提高环保工程与环境设计的透明度和可追溯性，例如用于污染排放许可证管理、可持续能源证书等等。

(3) 虚拟现实技术：虚拟现实技术将会用来模拟和预测环境变化，例如使用虚拟现实技术进行城市规划、环境污染控制等等。

(4) 智能化环境监测：智能传感器和物联网技术将会用来监测和控制环境污染、资源消耗和可再生能源，例如使用传感器进行环境监测、自动控制和处理系统等等。

总的来说，计算机技术将会在环保工程与环境设计中继续发挥着重要作用，随着新技术的发展和应用，将会有更多的创新和发展趋势出现。

第二节　计算机在环境污染控制中的应用

环境污染控制是现代社会面临的一个重要问题，它涉及环境保护、资源管理和可持续发展等方面。计算机技术在环境污染控制中的应用，可以帮助政府和企业更快速、准确地监测和评估环境污染状况，同时也可以提供最佳的环境污染控制方案。

以下是计算机在环境污染控制中的应用：

(1) 数据采集与监测：计算机可以用于采集和监测环境污染数据，如空气污染、水污染、土壤污染等数据。这些数据可以通过传感器、无线网络和云计算等技术进行实时监测和分析，以及预测未来的污染趋势。

(2) 数据分析与机器学习：利用机器学习算法和数据分析技术，对环境污染数据进行处理和分析，以识别出污染源和排放路径，并提供最佳的环境污染控制方案。这些算法可以帮助政府和企业快速调整措施，以最大限度地减少污染。

(3) 智能监测系统：利用计算机技术，可以实现智能化的环境监测系统，能够监测环境污染状况，自动调整监测参数以保持最佳监测状态。这些系统可以提高监测效率、降低成本、减少误差和漏报。

(4) 模拟与预测：使用计算机技术建立环境污染模型，对污染源和排放路径进行模拟和预测。这些模型可以帮助政府和企业预测未来的污染趋势，制定最佳的污染控制策略。

(5) 污染控制方案优化：通过利用优化算法，如遗传算法、模拟退火算法、粒子群算法等，对污染控制方案进行全局优化。这些算法可以找到最佳的控制策略，以最大限度地减少污染和成本。

综上所述，计算机在环境污染控制中的应用可以帮助政府和企业更快速、准确地监测和评估环境污染状况，提供最佳的污染控制方案，从而实现环境保护、资源管理和可持续发展等目标。下面将详细介绍一个环境污染控制中的应用案例，以进一步说明计算机在环境污染控制中的作用。

以下是一个城市空气质量监测与预测的案例。随着城市化进程的加速，城市空气质量成了一个严峻的问题。为了有效控制城市空气污染，许多城市都建立了空气质量监测系统，以实时监测和评估城市空气质量。

近年来，随着计算机技术的快速发展，空气质量监测系统也逐渐向智能化、数字化方向发展。例如，北京市建立了智慧空气质量监测系统，利用物联网和云计算等技术，对城市空气污染进行实时监测和分析，并提供预测服务。

这个系统采用了多种传感器，如PM2.5传感器、二氧化硫传感器、一氧化碳传感器、氮氧化物传感器等，对城市空气中的有害物质进行监测。这些数据被发送到云端，并通过数据挖掘和机器学习技术进行处理和分析，以预测未来的污染趋势。

预测模型通常使用支持向量机、随机森林、神经网络等机器学习算法进行建模和优化。预测结果可以帮助政府和公众及时采取措施，以保护居民健康和城市环境。

此外，智慧空气质量监测系统还可以提供污染源的定位和排放路径的分析，帮助政府和企业快速制定污染控制措施。这些措施可以通过模拟和优化，找到最佳方案，以最大限度地减少污染和成本。

为了让公众更好地了解城市空气质量状况，智慧空气质量监测系统还提供了智能预警和数据可视化服务。公众可以通过手机应用程序或网站查看实时的空气质量指数和预测数据，以及相关的污染控制建议。

综上所述，该系统利用传感器、云计算、机器学习等技术，实现了城市空气污染的实时监测和预测，并提供了最佳的污染控制方案和可视化服务，有助于政府和公众更好地管理城市环境和保护健康。

程序示例：Python 编写城市空气质量监测与预测的数据处理的程序

空气质量数据处理示例代码

该程序通过 Python 的 pandas 库读取了城市空气质量数据，并进行了预处理和特征工程。然后，利用支持向量回归(SVR)算法，构建了一个 PM2.5 的预测模型，并使用 matplotlib 库可视化了预测结果。

以上的程序只是一个简单的演示，实际的空气质量监测与预测系统需要考虑更多的因素和技术，如数据质量控制、模型优化和可视化界面设计等。

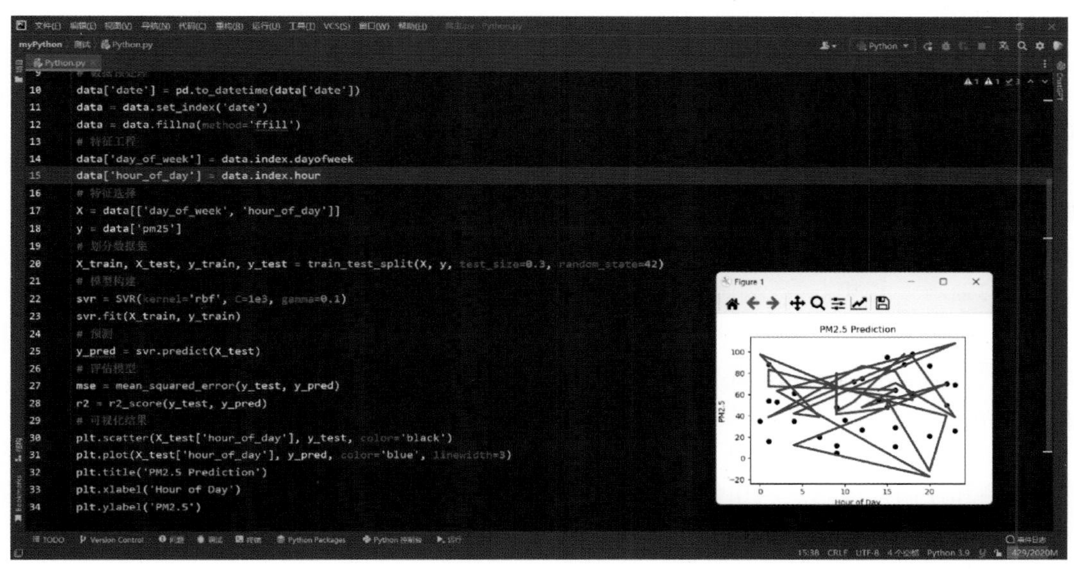

第三节　计算机在智能污水处理中的应用

智能污水处理是一种利用计算机技术实现智能化管理和控制的污水处理方法，可以帮助污水处理厂更加高效地进行处理，减少对环境的影响，从而实现可持续发展。以下将详细

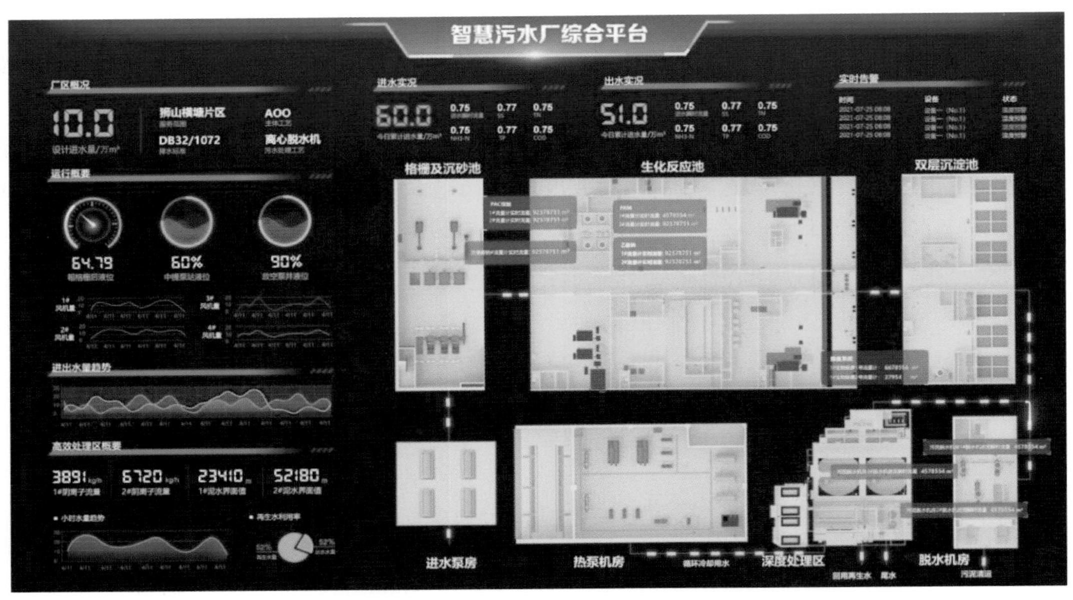

论述计算机在智能污水处理中的应用、案例，并使用C语言编写一个简单的污水处理模拟程序作为演示。

计算机在智能污水处理中的应用有以下几点：

(1) 智能控制系统：利用计算机技术，可以实现智能化的污水处理控制系统，能够实时监测和控制污水处理过程，调节各种参数，提高污水处理效率和质量。

(2) 污水质量检测：计算机可以利用传感器、图像处理技术等手段，对污水进行在线监测和分析，以确定污染物的类型和浓度，从而指导污水处理过程的调整。

(3) 污水处理过程模拟：利用计算机技术，可以对污水处理过程进行模拟和优化，以寻找最佳的处理工艺和方案，从而提高污水处理效率和质量。

(4) 智能决策支持系统：利用计算机技术，可以建立智能决策支持系统，以帮助污水处理厂管理人员制定最佳的管理和运营策略，实现可持续发展。

下面以智能控制系统为例，介绍一个智能污水处理的应用案例。

深圳市某污水处理厂采用了智能控制系统，通过计算机技术实现了对污水处理过程的实时监测和控制。该系统利用传感器、控制器和计算机等设备，能够对污水处理过程进行多方位监测，如监测水流速度、氨氮、总磷等参数，并通过调节污水处理设备的运行状态，对污水处理过程进行控制和优化。

该系统还具有数据分析和处理功能，能够对监测数据进行处理和分析，以识别污染源和污染物，为污水处理工艺和方案的优化提供依据。同时，该系统还能够建立智能决策支持系统，帮助污水处理厂管理人员快速制定最佳的管理和运营策略。

污水处理模拟示例代码

程序示例：C语言编写简单污水处理模拟的程序

该示例模拟了污水处理的过程，可以通过调整参数来观察不同处理条

件下的处理效果。

该程序首先通过用户输入获取进水浓度和处理效率参数，然后根据简单的处理模型，模拟了污水处理过程，并计算了出水浓度。

上述程序仅仅是一个简单的模拟程序，实际的污水处理模型需要考虑更多的因素和复杂的处理过程，如污水的化学成分、处理设备的种类和参数等。不过，该程序仍然展示了 C 语言在模拟污水处理过程中的应用，同时也展示了计算机在污水处理中的应用价值。

第四节　计算机在空气质量监测中的应用

空气质量监测是对环境质量的重要监测之一，利用计算机技术，可以实现对空气质量的实时监测、数据处理和预测分析等。下面论述计算机在空气质量监测中的应用、案例，并使用 Java 编写一个简单的空气质量监测程序作为演示。

（1）实时监测系统：利用计算机技术，可以实现空气质量的实时监测和数据采集，通过传感器和网络等设备，可以对多个监测点的空气质量进行同时监测和采集。

（2）数据处理和分析：计算机可以利用各种数据处理和分析技术，对空气质量数据进行分析、统计和可视化处理，从而为决策提供数据支持和分析结果。

（3）预测和预警系统：利用计算机技术，可以对空气质量数据进行分析和模型建立，预测空气质量的变化趋势，并实现对重点污染物的预警和预报。

（4）空气质量监管和管理：利用计算机技术，可以建立空气质量监管和管理系统，实现对监测数据的管理和分析，加强对空气质量的监管和治理，保障公众健康和环境安全。

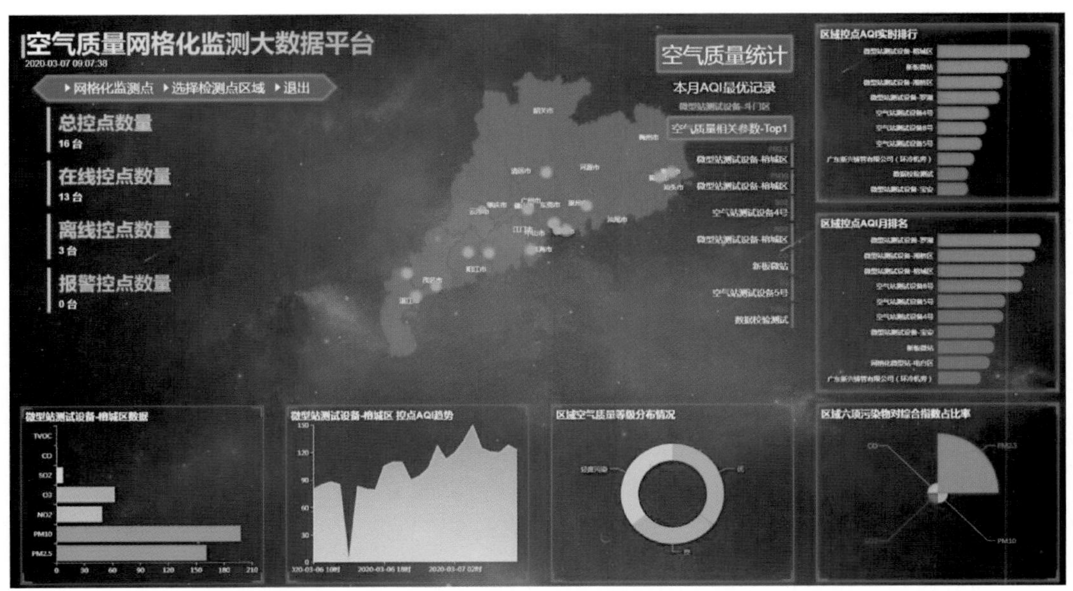

以北京市的空气质量监测系统为例，下面介绍一个空气质量监测的应用案例。

北京市的空气质量监测系统是一个基于计算机技术的实时监测和预测系统，该系统由数百个传感器、控制器和网络设备组成，能够对北京市的空气质量进行实时监测和数据采集。同时，该系统还可以利用各种数据处理和分析技术，对监测数据进行分析和统计，并实现对重点污染物的预警和预报。

该系统还具有数据可视化和管理功能，可以将监测数据通过可视化的方式展示出来，为决策提供数据支持和分析结果。同时，该系统还能够建立空气质量监管和管理系统，加强对空气质量的监管和治理，保障公众健康和环境安全。

程序示例:Java 编写简单空气质量监测的程序

该示例模拟了空气质量数据的采集和分析，可以通过调整参数来观察不同监测条件下的数据变化。

空气质量监测示例代码

该程序首先生成了 5 个传感器的数据，模拟了空气质量的监测数据。然后计算了每个时间点的平均值、最大值和最小值，并将结果输出。

上述程序仅仅是一个简单的模拟程序，实际的空气质量监测系统需要考虑更多的因素和复杂的监测过程，如监测点的分布、监测频率、监测设备的种类和参数等。不过，该程序仍然展示了 Java 语言在模拟空气质量监测数据中的应用，同时也展示了计算机在空气质量监测中的应用价值。

第五节　计算机在生态系统保护中的应用

生态系统保护是一项全球性的任务，通过计算机技术的应用，可以更好地保护和管理生态系统。下面论述计算机在生态系统保护中的应用、案例，并使用 C＋＋编写一个简单的生态系统模拟程序作为演示。

计算机在生态系统保护中的应用有如下几点：

（1）生态系统监测和管理：利用计算机技术，可以实现对生态系统的实时监测和数据采集，通过传感器、卫星遥感和网络等设备，可以对多个监测点的生态系统进行同时监测和采集。

（2）数据处理和分析：计算机可以利用各种数据处理和分析技术，对生态系统数据进行分析、统计和可视化处理，从而为决策提供数据支持和分析结果。

（3）生态系统模拟和预测：利用计算机技术，可以对生态系统进行模拟和预测，预测生态系统的变化趋势，并实现对生态系统的预警和预报。

（4）生态系统保护和管理：利用计算机技术，可以建立生态系统保护和管理系统，实现对监测数据的管理和分析，加强对生态系统的保护和管理，保障生态系统的健康和生态平衡。

以中国大熊猫保护为例，下面介绍一个生态系统保护的应用案例。

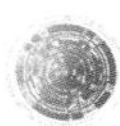

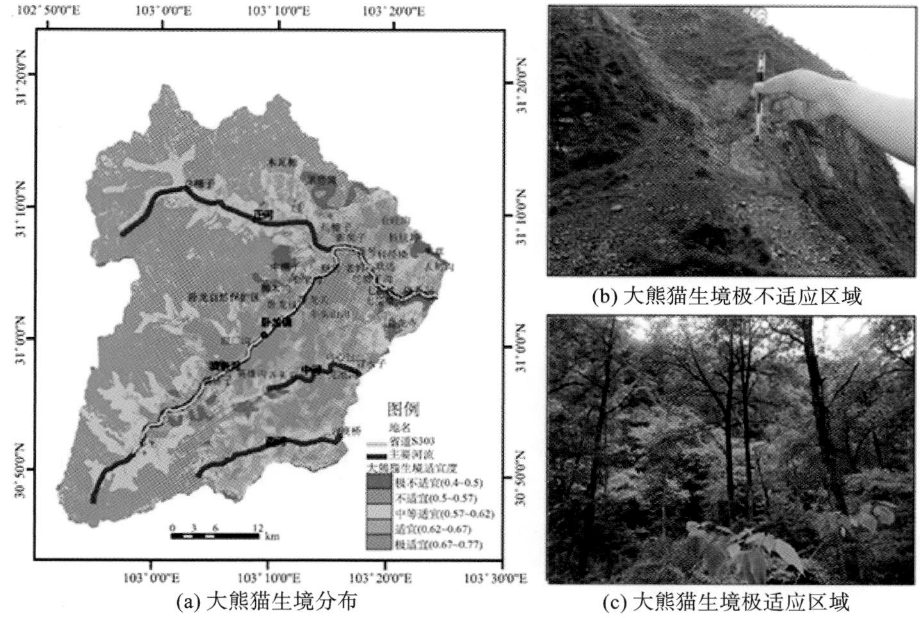

(a) 大熊猫生境分布

(b) 大熊猫生境极不适应区域

(c) 大熊猫生境极适应区域

中国大熊猫保护是一个全球性的生态系统保护项目，该项目利用计算机技术实现了大熊猫的监测、保护和管理。通过计算机技术，可以实现对大熊猫栖息地的实时监测和数据采集，预测大熊猫的活动范围和数量，并实现对大熊猫的生态保护和管理。

该项目还利用计算机技术，对大熊猫栖息地的生态系统进行模拟和预测，预测大熊猫栖息地的变化趋势，并实现对生态系统的预警和预报。同时，该项目还建立了大熊猫保护和管理系统，实现对监测数据的管理和分析，加强对大熊猫的保护和治理，保障大熊猫的生存和健康。

程序示例：C++编写简单生态系统模拟的程序

生态系统模拟示例代码

该示例模拟了生态系统的物种和种群的变化，可以通过调整参数来观察不同监测条件下的生态系统变化。

该程序模拟了一个生态系统，其中包括两个物种：兔子和狐狸。程序通过模拟每个时间点的食物供应和物种的生长率来模拟生态系统的变化。在每个时间点，程序输出各个物种的数量和总体状况。

上述程序仅仅是一个简单的模拟程序，实际的生态系统保护需要考虑更多的因素和复杂的监测过程，如生态系统的物种多样性、物种之间的相互作用和竞争、环境污染等。不过，该程序仍然展示了C++语言在模拟生态系统中的应用，同时也展示了计算机在生态系统保护中的应用价值。

第六节　计算机在城市规划和城市生态设计中的应用

城市规划和城市生态设计是一项极具挑战性的任务，涉及多方面的知识和技术。计算机技术的应用，可以极大地促进城市规划和城市生态设计的发展和进步。下面将详细论述计算机在城市规划和城市生态设计中的应用、案例，并使用编程演示一个简单的城市规划模拟程序。

计算机在城市规划和城市生态设计中的应用有如下几点：

(1) 数据采集和处理：通过计算机技术，可以实现对城市空间和环境的数据采集和处理，利用各种数据处理和分析技术，可以对城市的空间结构、交通状况、环境质量等进行分析和研究。

(2) 建筑模拟和设计：利用计算机技术，可以进行建筑模拟和设计，实现对建筑物的设计、建模和仿真，从而为城市规划和设计提供有力的支持。

(3) 城市空间分析和规划：利用计算机技术，可以进行城市空间分析和规划，包括城市地形、建筑密度、交通网络、公共空间等方面的规划和设计。

(4) 环境保护和生态设计：利用计算机技术，可以进行环境保护和生态设计，包括城市空气质量、水质、噪声等方面的监测和分析，同时也可以进行城市绿化和生态设计，实现城市生态的平衡和健康发展。

下面以上海世博会园区为例，介绍一个城市规划和城市生态设计的应用案例。

上海世博会园区是一项全球性的城市规划和城市生态设计项目，该项目利用计算机技术，实现了对园区的规划和设计。通过计算机技术，可以对园区的空间结构、交通状况、环境质量等进行分析和研究，同时，还可以进行城市绿化和生态设计，实现园区的生态平衡和健康发展。

该项目还利用计算机技术，进行了建筑模拟和设计，实现对建筑物的设计、建模和仿真，

从而为城市规划和设计提供有力的支持。同时，该项目还实现了城市空间分析和规划，包括城市地形、建筑密度、交通网络、公共空间等方面的规划和设计。

程序示例：C++编写简单的城市规划模拟的程序

城市规划模拟示例代码

该示例可以模拟不同城市规划方案的效果，从而帮助城市规划者进行决策。

该程序模拟了一个城市规划的场景，可以添加人口和污染物，并在网格中显示出来。可以通过不同的规划方案来模拟不同的城市景观，从而帮助城市规划者进行决策。该程序是一个简单的模拟程序，实际的城市规划需要考虑更多的因素和复杂的监测过程，如城市交通、建筑物高度、公共空间等。但是，该程序仍然展示了C++语言在城市规划模拟中的应用，同时也展示了计算机在城市规划中的应用价值。

下面是几个常用的软件：

（1）SketchUp：SketchUp是一个3D建模工具，可以帮助设计师在建筑设计和规划中创造复杂的几何形体。设计师可以使用SketchUp创建出生态园林的三维模型，包括地形、植被、建筑物、水体等。SketchUp的简单易用和高质量的渲染效果，使其成为生态园林设计的理想软件之一。

（2）AutoCAD：AutoCAD是一款专业的CAD软件，广泛应用于建筑、机械、电气等领域。在生态园林设计中，设计师可以使用AutoCAD来绘制规划图、施工图、平面图等，同时还可以进行精确的测量和计算。

（3）Lumion：Lumion是一款专业的3D渲染软件，可以帮助设计师将SketchUp或其他3D建模软件中的模型转化为真实感极强的场景。在生态园林设计中，设计师可以使用Lumion来创建真实感的景观效果，包括光照、材质、植被、水体等。

除了以上软件，还有许多其他的3D建模、CAD、渲染等软件可以用于生态园林环境设计的呈现，选择合适的软件要考虑到其功能、易用性和价格等因素。

建议使用SketchUp和Lumion进行生态园林环境设计的呈现。设计师可以使用SketchUp创建生态园林的三维模型，然后使用Lumion进行真实感场景的渲染，从而实现生态园林设计的效果呈现和展示。

第七节　计算机在智能垃圾分类中的应用

智能垃圾分类是目前城市垃圾管理的一个重要方向，利用计算机技术实现智能垃圾分类可以大大提高垃圾分类的准确率和效率，从而减少资源浪费和环境污染。下面将分别论述计算机在智能垃圾分类中的应用、案例和编程演示。

计算机在智能垃圾分类中的应用主要体现在以下几个方面：

（1）图像识别技术：利用计算机视觉技术对垃圾图像进行识别和分类，可以大大提高垃圾分类的准确性和效率。

（2）传感器技术：通过在垃圾桶或垃圾车上安装传感器，实时监测垃圾桶或垃圾车内的

垃圾情况，以便及时处理。

（3）互联网技术：通过互联网技术，可以实现垃圾分类的智能化管理和监测，从而更好地协调各个环节，提高垃圾分类的效率和准确性。

智能垃圾分类已经在许多国家和地区得到了广泛应用。例如，中国的上海、杭州等城市推出了智能垃圾分类系统，利用传感器和互联网技术，实现垃圾分类的自动化和智能化管理。另外，日本的东京市也采用了智能垃圾分类系统，利用计算机视觉技术和传感器技术，对垃圾进行自动分类和回收。

程序示例：Python 编写计算机视觉技术实现垃圾分类的程序

计算机视觉垃圾分类示例代码

示例为一个简单的基于 OpenCV 的 Python 程序，该程序通过计算垃圾图像中的轮廓面积、长宽比等特征，利用机器学习算法实现对垃圾图像的分类。

在实际应用中，为了提高垃圾分类的准确性和效率，需要结合多种计算机技术和算法，例如深度学习、传感器技术、云计算等，实现垃圾分类的智能化管理和监测。

另外，智能垃圾分类也可以结合移动应用程序，实现垃圾分类的普及和便捷。例如，北京市推出的“垃圾分类助手”App，通过图像识别技术和智能算法，可以实现对垃圾的分类识别和指导，提高市民垃圾分类的准确性和效率。

程序示例：Java 编写垃圾分类移动应用程序的程序

垃圾分类移动示例代码

以上是一个基于 TensorFlow Lite 的 Android 应用程序，该程序通过图像识别技术和深度学习算法，实现对垃圾图像的分类和指导。用户可以通过摄像头拍摄垃圾图像，应用程序将自动识别和分类，并给出分类结果。

在实际应用中，需要通过大量的数据集训练深度学习模型，并不断优化算法和模型参数，以提高分类的准确性和效率。此外，还需要考虑垃圾分类的实际场景，例如光照条件、图

```
import cv2
# Load the image
img = cv2.imread('garbage.jpg')
# Convert to grayscale
gray = cv2.cvtColor(img, cv2.COLOR_BGR2GRAY)
# Apply a Gaussian blur
blur = cv2.GaussianBlur(gray, (5, 5), 0)
# Apply thresholding
ret, thresh = cv2.threshold(blur, 0, 255, cv2.THRESH_BINARY_INV + cv2.THRESH_OTSU)
# Find contours
contours, hierarchy = cv2.findContours(thresh, cv2.RETR_TREE, cv2.CHAIN_APPROX_SIMPLE)
# Classify the garbage
for cnt in contours:
    area = cv2.contourArea(cnt)
    if area < 100:
        continue
    x, y, w, h = cv2.boundingRect(cnt)
if h > 2 * w:
    print('This is a bottle')# otherwise, it's probably paper or plastic
else:
    print('This is paper or plastic')
```

```
D:\Anaconda\python.exe D:/myPython/测试/Python.py
This is a bottle

进程已结束,退出代码0
```

像变形等因素，从而进一步提高分类的鲁棒性和可靠性。

总之，智能垃圾分类技术可以通过计算机视觉、机器学习、传感器技术等手段，实现垃圾分类的智能化管理和监测。在未来，随着人工智能技术的不断发展和应用，智能垃圾分类将成为城市垃圾管理的重要方向，为实现可持续发展和环境保护做出贡献。

第八节　计算机在环境模拟与预测中的应用

计算机在环境模拟与预测中的应用主要包括以下几个方面：

（1）大气污染模拟与预测：通过建立气象、污染物传输和化学反应等方面的数学模型，预测和评估大气污染物的分布、扩散和影响。

（2）水资源模拟与预测：通过建立水文、水资源、水环境等方面的数学模型，预测和评估水资源的供需状况、水环境的污染状况和水文灾害的风险。

（3）土地利用模拟与规划：通过建立土地利用、土地覆盖、生态环境等方面的数学模型，预测和评估不同土地利用方案的影响和效果，优化土地资源的利用和管理。

（4）生态系统模拟与管理：通过建立生态系统、生物多样性、生态服务等方面的数学模型，预测和评估生态系统的稳定性、可持续性和服务能力，为生态系统的保护和管理提供决策支持。

程序示例：MATLAB 编写大气污染模拟与预测的程序

在大气污染模拟与预测中，常用的数学模型包括高斯模型、CTM 模型、CMAQ 模型等。以高斯模型为例，该模型基于高斯分布假设，考虑气象条件、排放源特性和传输距离等因素，计算污染物的浓度分布和扩散范围。以下是一个简单的基于 MATLAB 的高斯模型程序：

```
matlab
%Parameters
Q=100;                          %Emission rate(kg/s)
u=5;                            %Wind speed(m/s)
sigma=50;                       %Dispersion coefficient(m)

%Calculation
[x,y]=meshgrid(-500:10:500);  %Spatial grid
C=Q/(2*pi*u*sigma)*exp(-0.5*((x.^2+y.^2)/sigma^2));%Concentration

%Plot
surf(x,y,C);
xlabel('x(m)');
ylabel('y(m)');
zlabel('Concentration(kg/m^3)');
```

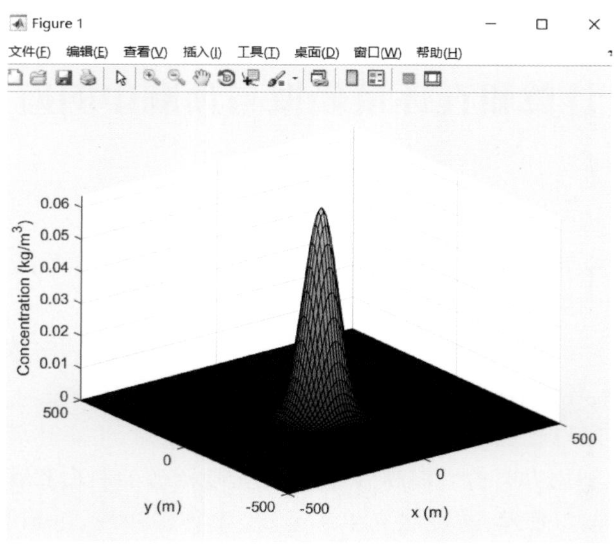

该程序通过建立二维网格，计算排放源在不同气象条件下的污染物浓度分布。运行程序，将得到一个污染物浓度的三维图形，可以通过旋转和缩放等操作，查看污染物的扩散范围和浓度分布。

除了 MATLAB，还有许多其他的编程语言和软件可以用于环境模拟与预测，例如 Python、R、FORTRAN、GAMS、SWMM 等。选择何种语言和软件，主要取决于模型的复杂

程度、计算效率、数据处理和可视化等因素。

程序示例:Python 编写大气污染模拟的程序

大气污染模拟示例代码

该程序和 MATLAB 程序基本相同,只是使用了 Python 的 NumPy 和 Matplotlib 库进行数据处理和可视化。运行程序,也可以得到一个污染物浓度的三维图形。

总之,计算机在环境模拟与预测中的应用将越来越广泛,为环境保护和可持续发展提供了强有力的支持和保障。选择何种编程语言和软件,应根据实际需要和具体情况进行综合考虑。

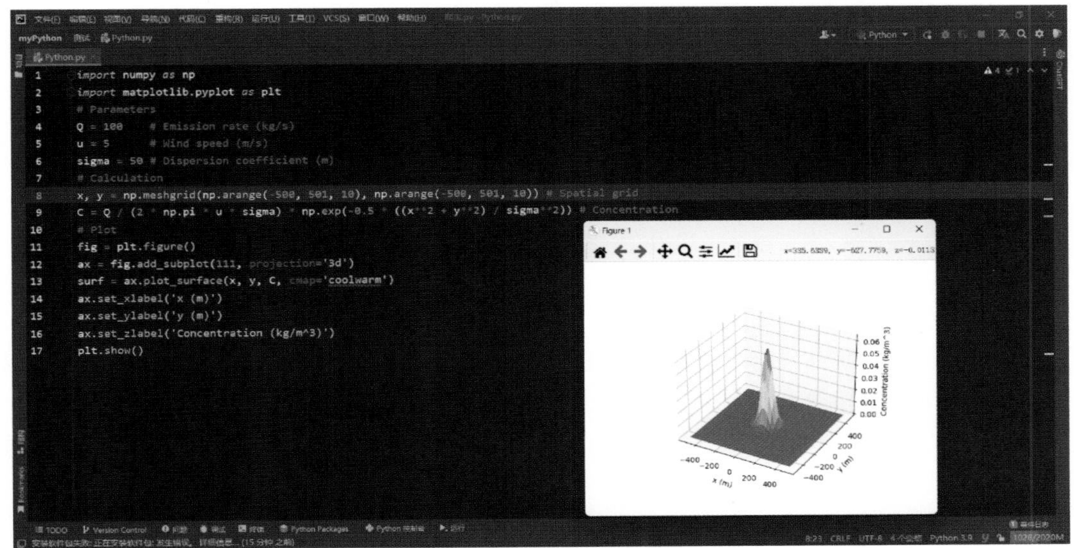

第九节 使用 Word 编写环保方案

使用 Word 编写环保方案可以详细地介绍环保措施、监测计划、污染防治方案等,以下是可能需要用到的步骤和技巧:

(1) 设计方案模板:根据实际需要,设计一个合适的环保方案模板,包括环保措施、监测计划、污染防治方案等,同时设计模板的结构和格式。

(2) 描述环保措施:在环保方案中描述环保措施,包括工艺流程、设备选型、污染源控制等,使用 Word 的段落和编号功能,使环保措施更加清晰和易懂。

(3) 描述监测计划:在环保方案中描述监测计划,包括监测指标、监测设备、监测频率等,使用 Word 的段落和编号功能,使监测计划更加清晰和易懂。

(4) 描述污染防治方案:在环保方案中描述污染防治方案,包括污染源治理、污水处理、废气治理等,使用 Word 的段落和编号功能,使污染防治方案更加清晰和易懂。

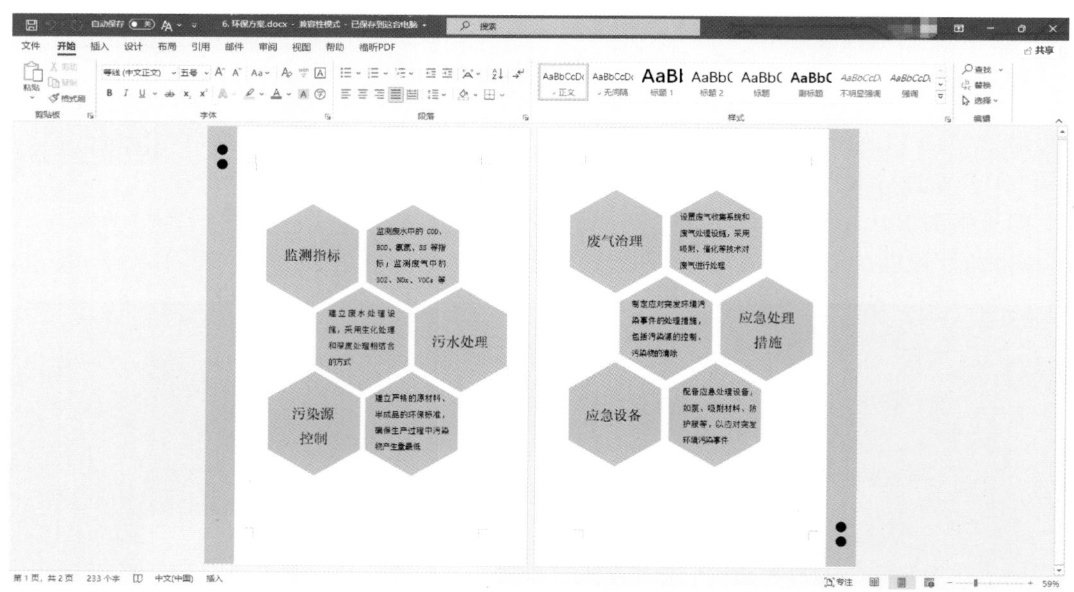

（5）描述应急预案：在环保方案中描述应急预案，包括应急处理措施、应急设备、应急队伍等，使用 Word 的段落和编号功能，使应急预案更加清晰和易懂。

（6）添加参考资料：在环保方案中添加参考资料，如环保法规、污染源排放标准、监测技术规范等，以便于读者进行参考和进一步学习。

（7）审核和修订：在完成环保方案后，进行审核和修订，确保环保方案符合要求，并保存数据备份以备修改。

以上是使用 Word 编写环保方案的一些技巧和步骤，使用这些技巧和步骤可以详细地介绍环保措施、监测计划、污染防治方案等，方便环保工程师进行环保控制和质量控制。

第十节　使用 Excel 制作环境污染物监测报表

使用 Excel 制作环境污染物监测报表可以方便地记录污染物种类、浓度和监测时间等信息，以下是可能需要用到的步骤和技巧：

（1）设计数据表格：在 Excel 中设计数据表格，包括污染物种类、浓度和监测时间等，可以使用 Excel 的表格功能和格式化功能，使数据表格更加清晰和易读。

（2）输入污染物信息：在数据表格中输入污染物信息，包括污染物种类、浓度、监测时间等信息，可以使用 Excel 的数据录入和格式化功能，确保污染物信息数据准确无误。

（3）绘制污染物图表：根据数据表格绘制污染物图表，包括折线图、柱状图等，可以使用 Excel 的图表功能和格式化功能，使污染物数据更加直观和易懂。

（4）计算平均值和标准差：根据数据表格计算污染物的平均值和标准差，可以使用 Excel 的公式和计算功能，自动计算污染物的平均值和标准差。

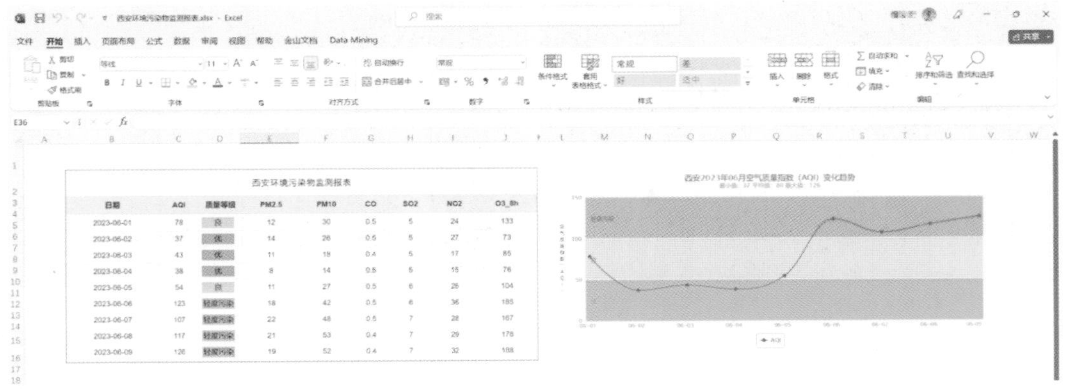

西安环境污染物监测报表

日期	AQI	质量等级	PM2.5	PM10	CO	SO2	NO2	O3_8h
2023-06-01	78	良	12	30	0.5	5	24	133
2023-06-02	37	优	14	26	0.5	5	27	73
2023-06-03	43	优	11	18	0.4	5	17	85
2023-06-04	38	优	8	14	0.5	5	15	76
2023-06-05	54	良	11	27	0.5	6	26	104
2023-06-06	123	轻度污染	18	42	0.5	6	36	185
2023-06-07	107	轻度污染	22	48	0.5	7	28	167
2023-06-08	117	轻度污染	21	53	0.4	7	29	178
2023-06-09	126	轻度污染	19	52	0.4	7	32	188

（5）进行数据分析：在数据表格中进行数据分析，包括污染物浓度变化趋势、污染物来源分析、污染物危害分析等方面的数据，可以使用 Excel 的图表和数据可视化功能，进行数据分析，确保数据准确无误。

（6）添加注释和参考资料：在数据表格中添加注释和参考资料，如数据来源、分析方法、分析过程、参考文献等，以便于读者进行参考和进一步学习。

（7）调整和修订：在完成数据分析后，进行调整和修订，确保数据表格符合要求，并保存备份数据以备修改。

以上是使用 Excel 制作环境污染物监测报表的一些技巧和步骤，使用这些技巧和步骤可以方便地记录污染物种类、浓度和监测时间等信息，方便环保工程师进行环保控制和质量控制。

第十一节　使用 PPT 制作环保数据统计分析报告

使用 PPT 制作环保数据统计分析报告可以直观地展示环保指标、监测结果和环保费用等信息，以下是可能需要用到的步骤和技巧：

（1）设计 PPT 模板：根据实际需要，设计一个合适的环保数据统计分析报告模板，包括环保指标、监测结果、环保费用等，同时设计模板的结构和格式。

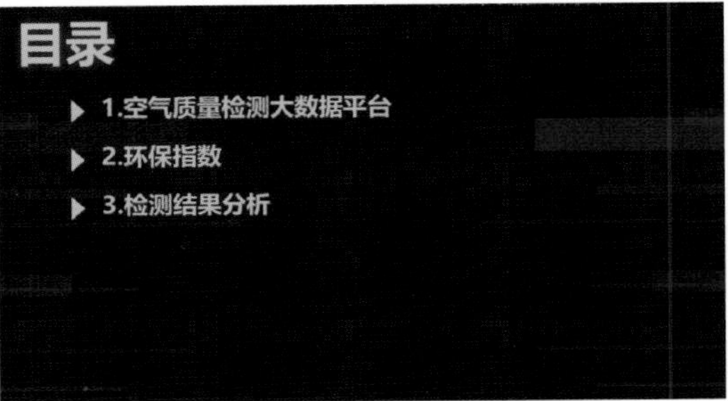

(2) 描述环保指标：在报告中描述环保指标，如污染物排放量、废水排放量、废气排放量等，使用 PPT 的文本框和编号功能，使环保指标更加清晰和易懂。

(3) 描述监测结果：在报告中描述监测结果，包括监测数据、分析结果和趋势分析等，使用 PPT 的图表和数据可视化功能，使监测结果更加直观和易懂。

(4) 描述环保费用：在报告中描述环保费用，包括环保设备投资、运行成本、维护成本等，使用 PPT 的图表和数据可视化功能，使环保费用更加直观和易懂。

(5) 描述环保成效：在报告中描述环保成效，包括污染物减排量、节约资源、降低成本等，使用 PPT 的文本框和编号功能，使环保成效更加清晰和易懂。

(6) 添加参考资料：在报告中添加参考资料，如环保法规、污染源排放标准、监测技术规范等，以便于读者进行参考和进一步学习。

(7) 审核和修订：在完成环保数据统计分析报告后，进行审核和修订，确保报告符合要求，并保存数据备份以备修改。

以上是使用 PPT 制作环保数据统计分析报告的一些技巧和步骤，使用这些技巧和步骤可以直观地展示环保指标、监测结果和环保费用等信息，方便环保工程师进行环保控制和质量控制。

练习题和思考题及课程论文研究方向

练习题

1. 使用 Python 编写一个环保方案的草稿，包括问题陈述、目标设定和解决方案提议等内容。

2. 使用 Excel 制作一个环境污染物监测报表，记录监测数据、采样时间和超标情况等信息。

3. 使用 PPT 制作一个环保数据统计分析报告，包括数据可视化、趋势分析和问题诊断等内容。

4. 使用 MATLAB 编写一个大气污染模拟与预测程序，根据气象和排放数据预测空气质量状况。

5. 使用 ArcGIS 软件进行城市规划和城市生态设计，包括土地利用规划、绿地布局和生态走廊设计等。

6. 使用 OpenCV 库和 Python 编写一个计算机视觉程序，实现垃圾分类识别和自动分类的功能。

思考题

1. 计算机在环境工程与设计中的应用对环境保护和可持续发展有何影响？讨论其在环境管理、污染控制和资源利用等方面的潜力和挑战。

2. 智能化技术在环境保护领域中的发展前景如何？探讨其在污水处理、空气质量监测和垃圾分类等方面的应用和局限性。

3. 环境模拟与预测的方法和技术有哪些？讨论其在环境影响评价、应急预警和政策制定中的作用和局限性。

课程论文研究方向

1. 基于机器学习和数据挖掘的环境污染预测与应急管理研究。

2. 城市生态系统规划与设计的智能化方法研究，包括智能化城市规划工具的开发与应用。

3. 环境保护与可持续发展的信息化管理系统研究，探讨信息技术在环保工程与设计中的综合应用与优化。

第七章　计算机技术在自动化中的应用

Chapter 7：Application of Computer Technology in Automation

欢迎阅读本书的第七章——“计算机技术在自动化中的应用”。这一章将详细介绍计算机技术在自动化领域的应用，从工业自动化，电气自动化，自动驾驶技术，家庭自动化，到计算机仿真技术在自动化中的应用。

我们首先会给出计算机技术在自动化中的应用与发展概况。接着，我们将探索计算机在工业自动化中的应用，包括使用 MATLAB 软件编写控制器的程序示例。

在电气自动化部分，我们将展示如何使用 MATLAB 软件和 C＋＋编程语言完成电力系统控制的程序示例。我们还将深入研究计算机在自动驾驶技术中的应用，包括使用 MATLAB 软件开发自动驾驶技术中的图像处理的程序示例。

在家庭自动化部分，我们将介绍如何使用 Python 编写家庭环境的温度和湿度自动控制空调开关的程序示例，以及如何使用 Tkinter GUI 软件实现远程控制和监控智能家居系统的程序示例。

我们还会讨论计算机仿真技术在自动化中的应用，包括使用 Lua 脚本编写机器人控制的程序示例，以及使用 MATLAB 软件实现人体感应器的检测和门控制器控制的程序示例。

在最后几节中，我们将指导你如何使用 Word 编写电气自动化控制系统的设计方案，如何使用 Excel 进行 PLC 编程，以及如何使用 PPT 制作 PLC 操作教学课件。

我们希望这一章的内容可以帮助你更好地理解计算机在自动化中的应用，并为您在这一领域的学习或工作提供帮助。

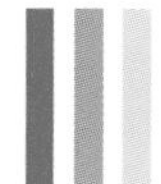

第一节　计算机技术在自动化中的应用与发展概况

自动化技术已渗透到人类社会生活的各个方面。自动化技术的发展水平是一个国家在高技术领域发展水平的重要标志之一，它涉及工农业生产、国防建设、商业、家用电器、个人生活诸多方面。

自动化技术在工业中的应用尤为重要，它是当今工业发达国家的立国之本。自动化技

术更能体现先进的电子技术、现代化生产设备和先进管理技术相结合的综合优势。总之，自动化技术属于高新技术范畴，它发展迅速，更新很快。目前，国际上工业发达国家都在集中人力、物力，促使工业自动化技术不断向集成化、柔性化、智能化方向发展。

计算机技术在自动化中有着广泛的应用，以下是其中一些方面：

（1）工业自动化：计算机技术可以用来控制和监测工业生产过程，例如自动化装配线、智能机器人、自动化仓储系统等等。

（2）自动驾驶技术：计算机技术可以用来控制和监测自动驾驶汽车，例如车辆控制系统、传感器和图像识别技术等等。

（3）家庭自动化：计算机技术可以用来控制和监测家庭生活过程，例如智能家居系统、自动化照明系统、智能家电等等。

（4）机器学习和人工智能：机器学习和人工智能技术将会在自动化中发挥越来越重要的作用，例如使用深度学习技术进行图像和语音识别、自然语言处理等等。

未来，随着计算机技术的不断发展和创新，自动化中的应用将会有更多的发展趋势：

（1）机器人技术：机器人技术将会在自动化中得到更广泛的应用，例如智能机器人、医疗机器人、救援机器人等等。

（2）大数据和物联网技术：大数据和物联网技术将会用来分析和优化自动化系统的性能，例如分析生产数据、优化交通流量等等。

（3）边缘计算和云计算技术：边缘计算和云计算技术将会用来实现更高效的自动化系统，例如实时数据处理、远程监测和控制等等。

（4）智能化自动化系统：智能传感器和人工智能技术将会用来实现更智能化的自动化系统，例如自适应控制系统、自主学习系统等等。

第二节　计算机在工业自动化中的应用

工业自动化是指利用计算机、传感器、执行器、控制器等现代化技术，对工业生产过程进行自动化控制和管理的一种技术体系。它主要包括工业过程控制、工厂自动化、生产计划与

调度、信息管理等方面，广泛应用于工业生产、制造和管理等领域。

下面我们以某企业的智能化车间为例，介绍工业自动化在生产过程中的应用、案例以及最合适的软件和编程演示。

某企业的智能化车间主要生产自动化装配设备和机器人，其中涉及零部件生产、组装、调试、测试等多个环节。为了提高生产效率、降低生产成本和提高产品质量，该企业采用了工业自动化技术，对生产过程进行自动化控制和管理。

首先，通过传感器和控制器对生产过程进行实时监测和控制，包括温度、湿度、压力、电流、电压、转速等多个参数。当参数超出设定范围时，自动发送报警信号，提醒工作人员进行处理。

其次，采用自动化装配设备和机器人对零部件进行加工、组装和测试。例如，对于大量重复的零部件加工，可以使用自动化加工设备，减少人工干预和误差；对于复杂的组装和测试工作，可以使用机器人完成，提高效率和精度。

最后，通过信息管理系统对生产过程进行综合管理和调度。例如，根据生产计划自动调度生产线，优化生产效率和资源利用；通过追溯系统对生产过程进行数据记录和分析，发现问题并及时处理。

对于智能化车间的工业自动化，最合适的软件是 PLC 编程软件和 HMI 人机界面软件。其中，PLC 编程软件主要用于控制器程序的编写和调试，常用的软件有 Siemens STEP 7、Rockwell Studio 5000 等；HMI 人机界面软件主要用于监控和操作控制器，常用的软件有 Siemens WinCC、Rockwell FactoryTalk View 等。

程序示例：MATLAB 软件编写控制器的程序

控制器示例代码

该示例实现对工业生产过程的自动化控制和监测。

假设有一条由 4 个机器人组成的生产线，每个机器人可以执行不同的任务，例如组装、搬运、喷涂等等。该生产线需要实现对每个机器人的自动化控制，以达到最佳的生产效率和质量。在该生产线中，有各种传感器和执行器，可以检测各种物理量，例如位置、速度、力矩等等。我们需要编写一个控制器程序，对这些传感器和执行器进行控制和管理，实现对生产过程的自动化控制。

在该程序中，首先设定了机器人的任务编号、初始位置、任务执行时间等等。然后设定了控制周期、控制时间、PID 控制参数、目标位置等等。程序中使用了 PID 控制算法，计算出每个机器人的控制输出，控制机器人运动，最终输出机器人的位置信息。

由于没有实际的机器人和传感器设备，该程序无法直接运行和测试，需要结合实际的设备和系统进行集成和调试。一般来说，可以通过模拟器、仿真器等工具进行模拟和测试，以验证程序的正确性和稳定性。

总之，计算机在工业自动化中的应用非常广泛，可以实现对生产过程的自动化控制和管理，提高生产效率和降低生产成本。MATLAB 作为一种强大的科学计算软件，可以方便地进行数据处理、算法开发、模型建立和仿真等工作，非常适合在工业自动化领域进行应用。

第三节　计算机技术在电气自动化中的应用

计算机技术在电气自动化中也已经有着广泛的应用，以下是其中一些方面：

(1) 自动化控制系统：计算机技术可以用来实现自动化控制系统，例如 PLC(可编程逻辑控制器)和 DCS(分布式控制系统)等等。

(2) 工业自动化：计算机技术可以用来实现工业自动化，例如自动化生产线、机器人等等。

(3) 智能电网：计算机技术可以用来实现智能电网，例如用于电力调度、储能管理和电力交易等等。

(4) 电力系统监测：计算机技术可以用来监测和管理电力系统，例如用于电力质量分析、设备状态监测等等。

(5) 工业机器人：工业机器人是一种自动化生产设备，可以代替人工完成危险、重复、高精度、高强度的工作，广泛应用于制造业、汽车工业、电子工业等领域。

(6) 智能家居：智能家居系统是一种电气自动化技术，通过连接家庭设备、传感器、执行器等，实现智能控制和管理，提高居住的舒适性和安全性。

(7) 智能电网：智能电网是一种电气自动化系统，通过信息技术、控制技术等手段，实现电力的优化调度、安全稳定、高效节能等目标。

(8) 自动化仓储系统：自动化仓储系统是一种电气自动化应用，通过控制系统、输送设备、自动化仓库等，实现自动化存储、取货、分拣、配送等功能。

(9) 高速列车控制系统：高速列车控制系统是一种电气自动化系统，通过控制信号、监控设备、调度系统等，实现高速列车的安全、快速、准确运行。

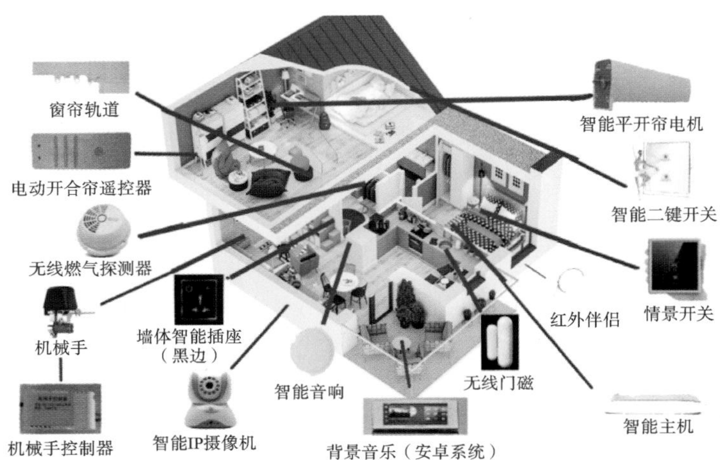

未来，随着计算机技术的不断发展和创新，电气自动化中的应用将会有更多的发展趋势：

(1) 人工智能:人工智能技术将会在电气自动化中得到更广泛的应用,例如使用机器学习技术来优化电力系统控制、电力质量分析等等。

(2) 5G 通信技术:5G 通信技术将会用来提高电气自动化系统的实时性和可靠性,例如用于远程监控、数据传输等等。

(3) 物联网技术:物联网技术将会用来实现更智能的电气自动化系统,例如用于设备状态监测、设备远程控制等等。

基于云计算的电力系统:基于云计算的电力系统将会成为未来的趋势,例如将计算和存储等资源集中在云端,提高电力系统的效率和可靠性等等。

程序示例:MATLAB 软件编写电力系统控制的程序

MATLAB 电力系统控制示例代码

假设有一个由多个发电机和负载组成的电力系统,需要实现对系统电压、频率等电力参数的自动化控制和监测。该电力系统中,有各种传感器和执行器,可以检测各种电力参数,例如电压、电流、功率等等。我们需要编写一个控制器程序,对这些传感器和执行器进行控制和管理,实现对电力系统的自动化控制。

```
matlab
%初始化
clear;clc;
%设定电力系统参数
f0=50;            %基础频率
u0=230;           %基础电压
S0=100000;        %基础视在功率
Z0=u0^2/S0;       %基础阻抗
%设定电力系统状态
f=50;             %频率
u=230;            %电压
P=50000;          %有功功率
Q=50000;          %无功功率
%设定控制周期
T=0.1;
```

在该程序中,首先设定了电力系统的基础参数,包括基础频率、基础电压、基础视在功率和基础阻抗。然后设定了电力系统的状态,包括频率、电压、有功功率和无功功率。接着设定了控制周期和控制时间,以及 PID 控制参数和目标电压和频率。然后在控制循环中,计算了电压和频率的偏差量、积分项和微分项,然后根据 PID 算法计算输出,控制电力系统的运行,最后输出控制结果。

程序示例：MATLAB 软件、C++编程语言完成电力系统控制的程序

C++电力系统控制示例代码

该示例使用 MATLAB 的 Simulink 工具箱对电力系统进行建模和仿真，以更加直观地展示电力系统的运行和控制效果。此外，也可以使用 LabVIEW、C++等编程语言进行电力系统控制程序的编写和实现。

再使用 C++演示，以下是使用 C++编写的电力系统控制程序，实现对电力系统的自动化控制和监测：

```
#include <iostream>
#include <cmath>
using namespace std;
int main(){
    // 设定电力系统参数
    double f0 = 50;           // 基础频率
    double u0 = 230;          // 基础电压
    double S0 = 100000;       // 基础视在功率
    double Z0 = u0*u0/S0;     // 基础阻抗
    // 设定电力系统状态
    double f = 50;            // 频率
    double u = 230;           // 电压
    double P = 50000;         // 有功功率
    double Q = 50000;         // 无功功率
    // 设定控制周期
    double T = 0.1;
    // 设定控制时间
    double t = 0;
    // 设定PID控制参数
    double Kp = 1.5;
    double Ki = 0.5;
    double Kd = 0.1;
    // 设定目标电压和频率
    double target_u = 230
    double target_f = 50
    // 设定偏差量
    double error_u = 0
```

```
电压: 230
频率: 50
有功功率: 230
无功功率: 0
```

该程序与 MATLAB 程序的结构类似，但是语法和函数库不同。在程序中，使用了 C++标准库中的 iostream 头文件，以便在控制台中输出结果。可以使用类似的方式，利用 C++的控制流、函数等特性，编写出适用于不同电力系统的控制程序。此外，C++还提供了一些强大的库，如 Boost 和 QT，可以用于开发电力系统控制和监测的图形界面程序。

在实际应用中，C++常常被用于嵌入式系统的开发。嵌入式系统是指在设备或产品中嵌入的计算机系统，通常用于控制和监测系统的各个方面。C++是一种高效的编程语言，具有较小的代码体积、较快的运行速度和可移植性，因此在嵌入式系统中得到广泛应用。例如，C++可以用于开发 PLC、控制器、机器人和传感器等各种嵌入式系统，实现自动化控制和监测。

总之，计算机技术在工业自动化中的应用非常广泛，包括电力系统控制、生产线自动化、机器人控制和嵌入式系统开发等方面。在实际应用中，可以根据不同的需求和应用场景，选择合适的编程语言、库和工具，开发出高效、稳定和易于维护的自动化控制和监测系统。

第四节 计算机在自动驾驶技术中的应用

计算机在自动驾驶技术中的应用非常广泛，包括图像处理、机器学习、传感器融合、路径规划和控制等方面。自动驾驶技术的发展，离不开计算机技术的支持和推动。以下论述计算机在自动驾驶技术中的应用、案例。

(1) 图像处理：自动驾驶技术需要通过各种传感器获取车辆周围的环境信息，其中包括摄像头、雷达和激光雷达等传感器。通过对这些传感器采集的数据进行图像处理，可以实现车辆的环境感知和障碍物识别。图像处理包括图像采集、图像增强、目标检测和跟踪等方面。

(2) 机器学习：机器学习是自动驾驶技术中的核心部分，主要用于实现自动驾驶决策。机器学习可以对采集的数据进行分析和建模，以实现对车辆周围环境和路况的自动识别和分析。机器学习技术包括监督学习、无监督学习和强化学习等方面。

(3) 传感器融合：传感器融合是指将多个传感器的数据进行整合和处理，以实现对车辆周围环境得更加准确地感知。传感器融合可以利用卡尔曼滤波器和粒子滤波器等算法，对传感器数据进行滤波和融合，得到车辆周围环境的准确信息。

(4) 路径规划：路径规划是指确定车辆的行驶路径，以实现自动驾驶的控制。路径规划需要考虑车辆周围的环境信息、路况和行驶目的地等因素，并利用优化算法确定最优的行驶路径。

(5) 控制：控制是自动驾驶技术中的最后一步，它利用车辆的动力系统和操纵系统，控制车辆按照预定路径行驶，并实现避障、制动和加速等操作。控制需要考虑车辆的动态特性、环境变化和路况变化等因素，以实现精确的自动驾驶。

一个典型的自动驾驶技术案例是谷歌无人驾驶汽车项目。该项目由谷歌旗下的X实验室开发，利用各种传感器采集车辆周围的环境信息，通过图像处理和机器学习技术实现车辆的环境感知和障碍物识别，利用传感器融合技术整合和处理传感器数据，实现车辆的精确控制和路径规划。谷歌无人驾驶汽车项目是自动驾驶技术领域的重要里程碑，标志着自动驾驶技术已经进入实际应用阶段。

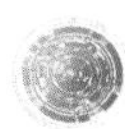

在实际应用中，可以选择不同的软件和编程语言，开发自动驾驶系统。例如，Python 是一种广泛应用于机器学习和深度学习的编程语言，可以用于开发自动驾驶技术中的机器学习模型。MATLAB 是一种专业的科学计算和数据分析软件，可以用于自动驾驶技术中的图像处理和传感器融合等方面。C++是一种高效的编程语言，适合用于自动驾驶系统中的实时控制和路径规划等方面。

程序示例：MATLAB 软件开发自动驾驶技术中的图像处理的程序

```
matlab
%读取图像
img=imread('test.jpg');

%图像增强
img_enhanced=imadjust(img,[0.3 0.7],[]);

%目标检测
detector=vision.CascadeObjectDetector;
bbox=step(detector,img_enhanced);

%显示结果
img_result=insertObjectAnnotation(img,'rectangle',bbox,'car');
imshow(img_result);
```

上述代码实现了对一张测试图像的读取、图像增强和目标检测，并在图像中标记出检测到的汽车。这是自动驾驶技术中图像处理的一个典型应用。

总之，计算机技术在自动驾驶技术中的应用非常广泛，包括图像处理、机器学习、传感器融合、路径规划和控制等方面。在实际应用中，可以根据不同的需求和应用场景，选择合适的软件和编程语言，开发高效、稳定和可靠的自动驾驶系统。

第五节　计算机在家庭自动化中的应用

家庭自动化指的是利用计算机技术实现对家庭环境的自动化控制和管理，例如智能家居系统、智能家电控制系统、家庭安防系统等。计算机技术在家庭自动化中的应用非常广泛，包括传感器技术、通信技术、人工智能和机器学习等方面。以下将论述计算机在家庭自动化中的应用、案例、编程演示。

(1) 传感器技术：传感器技术是家庭自动化中的重要技术，可以通过传感器采集家庭环境的各种参数，例如温度、湿度、光照、空气质量等。传感器可以通过无线通信或有线通信将采集的数据传输到中央控制系统，并实现自动化控制和管理。

（2）通信技术：通信技术是家庭自动化中的另一个关键技术，可以实现家庭设备之间的互联互通，并将家庭环境的状态信息传输到远程管理平台。通信技术包括无线通信和有线通信两种方式，可以利用 Wi-Fi、蓝牙、ZigBee、LTE 等通信协议实现家庭设备之间的联网。

（3）人工智能和机器学习：人工智能和机器学习技术可以实现对家庭环境的自动感知和智能控制，例如智能家电控制系统和智能家庭安防系统等。人工智能和机器学习技术可以通过对家庭环境的数据进行分析和建模，实现对家庭环境的智能识别和控制。

一个典型的家庭自动化案例是智能家居系统。智能家居系统利用各种传感器和智能设备，通过通信技术实现设备之间的联网和信息交互，通过人工智能和机器学习技术实现对家庭环境的智能控制和管理。智能家居系统可以实现智能家电控制、家庭安防、智能照明和环境监测等功能。

在实际应用中，可以选择不同的软件和编程语言，开发家庭自动化系统。例如，Python 是一种广泛应用于数据分析和人工智能领域的编程语言，可以用于开发智能家居系统中的机器学习和数据分析功能。Arduino 是一种低成本、高性能的开发板，可以用于家庭自动化系统中的传感器和控制器开发。另外，还可以选择一些智能家居平台或开发框架，例如 Google 的 Nest、Amazon 的 Alexa、Apple 的 HomeKit 等，来简化开发流程和提高系统的兼容性。

下面以 Python 编程语言为例，演示一个简单的智能家居系统的开发。

假设我们需要开发一个智能温控系统，可以实现根据家庭环境的温度和湿度自动控制空调的开关。

在硬件设置方面，首先，需要准备一个温度和湿度传感器，以及一个智能插座和一台空调。将传感器和智能插座连接到树莓派等主控板上，通过 Wi-Fi 模块连接到家庭 Wi-Fi 网络中，以实现与智能手机等移动设备的远程控制。

在软件开发方面，使用 Python 编写代码，采集传感器的数据，并将数据上传到云服务器上进行处理和分析。例如，使用 DHT11 传感器采集温度和湿度数据，通过树莓派的 GPIO 接口读取传感器数据，并将数据通过 Wi-Fi 模块上传到云服务器。云服务器可以使用 Python 编写的 Web 应用程序，对上传的数据进行处理和分析，并根据数据分析结果自动控制空调的开关。

程序示例：Python 编写家庭环境的温度和湿度自动控制空调开关的程序

自动控制示例代码

该代码示例使用了 Adafruit_DHT 库读取 DHT11 传感器的数据，通过 requests 库将温湿度数据上传到云服务器。根据温度的值控制 GPIO 口控制空调的开关。可以使用 Flask 等 Python Web 框架开发云服务器的 Web 应用程序，实现温湿度数据的处理和分析。在实际应用中，还可以加入其他传感器的数据，例如光照强度、二氧化碳浓度等，以实现更智能化的家庭自动化控制。

为了方便用户使用和控制智能家居系统，还需要开发一个可视化界面，实现远程控制和监控。可以使用 Python 的 GUI 库，例如 Tkinter、PyQt 等，开发一个图形用户界面（GUI）应用程序。GUI 应用程序可以连接云服务器，实时显示家庭环境数据和控制设备的状态，还可以实现用户输入控制指令，例如调节温度、控制灯光等。

程序示例:Tkinter GUI 软件实现远程控制和监控智能家居系统的程序

智能家居系统示例代码

该代码示例使用了 Tkinter 库开发了一个简单的 GUI 应用程序,实现了远程控制和监控智能家居系统的功能。应用程序从云服务器获取温湿度数据和空调状态,并实时更新界面数据。用户可以通过界面控制空调的开关,同时还可以查看家庭环境数据的实时变化。

总之,计算机技术在家庭自动化中的应用非常广泛,可以帮助我们实现更智能化、更舒适、更安全的生活方式。通过合理的软硬件组合和编程实现,我们可以轻松开发出一套自己的智能家居系统,提高家庭生活的便利性和舒适性。

第六节　计算机仿真技术在自动化中的应用

计算机仿真技术在自动化中的应用非常广泛,可以帮助工程师和设计师更快速地验证和改进自动化系统的性能和效率。下面我们将介绍一些典型的应用、案例和编程演示。

(1) 机器人仿真:机器人仿真是自动化领域中的一项重要应用。它可以帮助工程师和设计师更准确地预测机器人系统的性能和运动行为,并快速验证设计方案。常用的机器人仿真软件包括 V-REP、RobotStudio、Gazebo 等。

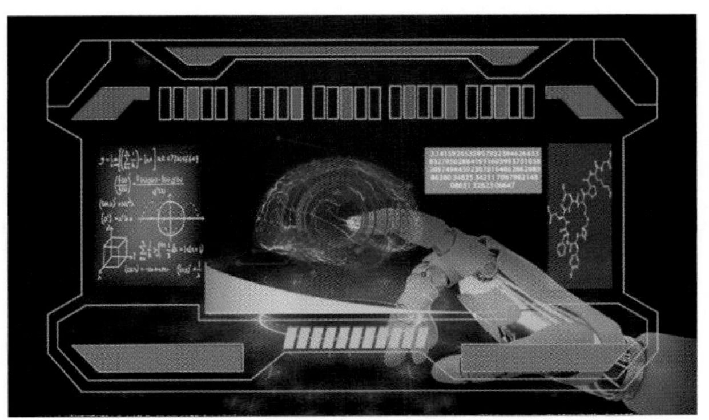

程序示例:Lua 脚本编写机器人控制的程序

```
lua
--获取机器人关节句柄
joint_handles={}for i=1,6 do
    joint_handles[i]=simGetObjectHandle('joint'..i)end
--控制机器人运动 function move(joint1,joint2,joint3,joint4,joint5,joint6)
    joint_positions={joint1,joint2,joint3,joint4,joint5,joint6}
```

```
        for i=1,6 do
            simSetJointPosition(joint_handles[i],joint_positions[i])
        endend
    --初始化机器人关节角度
    move(0,0,0,0,0,0)
    --控制机器人运动
    move(0.1,0.2,0.3,0.4,0.5,0.6)
```

该代码示例使用 Lua 脚本编写了一个简单的机器人控制程序，通过控制机器人的六个关节实现机器人的运动。我们可以将程序上传到 V-REP 仿真环境中，通过仿真验证程序的运动行为和性能。

(2) 工业过程仿真：工业过程仿真是自动化领域中的另一个重要应用。它可以帮助工程师更好地理解和优化工业过程的运行机制，并预测系统的性能和效率。常用的工业过程仿真软件包括 Aspen、Simulink、AnyLogic 等。

以 Simulink 为例，我们可以使用该软件包建立一个工业过程模型，并通过仿真验证系统的性能和效率。下面是一个简单的 Simulink 模型示例：

该模型使用 Simulink 中的 Block 和 Line 构建，并通过仿真验证了一个简单的 PID 控制器的性能和效率。我们可以在 Simulink 中调整 PID 参数，观察仿真结果，优化控制器的性能。

(3) 自动化系统仿真：自动化系统仿真是自动化领域中的另一个重要应用。它可以帮助工程师和设计师更好地理解和优化自动化系统的运行机制，并预测系统的性能和效率。常用的自动化系统仿真软件包括 MATLAB/Simulink、LabVIEW 等。

以 MATLAB/Simulink 为例，我们可以使用该软件包建立一个自动化系统模型，并通过仿真验证系统的性能和效率。下面是一个简单的 MATLAB 模型示例：

程序示例：MATLAB 软件实现人体感应器的检测和门控制器控制的程序

自动化门控系统示例代码

该脚本首先初始化了模型参数，并加载了 Simulink 模型。然后通过 Simulink API 获取门状态和人体感应器信号，根据信号控制门状态，并等待一定时间后关闭门。最后关闭 Simulink 模型。

以上是一个简单的自动化门控系统仿真案例，通过 MATLAB/Simulink 和 MATLAB 脚本实现。当然，在实际应用中，还需要考虑更多的因素，例如实时性、鲁棒性等。

总的来说，计算机仿真技术在自动化领域中的应用非常广泛，可以帮助工程师和设计师更快速地验证和改进自动化系统的性能和效率。而在选择合适的编程语言和软件工具方面，需要根据具体的应用场景和需求进行选择，确保最终的仿真结果准确可靠。

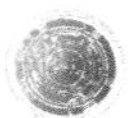

第七节　使用 Word 编写电气自动化控制系统的设计方案

使用 Word 编写电气自动化控制系统的设计方案可以详细地描述电气自动化控制系统的组成、控制策略、参数调整等，以下是可能需要用到的步骤和技巧：

（1）描述系统组成：在设计方案中详细描述电气自动化控制系统的组成，包括各个组件的功能和工作原理，使用 Word 的文本框和编号功能，使系统组成更加清晰和易懂。

（2）描述控制策略：在设计方案中详细描述电气自动化控制系统的控制策略，包括控制算法、控制参数和控制规则等，使用 Word 的文本框和编号功能，使控制策略更加清晰和易懂。

（3）描述参数调整：在设计方案中详细描述电气自动化控制系统的参数调整，包括参数调整的方法和步骤、参数调整的目标和效果等，使用 Word 的文本框和编号功能，使参数调整更加清晰和易懂。

（4）描述系统运行过程：在设计方案中详细描述电气自动化控制系统的运行过程，包括系统启动、运行、停止和故障处理等，使用 Word 的文本框和编号功能，使系统运行过程更加清晰和易懂。

（5）添加参考资料：在设计方案中添加参考资料，如相关标准、技术手册、案例分析等，以便于读者进行参考和进一步学习。

（6）审核和修订：在完成电气自动化控制系统的设计方案后，进行审核和修订，确保设计方案符合要求，并保存数据备份以备修改。

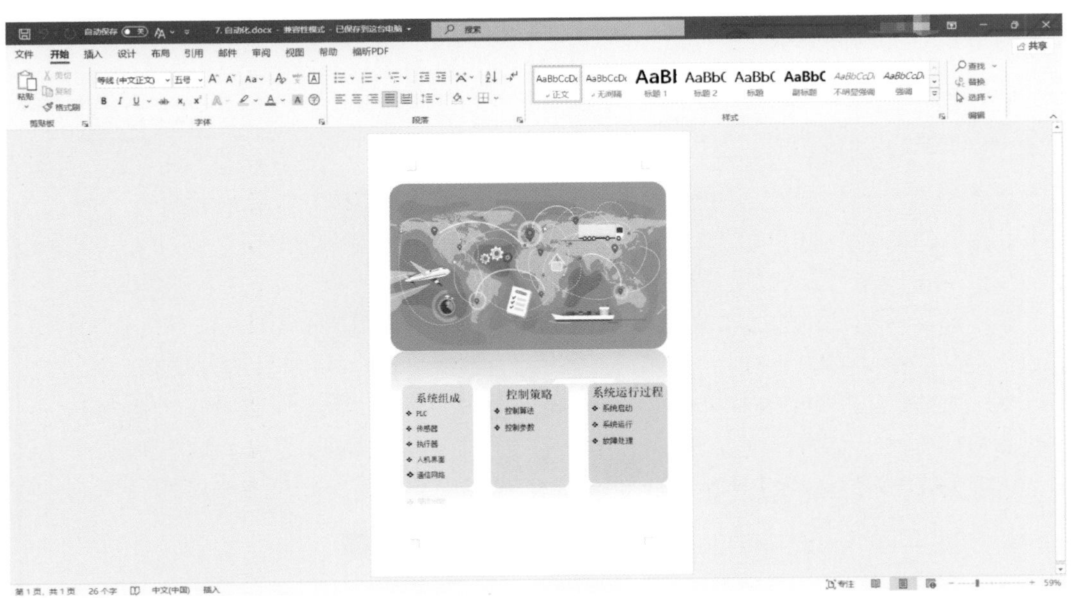

以上是使用 Word 编写电气自动化控制系统的设计方案的一些技巧和步骤，使用这些技巧和步骤可以详细地描述电气自动化控制系统的组成、控制策略、参数调整等，方便电气工程师进行电气自动化控制系统的设计和优化。

第八节　使用 Excel 进行 PLC 编程

使用 Excel 进行 PLC 编程可以方便地进行程序设计、数据处理、调试等操作，以下是可能需要用到的步骤和技巧：

（1）设计程序结构：根据 PLC 控制的需要，设计程序的结构，包括程序框图、控制流程图、函数模块等，使用 Excel 的图表和数据处理功能，使程序结构更加清晰和易懂。

（2）编写程序代码：根据程序结构，编写程序代码，使用 Excel 的函数和数据处理功能，使程序代码更加简洁和易懂，同时使用 Excel 的数据验证功能和数据格式化功能，防止程序出错和数据混乱。

（3）调试程序代码：在编写程序代码后，进行程序调试，使用 Excel 的调试工具和调试技巧，排除程序中可能存在的错误，同时使用 Excel 的数据处理功能，监测程序的数据处理结果。

（4）数据处理：在程序运行过程中，进行数据处理，使用 Excel 的数据处理功能，对程序处理的数据进行加工、分析和记录等操作，同时使用 Excel 的图表功能，对数据进行可视化处理。

（5）文件管理：在 PLC 编程过程中，需要对文件进行管理，包括文件的命名、保存、备份等，使用 Excel 的文件管理功能，对文件进行管理和备份，防止文件丢失或被损坏。

（6）学习 PLC 编程：在进行 PLC 编程过程中，需要不断学习 PLC 编程的知识和技能，

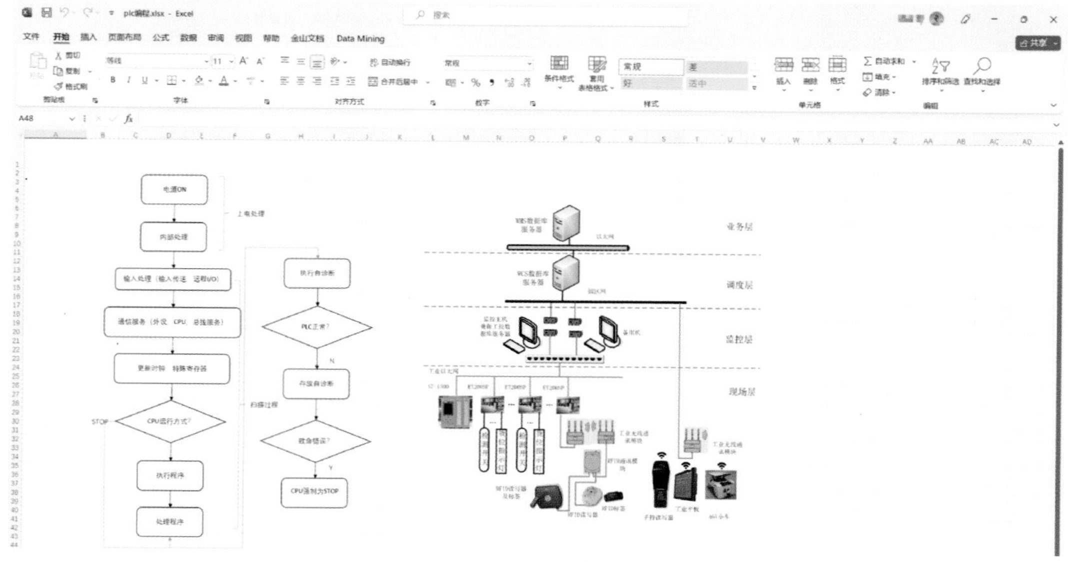

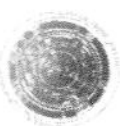

可以通过查阅 PLC 编程手册、参加培训课程、参与社交网络等方式学习 PLC 编程的知识和技能。

以上是使用 Excel 进行 PLC 编程的一些技巧和步骤，使用这些技巧和步骤可以方便地进行程序设计、数据处理、调试等操作，方便 PLC 工程师进行 PLC 编程和优化。

第九节　使用 PPT 制作 PLC 操作教学课件

使用 PPT 制作 PLC 操作教学课件可以方便地进行 PLC 的操作教学，包括 PLC 程序设计、输入输出口、参数设置等。具体步骤如下：

（1）设计课件结构：根据 PLC 操作教学的需要，设计课件的结构，包括教学目标、教学内容、教学方法等，使用 PPT 的图表和文字处理功能，使课件结构更加清晰和易懂。

（2）描述 PLC 操作流程：在教学课件中详细描述 PLC 的操作流程，包括 PLC 程序设计、输入输出口、参数设置等，使用 PPT 的图表和文字处理功能，使 PLC 操作流程更加清晰和易懂。

（3）制作动画演示：在教学课件中制作动画演示，用于展示 PLC 操作流程中的各个步骤，使用 PPT 的动画和演示功能，使动画演示更加生动和形象。

（4）拍摄操作视频：在教学课件中拍摄操作视频，用于展示 PLC 操作流程中的具体操作步骤，使用 PPT 的视频和媒体功能，使操作视频更加清晰和直观。

（5）添加知识点解析：在教学课件中添加知识点解析，如 PLC 程序设计的原理、输入输出口的设置方法、参数设置的注意事项等，以便于学生进行参考和进一步学习。

(6) 审核和修订:在制作 PLC 操作教学课件后,进行审核和修订,确保教学课件符合要求,并保存数据备份以备修改。

以上是使用 PPT 制作 PLC 操作教学课件的一些技巧和步骤,使用这些技巧和步骤可以方便地进行 PLC 操作教学,方便 PLC 工程师进行 PLC 操作和优化。

练习题和思考题及课程论文研究方向

练习题

1. 使用 MATLAB 编写一个自动化控制系统的模拟程序,模拟控制器的输入输出和系统的动态响应。

2. 使用 Excel 进行 PLC(可编程逻辑控制器)编程,设计一个简单的自动化生产线的逻辑控制流程。

3. 使用 PPT 制作一个 PLC 操作教学课件,包括 PLC 基础知识、编程实例和故障排除等内容。

4. 使用 Python 编写一个远程控制智能家居系统的程序,实现对家庭设备的远程控制和监控。

5. 使用 MATLAB 软件开发自动驾驶技术中的图像处理算法,实现车辆识别和道路标志检测等功能。

6. 使用 Lua 脚本编写一个机器人控制程序,实现基本的移动、感知和任务执行功能。

思考题

1. 计算机技术在自动化领域中的应用如何推动生产力和工业发展?讨论其在工业自动化、电气自动化和自动驾驶技术中的潜力和影响。

2. 家庭自动化的发展和应用对生活质量和能源利用有何影响?探讨其在能源管理、智能家居设备和生活便利性方面的优势和挑战。

3. 计算机仿真技术在自动化中的作用和意义是什么?讨论其在系统设计、性能评估和故障诊断中的应用和限制。

课程论文研究方向

1. 基于深度学习和强化学习的自动驾驶技术研究与优化。

2. 工业自动化系统的智能优化与自适应控制方法研究。

3. 家庭自动化系统的节能与智能化设计研究,包括能源管理策略和智能设备集成与交互。

第八章　计算机在航空航天中的应用

Chapter 8：Application of Computer in Aerospace

欢迎阅读本书的第八章——“计算机在航空航天中的应用”。在这一章，我们将深入探讨计算机技术如何在航空航天领域发挥关键作用。从飞机设计与仿真，航空交通管理系统，卫星导航系统，航空材料研发，到空间探测与开发，我们将通过各种程序示例来讲解计算机的应用。

我们首先将给出计算机在航空航天中的应用与发展概况。接着，我们将讨论计算机在飞机设计与仿真中的应用，包括使用 Python 和 C++编写自动化的气动设计和仿真过程的程序示例。

在航空交通管理系统部分，我们将展示如何使用 MATLAB 软件进行 ATM 系统仿真。我们还将探讨计算机在卫星导航系统中的应用，包括使用 Python 和 C++编写基于 GPS 的车辆导航系统的程序示例。

在航空材料研发部分，我们将详述如何使用 MATLAB 和 ANSYS 软件实现对复合材料的弹性模量计算分析。我们也将介绍计算机在空间探测与开发中的应用，包括使用 Python 编写计算两个天体之间的距离和速度的程序示例。

在最后几节中，我们将指导你如何使用 Word 编写航空航天项目的技术文档，如何使用 Excel 进行飞行数据记录和分析，以及如何使用 PPT 制作大数据分析的介绍。

这一章的目标是帮助你了解计算机如何在航空航天领域中发挥作用，从而为你在这一领域的学习或工作提供参考。

第一节　计算机在航空航天中的应用与发展概况

计算机在航空航天领域的应用主要包括：

(1) 数据处理：计算机可以用于处理和存储大量的数据，例如卫星图像、飞机雷达数据等。

(2) 模拟实验：计算机可以用于模拟飞行器和火箭的飞行过程，以及各种工况下的物理实验。

(3) 仿真技术:计算机可以用于模拟和分析航空航天领域中的各种系统和过程,例如气动力学、热力学、控制论等。

(4) 辅助决策:计算机可以用于辅助航空航天领域的决策和管理,例如预测未来的天气、规划航线等。

(5) 人工智能:计算机可以用于训练和优化机器人和其他自主系统,从而提高它们的智能和效率。

(6) 安全监控:计算机可以用于监测和控制航空航天设备的运行状态,确保其安全和可靠性。

(7) 通信和数据传输:计算机可以用于建立虚拟现实环境,实现航空航天设备之间的数据传输和共享。

未来计算机在航空航天领域的发展将继续聚焦于数据处理、模拟实验、仿真技术、辅助决策、人工智能和安全监控等方面。同时,随着5G网络的普及和边缘计算技术的发展,计算机在航空航天领域的应用将更加普及和深入,为航天事业的发展带来更多的机遇和挑战。

以下是一些实际的应用:

(1) 飞机设计与仿真:利用计算机辅助设计软件,对飞机进行数字化设计,然后通过计算机仿真技术,模拟不同飞行状态下的飞机性能、燃油消耗等参数,提高飞机设计效率和精度。

(2) 航空交通管理系统:利用计算机技术和通信技术,建立航空交通管理系统,对航班进行动态调度和安全管理,提高航班安全和交通效率。

(3) 卫星导航系统:利用计算机技术和卫星通信技术,建立全球卫星导航系统(如GPS),为航空航天领域提供精准的定位和导航服务。

(4) 航空材料研发:利用计算机模拟和仿真技术,预测材料的物理、化学性质,优化材料的组成和制备工艺,提高材料的性能和质量。

(5) 空间探测与开发:利用计算机技术和无人机技术,进行空间探测和开发,如火星探测、星际探测等,推动航空航天技术的发展和应用。

第二节　计算机在飞机设计与仿真中的应用

计算机在飞机设计与仿真中的应用是现代航空工程领域的一个重要方面。通过计算机辅助设计和仿真技术,工程师可以更快速地设计出高效、安全、性能稳定的飞机,并验证其性能和可靠性。常用的飞机设计和仿真软件包括ANSYS Fluent、CATIA、SolidWorks等。

以ANSYS Fluent为例,下面是一个简单的飞机气动设计和仿真案例:

(1) 准备模型:首先,我们需要准备一个飞机模型。可以使用CAD软件绘制一个三维模型,或者使用SolidWorks等软件直接导入现成的模型。在模型准备完成后,需要将其转化为ANSYS Fluent可识别的格式,例如IGES或STEP格式。

(2) 设定仿真条件:接下来,我们需要设定仿真条件,包括气动网格划分、材料参数设定、边界条件设定等。这些条件的设定对于仿真结果的准确性和可靠性非常重要,需要根据

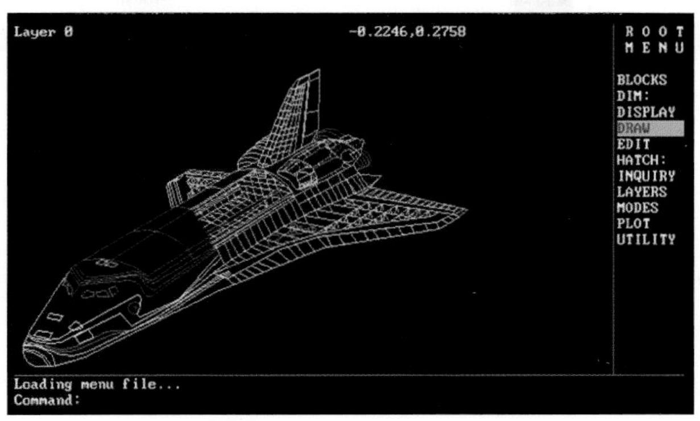

实际需求进行选择。

(3) 进行仿真：在设定好仿真条件后，可以开始进行仿真。ANSYS Fluent 会根据设定的条件和模型，自动计算出飞机在空气中的气动性能，包括升力、阻力、升阻比等。

(4) 分析仿真结果：仿真完成后，可以通过 ANSYS Fluent 提供的结果分析工具，对仿真结果进行分析和可视化。例如可以通过流线图展示飞机在不同飞行状态下的气动性能、流动情况等。

以上是一个简单的飞机气动设计和仿真案例，其中使用了 ANSYS Fluent 进行仿真和结果分析。在实际应用中，还需要考虑更多因素，例如飞机结构、电子系统、飞行控制等，需要使用多种不同的软件和仿真工具进行设计和验证。

如果要进行编程演示，可以使用 ANSYS Fluent 提供的 API 进行编程。

程序示例：Python 编写实现自动化的气动设计和仿真过程的程序

Python 气动设计和仿真示例代码

以上代码仅供参考，实际使用需要根据具体情况进行修改和调整。另外，需要注意的是，ANSYS Fluent 提供了多种编程语言的 API，例如 C++、Fortran 等，可以根据个人偏好和实际需求进行选择。

除了 ANSYS Fluent，还有许多其他的飞机设计和仿真软件，例如 CATIA、SolidWorks 等，它们也提供了类似的设计和仿真功能，并支持编程接口。在实际应用中，可以根据具体需求进行选择和使用。

程序示例：C++语言编写一个简单的飞机气动设计和仿真的程序

C++气动设计和仿真示例代码

以上代码计算了飞机在不同迎角下的升力和阻力，并将结果输出到控制台。实际应用中，可以根据需要对代码进行修改和扩展，例如引入更复杂的模型、加入控制系统等。此外，还可以使用可视化库进行结果可视化，例如 OpenGL、VTK 等。

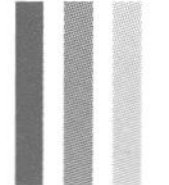

第三节　计算机在航空交通管理系统中的应用

航空交通管理系统(Air Traffic Management,简称 ATM)是指为确保航空运输的安全、高效和可持续发展而实施的一系列措施和技术,其中计算机技术在 ATM 系统中起着至关重要的作用。计算机在 ATM 系统中的应用主要包括以下方面:

(1) 飞行计划管理:利用计算机系统对飞机的航路、飞行高度、速度等进行规划和管理,从而实现航班的顺畅运行。

(2) 空中交通管制:通过计算机模拟和控制,确保飞机在空中的安全距离和高度,以及飞机的航线、速度等参数的合理控制。

(3) 机场地面运营:通过计算机控制和管理机场的地面运营,包括航班登机、卸货、停车、加油等。

(4) 航班信息发布:通过计算机系统向旅客提供航班信息、天气状况、航班延误等实时信息,以提高旅客的舒适度和安全性。

程序示例:MATLAB 软件 ATM 系统仿真的程序

ATM 系统仿真示例代码

这个 MATLAB 程序使用了随机初始化的 10 架飞机来模拟 ATM 系统的运行过程。每架飞机会根据自己的当前速度和高度以及其他飞机的位置和速度来计算下一时刻的高度和速度。程序还实现了一个简单的可视化界面,用于显示每架飞机在每个时刻的位置和高度。

然而,在实际的 ATM 系统中,需要考虑更多的因素,例如飞机的飞行路线、飞行高度的限制、天气条件、机场的容量等等。为了更准确地模拟 ATM 系统的运行过程,我们需要使用更为复杂的软件和工具,例如 MATLAB/Simulink、OPNET、Plexsys 等。

以 MATLAB/Simulink 为例,我们可以使用其内置的飞行器建模工具箱来建立 ATM 系统的模型。该工具箱提供了各种飞行器组件,例如引擎、起落架、传感器、控制器等,可以灵活地搭建不同类型的飞行器。我们还可以通过该工具箱提供的仿真环境来模拟 ATM 系统的运行过程,以及分析和优化系统的性能。

另外,还有一些商业软件和工具可以用于 ATM 系统的建模和仿真,例如 AirTOP、Aimsun、Plexsys 等。这些软件和工具提供了更加专业的 ATM 模拟功能,可以用于评估各种 ATM 系统的设计方案,以及优化系统的性能。

第四节 计算机在卫星导航系统中的应用

卫星导航系统是指利用一组卫星和地面设备,提供全球范围内的导航和定位服务的系统。目前,全球主要的卫星导航系统包括美国的 GPS、俄罗斯的 GLONASS、欧盟的 Galileo 和中国的北斗系统。计算机在卫星导航系统中扮演着重要的角色,它们负责处理卫星信号、计算位置和速度等信息,并为用户提供高精度、实时的导航和定位服务。

在卫星导航系统中,计算机的应用涵盖了多个方面,例如信号处理、定位计算、数据传

输、安全控制等。计算机还可以与卫星和地面设备之间建立通信链接，以实现信息交换和数据共享。此外，计算机还可以将卫星导航系统与其他应用和系统进行集成，例如航空、航天、海洋、交通等领域。

作为一个应用广泛的技术，卫星导航系统在各个领域都有着广泛的应用。例如，在交通领域，卫星导航系统可以用于车辆导航和路况监测；在航空领域，卫星导航系统可以用于飞行导航和空中交通管制；在农业领域，卫星导航系统可以用于精准农业和土地管理；在海洋领域，卫星导航系统可以用于海上交通管理和渔业资源管理等。

程序示例：Python 编写一个基于 GPS 车辆导航系统的程序

该示例通过接收 GPS 信号，计算车辆的位置和速度，并提供导航指示和路径规划等服务。

GPS 车辆导航系统 1 示例代码

首先，我们需要连接 GPS 接收器，并使用 Python 的 serial 模块进行串口通信。

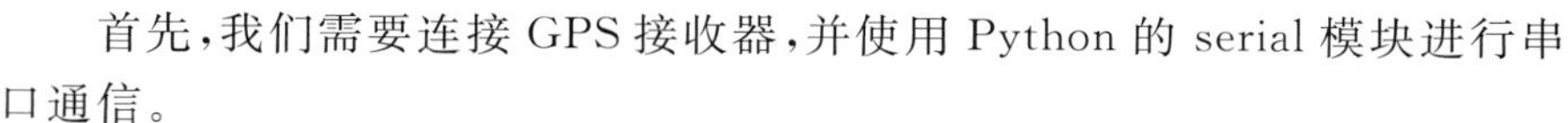

示例代码 1 中，我们使用 serial 模块连接了 COM1 端口，波特率为 9600。在 while 循环中，我们不断读取串口数据，并使用 startswith 函数判断是否为 GPS 信息。如果是，则解析 GPS 信息中的纬度、经度和速度，并打印输出。

GPS 车辆导航系统 2 示例代码

接下来，我们需要使用第三方库来计算车辆位置和速度，并进行路径规划和导航指示。在 Python 中，一个常用的库是 geopy。

示例代码 2 中，我们使用 geopy 库中的 distance 函数计算两个 GPS 坐标点之间的距离，使用 VincentyDistance 函数计算方位角。最终，我们将距离和方位角打印输出。

最后，我们可以结合地图数据和路径规划算法，实现车辆导航和路径规划功能。例如，我们可以使用 Google Maps API 获取地图数据，并使用 A* 算法进行路径规划。

GPS 车辆导航系统 3 示例代码

示例代码 3 中，我们使用 Google Maps API 获取从旧金山到洛杉矶的行车路线，提取路线信息并计算起点、终点和路径长度。接着，我们使用球面三角学公式计算方位角和目的地坐标。最后，我们打印导航指示和路径信息。

总之，计算机在卫星导航系统中扮演着重要的角色，它们为用户提供高精度、实时间的位置和导航指示。此外，计算机还可以使用先进的算法进行路径规划和优化，从而帮助用户选择最优的路线。

除了上述示例中的 Python 和 Google Maps API 之外，还有许多其他软件和库可用于卫星导航系统的开发和应用。例如，Java 语言在 GPS 导航和地图应用程序中广泛使用，特别是在 Android 设备上。C++是另一个常用的语言，用于开发导航和定位系统的核心算法和数据结构。

在开发卫星导航系统时，还需要考虑一些关键因素，如定位精度、位置更新频率、信号干扰和卫星数量等。因此，需要进行全面的系统设计和测试，以确保系统的可靠性和稳定性。

总之，卫星导航系统是计算机在现代交通和定位中的一个重要应用领域。通过使用先

进的技术和算法，计算机可以提供高精度的位置和导航信息，帮助用户更有效地规划行程和管理资源。

程序示例：C++语言编写一个简单的卫星导航系统的程序

卫星导航系统示例代码

该示例可以计算两个经纬度之间的距离和方向，并提供简单的导航功能。

在这个示例中，我们定义了一个 LatLng 结构体表示经纬度，并定义了一些函数来计算两个经纬度之间的距离和方向，以及从一个点出发沿着给定方向行驶一定距离后的新位置。具体而言，我们使用 Haversine 公式来计算两个经纬度之间的距离，使用 Vincenty 公式计算两个经纬度之间的方向，这些公式都是基于大圆球面模型的。

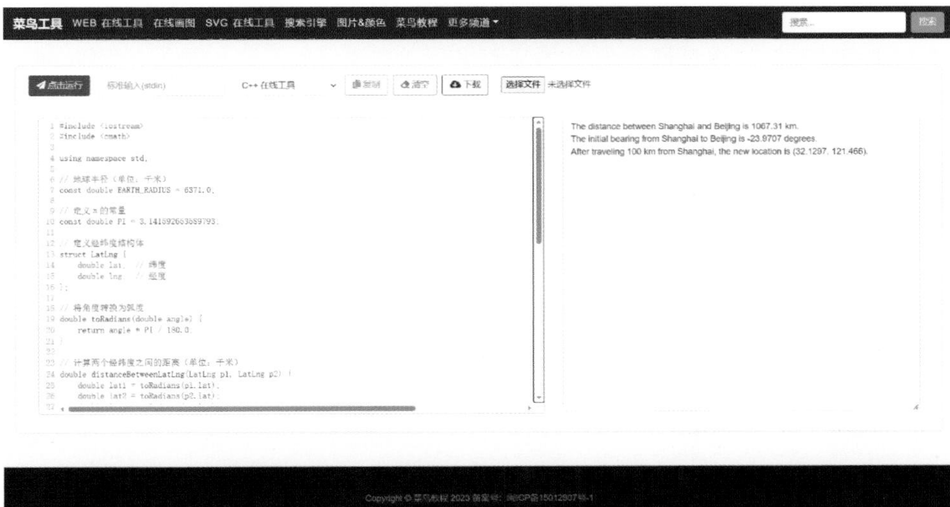

在主函数中，我们定义了上海市和北京市的中心点经纬度，并使用 distanceBetweenLatLng 函数计算了两者之间的距离和方向，然后使用 moveLatLng 函数计算了从上海出发沿着初始方向前进 100 公里后的新位置。最后，我们将结果输出到控制台上。

需要注意的是，由于计算机在处理浮点数时存在精度问题，因此在实际应用中，我们需要根据具体情况对精度进行控制和调整，以保证计算结果的准确性。

在实际的卫星导航系统中，通常使用的软件和编程语言包括 C/C++、Python、MATLAB 等，而具体使用哪种语言和软件则取决于具体的应用场景和需求。例如，对于卫星轨道设计和分析，MATLAB 的 Simulink 和 Aerospace Toolbox 通常是比较常用的工具；而对于卫星通信系统的建模和仿真，C++和 Python 则是比较流行的编程语言。此外，卫星导航系统还需要考虑到实时性和安全性等因素，因此在系统设计和开发过程中，还需要采用一系列的工程实践和软件开发方法，例如面向对象设计、测试驱动开发、代码审查等，以确保系统的稳定性和可靠性。

第五节　计算机航空材料研发中的应用

计算机在航空材料研发中发挥着重要的作用，可以用于材料的建模、仿真、优化和制造等方面。在航空材料的研发过程中，计算机可以帮助工程师们更加高效地设计新材料、优化生产工艺、提高产品性能，并为制造过程中的监控和控制提供支持。

以新型复合材料的研发为例，工程师们可以利用计算机进行材料的建模和仿真，通过计算机模拟材料的力学特性、热学性能、电学性能等，来预测材料在不同环境和条件下的表现。例如，可以使用有限元方法来建立复合材料的模型，然后利用计算机对其进行应力分析、热传导分析等，从而预测材料的耐久性、稳定性和可靠性等。此外，计算机还可以帮助优化复合材料的制造工艺，例如通过模拟材料的热流和流变特性，来调整加热温度和时间，从而优化材料的性能和质量。

另外，计算机在航空材料研发中还可以用于材料的制造和加工过程中的监测和控制。例如，在复合材料的制造过程中，可以利用计算机控制材料的成型温度、湿度和压力等参数，从而实现对材料制造过程的精细化控制和优化。

以航空发动机的复合材料叶片设计为例。复合材料叶片具有较高的耐热性和耐腐蚀性，可以有效提高航空发动机的性能和效率。在设计叶片时，可以利用计算机模拟叶片的结构和力学特性，并进行优化设计，以达到更好的性能和稳定性。例如，可以使用 ANSYS 等软件对叶片进行有限元分析，并对其进行结构优化和材料选择，以实现叶片的最优设计。此外，在制造过程中，可以利用计算机控制叶片的成型温度、压力等参数，并通过在线监测和控制，实现对叶片制造过程的实时监控和调整。

程序示例：MATLAB 和 ANSYS 软件实现对复合材料的弹性模量计算分析程序

弹性模量计算示例代码

该示例利用有限元分析等方法，对航空材料的力学特性、热学性能等进行模拟和分析，以及进行材料加工过程的优化和控制。

示例代码计算了一个简单的复合材料的弹性模量，其中定义了材料的弹性模量、泊松比和纤维方向等属性，然后使用矩阵运算计算了复合材料的弹性模量矩阵，最后根据体积分数计算了复合材料的弹性模量。虽然这只是一个简单的例子，但它可以说明计算机在航空材料研发中的应用，特别是在材料设计、仿真和优化方面的重要作用。

第六节　计算机在空间探测与开放中的应用

计算机在空间探测与开发中发挥着重要的作用，包括设计、制造、控制、数据处理和分析

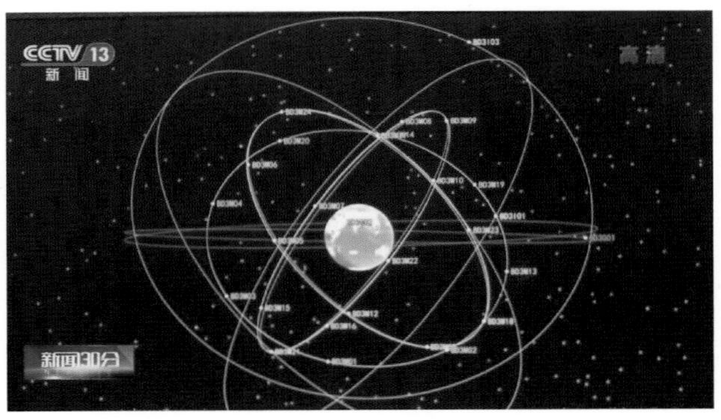

等方面。以下是一些计算机在空间探测与开发中的应用案例：

（1）3D打印太空部件：NASA工程师使用3D打印技术制造了一种新型的火箭部件，这种部件比传统部件更轻、更强、更耐用，并且可以在太空环境中打印。他们使用CAD软件设计了这种部件的模型，然后使用3D打印机将其制造出来。

（2）卫星轨道设计：卫星轨道设计是空间探测和开发中至关重要的一环，它需要考虑多种因素，如重力、大气阻力、太阳辐射等。计算机模拟可以帮助科学家们预测轨道的形状、大小和稳定性，从而优化卫星的运行轨道。

（3）恒星距离计算：恒星距离是太空探索中的一个重要概念，它可以帮助科学家们确定星际旅行的可行性。计算机可以使用星表数据和三角测量等方法计算恒星距离，这些计算可以帮助科学家们更好地了解恒星系统的结构和特征。

程序示例：Python编写计算两个天体之间的距离和速度的程序

天体计算示例代码

这个程序使用了数学库中的平方根函数和三角函数来计算两个天体之间的距离和速度。尽管这个程序非常简单，但它可以说明计算机在空间探测与开发中的应用，特别是在数据处理和分析方面的重要作用。

第七节　使用Word编写航空航天项目的技术文档

使用Word编写航空航天项目的技术文档可以详细地描述航空航天项目的设计要求、飞行参数、测试结果等，以下是可能需要用到的步骤和技巧：

（1）描述设计要求：在技术文档中详细描述航空航天项目的设计要求，包括设计目标、设计指标、设计方案等，使用Word的文本框和编号功能，使设计要求更加清晰和易懂。

（2）描述飞行参数：在技术文档中详细描述航空航天项目的飞行参数，包括飞行速度、高度、航向等，使用Word的文本框和编号功能，使飞行参数更加清晰和易懂。

（3）描述测试结果：在技术文档中详细描述航空航天项目的测试结果，包括静态测试、

动态测试等，使用 Word 的文本框和编号功能，使测试结果更加清晰和易懂。

（4）添加图表和图片：在技术文档中添加图表和图片，如飞行参数图表、飞行轨迹图表、飞机结构图等，使用 Word 的插入图表和图片功能，使技术文档更加生动和形象。

（5）添加参考资料：在技术文档中添加参考资料，如相关标准、技术手册、案例分析等，以便于读者进行参考和进一步学习。

（6）审核和修订：在完成航空航天项目的技术文档后，进行审核和修订，确保技术文档符合要求，并保存数据备份以备修改。

以上是使用 Word 编写航空航天项目的技术文档的一些技巧和步骤，使用这些技巧和步骤可以详细地描述航空航天项目的设计要求、飞行参数、测试结果等，方便航空航天工程师进行航空航天项目的设计和优化。

第八节　使用 Excel 进行飞行数据记录和分析

使用 Excel 进行飞行数据记录和分析可以方便地记录和分析飞行过程中的各种参数，以下是可能需要用到的步骤和技巧：

（1）设计数据记录表格：根据实际需求，设计适合的数据记录表格，包括时间、高度、速度、姿态等，使用 Excel 的表格和格式功能，使数据记录更加规范和易于管理。

（2）数据记录：在飞行过程中记录各种数据参数，使用 Excel 的数据输入功能，将数据记录到数据表格中。

（3）数据分析：使用 Excel 的图表功能，对飞行数据进行分析，生成各种图表，如折线图、

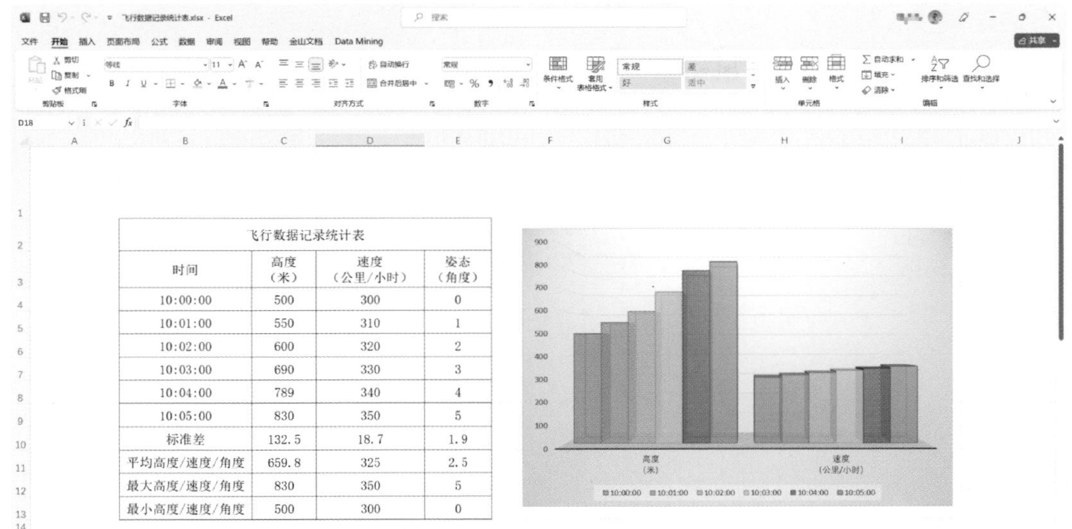

飞行数据记录统计表			
时间	高度（米）	速度（公里/小时）	姿态（角度）
10:00:00	500	300	0
10:01:00	550	310	1
10:02:00	600	320	2
10:03:00	690	330	3
10:04:00	789	340	4
10:05:00	830	350	5
标准差	132.5	18.7	1.9
平均高度/速度/角度	659.8	325	2.5
最大高度/速度/角度	830	350	5
最小高度/速度/角度	500	300	0

柱状图等，便于对数据进行直观的比较和分析。

（4）统计数据指标：使用 Excel 的函数功能，对飞行数据进行统计指标的计算，如平均值、标准差、最大值、最小值等，便于对飞行数据进行深入分析。

（5）数据可视化：使用 Excel 的图表功能，将飞行数据可视化展示，使数据更加直观和易于理解。

（6）数据导出和分享：使用 Excel 的导出和分享功能，将飞行数据导出为 Excel 文件或图片格式，方便与他人共享和交流。

以上是使用 Excel 进行飞行数据记录和分析的一些技巧和步骤，使用这些技巧和步骤可以方便地记录和分析飞行过程中的各种参数，为飞行安全和技术改进提供支持。

第九节　使用 PPT 制作大数据分析的介绍

使用 PPT 制作大数据分析的介绍可以方便地进行大数据分析的介绍和展示，包括数据源、分析方法、可视化展示等。

（1）设计介绍结构：根据大数据分析的需要，设计介绍结构，包括数据源、分析方法、可视化展示等，使用 PPT 的图表和文字处理功能，使介绍结构更加清晰和易懂。

（2）描述数据源：在介绍中详细描述数据源，包括数据类型、数据来源、数据规模等，使用 PPT 的图表和文字处理功能，使数据源更加清晰和易懂。

（3）描述分析方法：在介绍中详细描述大数据分析的方法，包括数据预处理、特征提取、模型建立等，使用 PPT 的图表和文字处理功能，使分析方法更加清晰和易懂。

（4）可视化展示：在介绍中展示大数据分析的可视化结果，使用 PPT 的图表和演示功

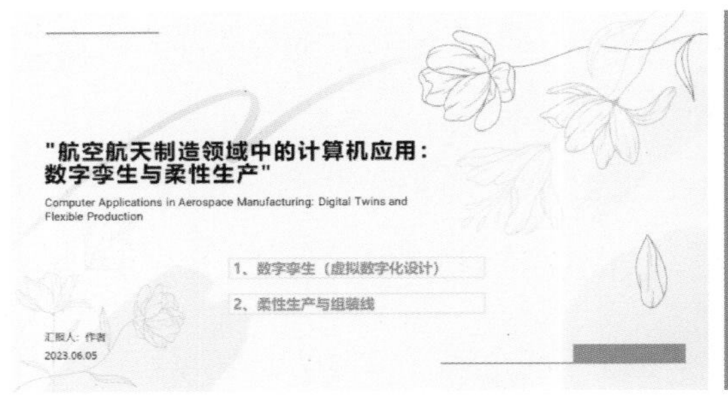

PART 01

01

数字孪生（虚拟数字化设计）

Digital Twin (Virtual Digital Design)

能，展示数据分析结果的图表、报表、图形等，使数据分析结果更加生动和形象。

（5）添加知识点解析：在介绍中添加知识点解析，如大数据分析的应用领域、工具和技术等，以便于听众进行参考和进一步学习。

（6）审核和修订：在完成大数据分析的介绍后，进行审核和修订，确保介绍符合要求，并保存数据备份以备修改。

以上是使用PPT制作大数据分析的介绍的一些技巧和步骤，使用这些技巧和步骤可以方便地进行大数据分析的介绍和展示，方便数据分析师进行大数据分析和优化。

练习题和思考题及课程论文研究方向

练习题

1. 使用Python编写一个飞机气动设计和仿真的自动化程序，实现气动参数计算和设计优化。

2. 使用Excel进行飞行数据记录和分析，包括飞行参数、燃油消耗和飞行性能等方面的统计和可视化。

3. 使用PPT制作一个大数据分析的介绍，包括大数据在航空航天领域中的应用案例和潜在价值。

4. 使用MATLAB软件和ANSYS软件实现对航空材料的弹性模量计算和分析，评估材料的力学性能。

5. 使用C++语言编写一个简单的卫星导航系统程序，模拟卫星位置计算和导航信息

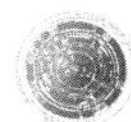

提供。

6. 使用 MATLAB 软件进行航空交通管理系统的仿真，模拟航空器的飞行轨迹和交通管制流程。

思考题

1. 计算机在航空航天领域中的应用如何推动飞行安全和效率？讨论其在飞机设计、航空交通管理和导航系统中的潜力和挑战。

2. 航空材料研发中的计算机应用对航空器性能和可靠性有何影响？探讨其在材料模拟、设计优化和强度分析方面的作用和局限性。

3. 大数据分析在航空航天领域中的应用和前景如何？讨论其在飞行数据分析、运维管理和智能决策方面的潜力和挑战。

课程论文研究方向

1. 航空器设计与优化的计算机辅助方法研究，包括气动设计、结构优化和飞行性能预测等方面。

2. 航空交通管理系统的大数据分析与优化研究，探讨航空交通流量预测、航班调度和空域管理等方面的技术与方法。

3. 航空航天材料与结构的多尺度建模与仿真研究，包括复合材料性能预测、疲劳寿命评估和结构可靠性分析等方面的方法与应用。

第九章　计算机技术在医学领域中的应用

Chapter 9: Application of Computer Technology in the Medical Field

欢迎阅读本书的第九章——“计算机技术在医学领域中的应用”。本章将详细介绍计算机在医学领域中的各种应用，并通过具体的程序示例来阐述这些应用。

首先，我们会对计算机技术在医学领域中的应用与发展概况进行概述。然后，我们将探讨计算机在电子病历管理中的应用，并给出一个 Java 编写的简单电子病历管理系统的程序示例。

接着，我们将讨论计算机在医学图像处理中的应用，包括 Python 编写的肺部 CT 图像预处理、分割和形态学处理的程序示例。在生物医学工程部分，我们将介绍如何使用 MATLAB 软件编写心脏电生理计算模拟的程序示例。

本章还将涉及计算机在健康监测中的应用，如 Python 和 OpenCV 编写的一个计算机视觉技术对皮肤病进行诊断的程序示例，以及计算机在智能医疗中的应用，例如使用 MATLAB、TensorFlow 和 Python 编写的机器学习对医学影像自动识别分类的示例，以及 C＋＋语言编写的简单智能医疗系统的程序示例。

在 3D 打印技术在医学中的应用部分，我们会通过 Python 编写一个牙齿的 3D 模型的程序示例来展示这个技术。最后几节将指导你如何使用 Word 制作医学病历管理，使用 Excel 制作病历管理表，以及使用 PPT 制作医疗方案的介绍。

我们希望通过本章的学习，你能深入理解计算机技术在医学领域中的应用，并在实践中运用这些知识。

第一节　计算机技术在医学领域中的应用与发展概况

计算机在医疗领域的应用已经发展成为一个广泛的领域，包括电子病历管理、医学图像处理、生物医学工程、健康监测、智能医疗等等。以下是一些具体的应用现状和未来发展趋势：

（1）电子病历管理：计算机技术可以帮助医生、护士和医院管理人员管理和共享患者的

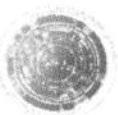

医疗信息，包括病历、诊断、检验和治疗方案等。未来将进一步发展为个性化医疗和预测性医疗，以提高医疗效率和质量。

（2）医学图像处理：计算机技术可以帮助医生进行医学图像的分析和处理，包括 CT、MRI、X 光、超声等，以提高诊断和治疗效果。未来将进一步发展为基于人工智能和机器学习的自动诊断和辅助诊断系统。

（3）生物医学工程：计算机技术可以帮助医生和科学家研究和开发新的医疗设备、治疗方法和药物。未来将进一步发展为基于人工智能和机器学习的新型生物医学工程技术，以提高医疗效果和创新能力。

（4）健康监测：计算机技术可以帮助人们进行健康监测和管理，包括健康数据采集、分析和管理等。未来将进一步发展为基于物联网和人工智能的健康监测和管理系统。

（5）智能医疗：计算机技术可以帮助医生和患者进行智能医疗，包括远程医疗、智能诊疗和智能康复等。未来将进一步发展为基于人工智能和机器学习的智能医疗系统，以提高医疗效率和质量。

综上所述，计算机在医疗领域的应用现状和未来发展非常广泛和重要，可以帮助人们提高医疗效率和质量，同时也带来了更多的机遇和挑战。

第二节　计算机在电子病历管理中的应用

电子病历管理系统是指利用计算机技术来管理病历信息和医疗数据的系统。这种系统可以帮助医院或诊所提高工作效率、减少错误率、提高数据准确性，并且可以提供更好的医疗服务和病人体验。

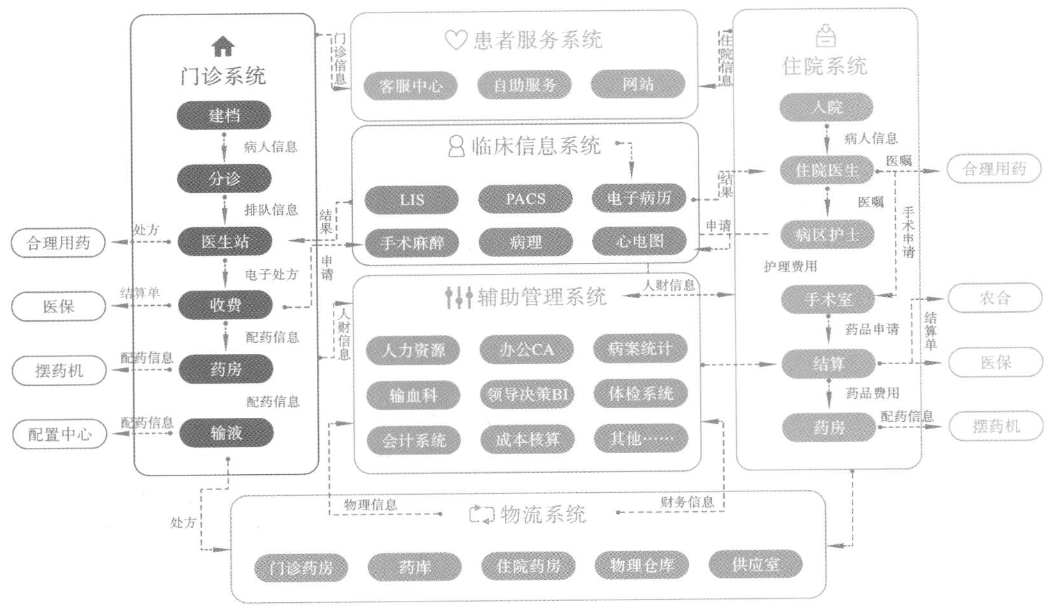

计算机在电子病历管理中的应用非常广泛，包括电子病历记录、医疗图像存储和管理、医疗数据分析、医生和病人的在线交流等。计算机技术可以帮助医生快速准确地记录病人信息、查找历史病历、管理医疗图像等，同时可以保障病人隐私和信息安全。

如果一家医院采用了电子病历管理系统，那么医生可以在线查看病人的病历和诊断结果，可以快速准确地做出诊断和治疗方案。同时，病人也可以在线查看自己的病历和医疗数据，随时随地与医生进行交流。这样的系统不仅提高了医疗服务的质量和效率，还提升了病人的医疗体验。

常用的电子病历管理软件包括 EPIC、Cerner、Allscripts、MEDITECH 等。这些软件提供了全面的病历管理功能，包括病历记录、电子处方、医疗图像存储和管理、医疗数据分析等。

在电子病历管理系统的开发过程中，常用的编程语言包括 Java、Python、C＋＋等。这些编程语言可以帮助开发人员快速开发出功能强大、性能稳定的电子病历管理系统。例如，使用 Java 开发的系统可以利用 Java 的多线程技术来提高系统的并发能力，同时可以利用 Java 的安全性和跨平台性来保障系统的稳定性和可靠性。

程序示例:Java 编写的简单电子病历管理系统的程序

电子病历管理系统示例代码

该示例可以实现病历记录、医疗图像管理和医疗数据分析等功能：

这个简单的系统可以实现病历记录、医疗图像管理和医疗数据分析等功能。开发人员可以根据具体需求进行功能扩展和优化。

除了基本的医疗数据管理功能，计算机在电子病历管理中还有其他的应用，例如：

（1）数据挖掘和分析：通过对大量的医疗数据进行挖掘和分析，可以发现一些潜在的规律和趋势，进而为医疗决策提供支持。例如，通过分析患者的病历数据，可以发现某种疾病的高危人群，以便提前采取预防措施。

（2）智能诊断和治疗：结合人工智能和机器学习技术，可以开发出智能化的诊断和治疗系统，以提高诊断准确性和治疗效果。例如，基于深度学习技术的医疗图像分析系统可以自动诊断出病变区域。

（3）移动端应用：将电子病历系统移植到移动设备上，方便医生和患者随时查看和管理病历数据。例如，开发一款移动端的电子病历应用，患者可以通过扫描二维码将病历数据上传至医生的电子病历系统中。

（4）多维度可视化：通过将医疗数据进行可视化展示，可以更直观地了解数据特征和趋势。例如，通过绘制患者体重和血压的时间序列图，可以帮助医生更好地监测患者的健康状况。

在电子病历管理中，常用的软件包括 Epic、Cerner、Allscripts 等。对于开发人员来说，常用的编程语言包括 Java、Python、C＋＋等，具体选择可以根据项目需求和开发经验进行决策。

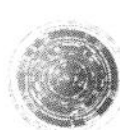

第三节　计算机在医学图像处理中的应用

医学图像处理是计算机在医疗领域中的重要应用之一，其目的是通过数字图像处理技术，对医学图像进行增强、分割、配准、重建等处理，从而帮助医生做出更加精确、准确的诊断和治疗决策。其具体步骤如下：

（1）医学影像分析：利用数字图像处理技术对医学图像进行分析，以便帮助医生进行诊断、治疗等。例如，对CT、MRI等医学影像进行分析，可以帮助医生更好地了解患者的病情，制定更加准确的治疗方案。

（2）医学图像配准：将来自不同时间、不同仪器、不同模态的医学影像进行配准，使其在同一坐标系下进行比较和分析。例如，将MRI和PET影像进行配准，可以获得更全面的病情信息，更好地帮助医生制定治疗方案。

（3）医学图像增强：利用数字图像处理技术对医学影像进行增强，以便更好地显示出患者的病情。例如，对X光影像进行增强，可以更清晰地显示出患者骨骼的结构和病变情况。

（4）医学图像重建：利用数字图像处理技术对医学影像进行三维重建，以便更好地观察患者的病情。例如，对CT影像进行三维重建，可以更好地观察出患者内部组织的结构和病变情况。

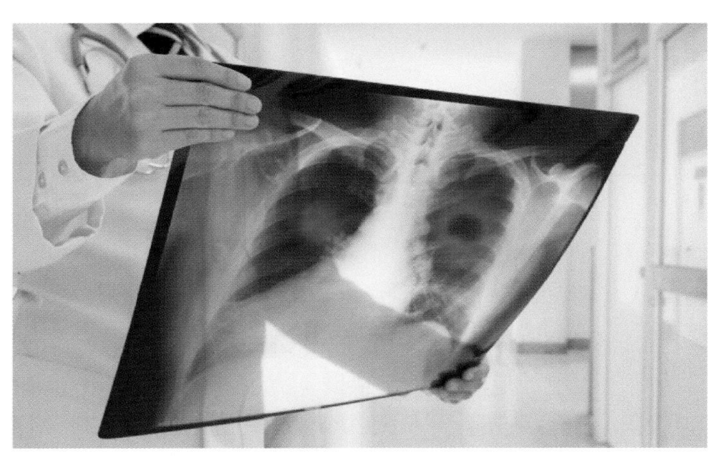

医学图像处理在肺癌诊断中的应用是一个比较典型的案例。医学图像处理技术可以通过对CT和PET影像进行配准和分析，帮助医生更准确地诊断肺癌，评估肿瘤的位置、大小和分布情况，制定更加精确的治疗方案。例如，可以利用数字图像处理技术对CT和PET影像进行配准，以获得更准确的肺癌定位和分析结果。此外，医学图像处理技术还可以用于肺癌的三维重建和模拟手术等，帮助医生更好地规划手术方案。

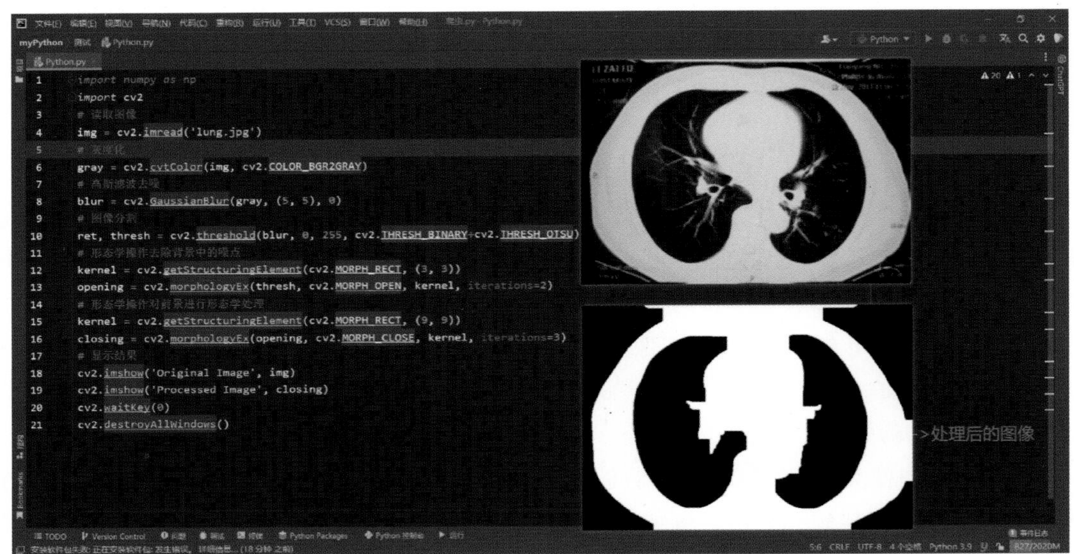

程序示例：Python 编写肺部 CT 图像预处理、分割和形态学处理的程序

肺部 CT 图像处理示例代码

该代码读取一张肺部 CT 图像，对其进行灰度化、高斯滤波去噪、图像分割、形态学操作等处理，最终显示处理后的结果。通过使用 Python 的 OpenCV 库，我们可以快速对医学图像进行处理和分析，为医生的诊断提供帮助。

第四节　计算机在生物医学工程中的应用

生物医学工程是交叉学科领域，涉及计算机科学、电子工程、机械工程、材料科学等多个学科的知识，主要应用于医疗设备、医学影像、生命支持系统等方面。

计算机在生物医学工程中的应用主要包括以下方面：

(1) 医学影像处理和分析：利用计算机对医学影像进行处理、分割、配准等操作，提高医生的诊断准确性。

(2) 医学信号处理和分析：利用计算机对生物医学信号进行处理、分析和诊断，如心电图、脑电图等。

(3) 生命支持系统：设计和开发各种生命支持系统，如人工心脏、人工肝脏等。

(4) 生物医学器械设计：利用计算机辅助设计和仿真，开发各种医疗设备，如假肢、助听器、人工关节等。

(5) 医疗信息管理：开发各种医疗信息管理系统，如电子病历、医学数据库等。

一个生物医学工程的案例是基于计算机视觉技术的医学影像处理和分析。以糖尿病视

网膜病变为例，使用计算机视觉技术对眼底图像进行处理和分析，以辅助医生进行糖尿病视网膜病变的诊断，其具体步骤如下：

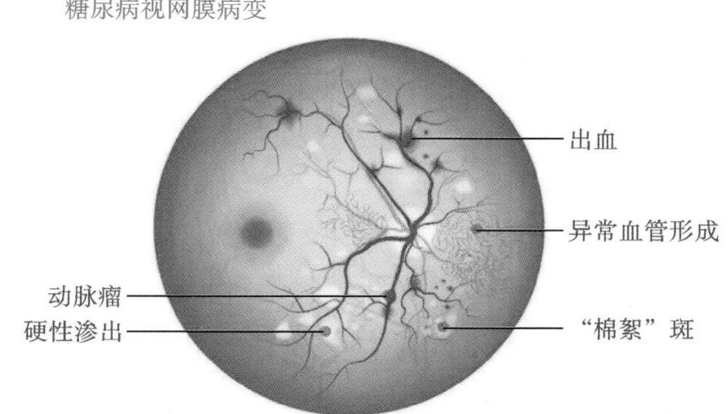

(1) 读取眼底图像，并对图像进行预处理，如去噪、平滑、灰度化等。

(2) 利用图像分割算法将图像分成背景和前景两部分。

(3) 利用形态学操作去除背景中的噪点，同时保留前景中的细节。

(4) 利用图像处理技术对前景进行特征提取和分析，如纹理分析、形态学分析等。

(5) 利用机器学习算法对前景进行分类和诊断，如卷积神经网络、支持向量机等。

常用的生物医学工程软件包括：MATLAB、ImageJ、OsiriX、ITK 等。这些软件提供了丰富的图像处理和分析功能，支持多种算法和工具，适用于医学影像处理、信号处理、机器学在生物医学工程中，计算机技术的应用包括了生物医学图像处理、仿真模拟、数据分析与挖掘、生物信息学、人工智能等多个方面。以下是这些方面的详细论述、案例、常用软件以及合适的编程演示。

生物医学图像处理是指利用计算机对医学图像进行处理、分析和诊断的一种技术。其应用范围包括医学影像学、放射学、超声学、病理学等多个领域。计算机技术在生物医学图像处理中的应用包括图像增强、分割、配准、重建等多个方面。

以肺癌 CT 图像分割为例。在肺癌的早期诊断中，CT 图像的分割是一个非常重要的步骤。通过对肺部 CT 图像进行分割，可以将肺部组织与肿瘤组织分离，从而对肿瘤进行定量分析。该应用可以使用 MATLAB 中的图像处理工具箱进行编程实现。常用的软件有 MATLAB、ImageJ、ITK-SNAP、3D Slicer 等。

生物医学仿真模拟是指利用计算机模拟生物系统的运行状态和行为的一种技术。其应用范围包括生物力学、生物流体力学、生物电磁学等多个领域。生物医学仿真模拟可以用于研究人体内部的运动机制、组织工程、生物材料等方面。

以人体心脏电活动仿真为例，在生物医学中，心脏电活动的仿真模拟可以帮助医生和研究人员更好地理解心脏的运作原理。通过建立心脏电活动的仿真模型，可以对心脏电活动的传播、异常情况等进行模拟和分析。该应用可以使用 COMSOL Multiphysics 进行编程实现。常用的软件有 COMSOL Multiphysics、ANSYS、ABAQUS 等。

生物医学数据分析与挖掘是指利用计算机处理和分析生物医学数据的一种技术。其应用范围包括生物信息学、药物设计、基因组学等多个领域。生物医学数据分析与挖掘可以用于对生物数据进行分析、建模、预测等方面对于生物医学工程的案例和编程演示。

以基于计算机模拟的心脏疾病诊断为例。计算机模拟技术可以帮助医生更加准确地诊断心脏疾病，比如心律失常、心脏衰竭等。基于心脏电生理的计算机模拟方法是目前最为常用的心脏疾病诊断方法之一。

具体来说，这种方法基于心脏电生理的物理模型，通过计算机模拟心脏内部的电信号传导和细胞活动，进而预测心脏的功能状态和心律失常等问题。这种方法可以通过非侵入性的心电图来实现，从而使得心脏疾病的诊断更加准确和及时。

MATLAB 是一个强大的数学计算工具，广泛应用于科学计算、数据分析、图像处理等领域。在生物医学工程中，MATLAB 可以用于计算机模拟和信号处理等方面。

程序示例：MATLAB 软件编写心脏电生理计算模拟的程序

```
matlab
%定义计算模拟所需的常数和参数
R=500;       %细胞膜电阻
C=1;         %细胞膜电容
V0=-80;      %细胞初始电压
Iext=0;      %外部电流初始值
%初始化时间和电压向量
t=linspace(0,10,1000);
V=zeros(size(t));
V(1)=V0;
```

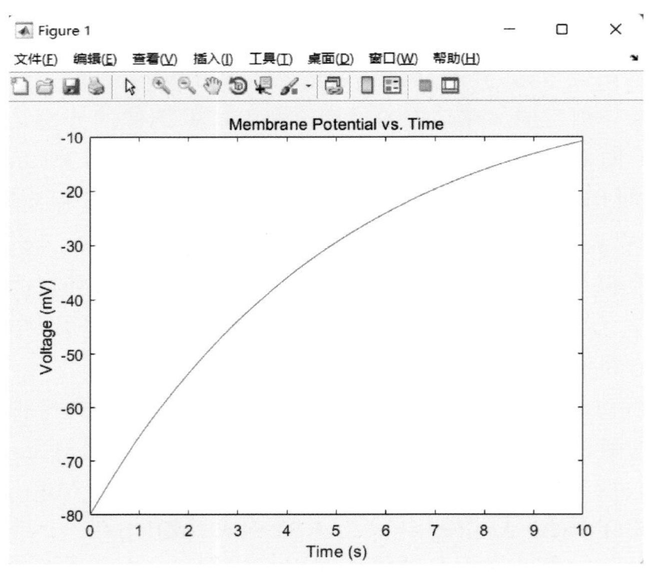

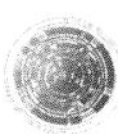

上述代码模拟了心脏细胞膜电压随时间的变化情况，可以用于更深入地理解心脏电生理学。

第五节 计算机在健康监测中的应用

计算机在健康监测中的应用非常广泛，包括健康数据的采集、存储、分析和可视化等方面。以下是一些常见的应用场景：

（1）健康数据采集与监测：计算机可以通过传感器等设备实时监测人体各项生理指标，如心率、血压、血糖、体温等，并将这些数据存储到云端或本地数据库中。同时，还可以通过可穿戴设备和移动应用程序等方式实时监测运动量、睡眠质量等数据，帮助人们了解自己的身体状况，及时发现异常情况。

（2）健康数据分析与预测：计算机可以利用机器学习等算法对健康数据进行分析，发现与疾病相关的模式和趋势，并预测可能出现的健康问题。例如，利用机器学习算法可以分析医学影像数据，识别出可能存在的肿瘤等异常，帮助医生进行诊断和治疗。

（3）健康数据可视化：计算机可以将健康数据以图形化和可视化的形式呈现出来，让人们更加直观地了解自己的身体状况和健康趋势。例如，利用数据可视化软件可以绘制出每天的运动量、睡眠时间和心率等数据，并分析出相应的变化趋势。

（4）医疗卫生管理：计算机可以通过电子病历和健康档案等方式管理医疗卫生数据，提高医疗工作效率和信息共享效率。例如，利用电子病历系统可以记录患者的病史、症状和治疗方案等信息，便于医生进行诊疗和医疗管理。

一个具体的应用案例是利用计算机视觉技术对皮肤病进行诊断。通过拍摄皮肤病患者的皮肤图像，利用图像处理和机器学习算法对病变区域进行自动检测和分析，辅助医生进行病情诊断和治疗方案制定。其中常用的软件包括 MATLAB、Python、OpenCV 等，可以使用这些软件来实现皮肤病图像的预处理、特征提取和分类诊断等功能。

程序示例：Python 和 OpenCV 编写一个计算机视觉技术对皮肤病进行诊断的程序

皮肤病诊断示例代码

该代码读取一张皮肤病患者的图像，使用灰度化、高斯滤波和边缘检测等预处理步骤，提取出图像中的轮廓并根据轮廓面积排序，最后绘制最大轮廓，实现对皮肤病病变区域的自动检测和分析。

计算机在健康监测中的应用还有很多，例如：

（1）健康数据管理和分析：通过采集和管理个人的健康数据（例如心率、血压、血糖等），结合人工智能和数据分析技术，帮助医生更好地了解患者的健康状况，并提供更好的治疗方案。

（2）无线健康监测：通过无线传感器技术和移动应用程序，可以实时监测个人的健康数据，并将数据传输到云端进行分析和处理。这种技术对于需要长时间监测的疾病（如糖尿病、高血压等）非常有用。

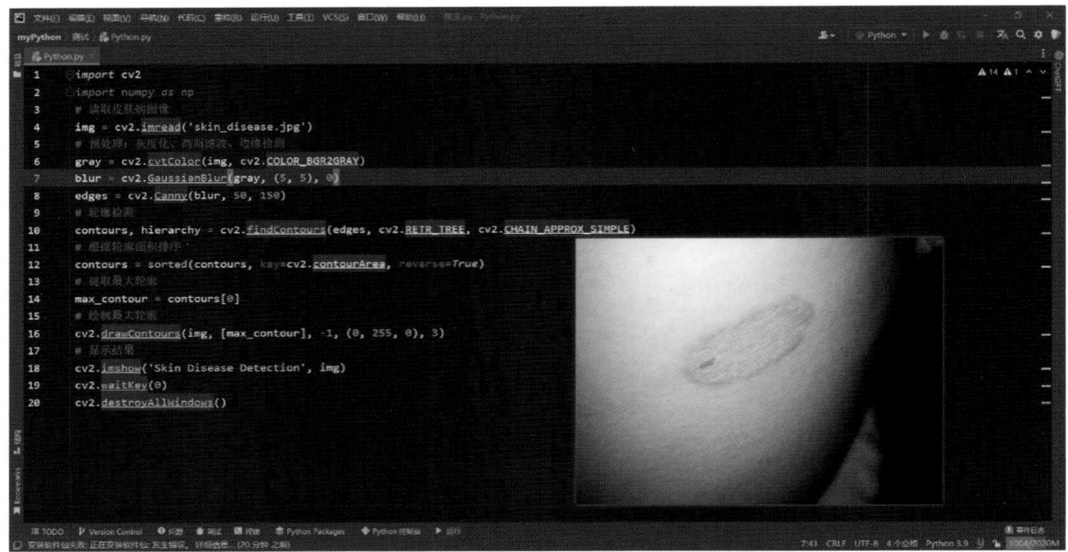

import cv2
import numpy as np
# 读取皮肤病图像
img = cv2.imread('skin_disease.jpg')
# 预处理：灰度化、高斯滤波、边缘检测
gray = cv2.cvtColor(img, cv2.COLOR_BGR2GRAY)
blur = cv2.GaussianBlur(gray, (5, 5), 0)
edges = cv2.Canny(blur, 50, 150)
# 轮廓检测
contours, hierarchy = cv2.findContours(edges, cv2.RETR_TREE, cv2.CHAIN_APPROX_SIMPLE)
# 根据轮廓面积排序
contours = sorted(contours, key=cv2.contourArea, reverse=True)
# 提取最大轮廓
max_contour = contours[0]
# 绘制最大轮廓
cv2.drawContours(img, [max_contour], -1, (0, 255, 0), 3)
# 显示结果
cv2.imshow('Skin Disease Detection', img)
cv2.waitKey(0)
cv2.destroyAllWindows()

(3) 远程医疗：通过视频会议和远程监测设备，医生可以远程诊断和治疗患者。这种技术特别适用于偏远地区和医疗资源不足的地方。

一个健康监测的案例是基于无线传感器网络的糖尿病患者健康监测系统。该系统包括多个传感器和一个基于云的数据存储和处理平台，可以实时监测糖尿病患者的血糖、心率、体温等生理参数，并将数据传输到云端进行处理和分析。医生可以通过移动应用程序或网页端访问患者的健康数据，并提供个性化的治疗建议。

常用的健康监测软件包括 Fitbit、MyFitnessPal 等。编程方面，可以使用 Python 等语言进行数据处理和分析。例如，使用 Python 的 pandas 库可以对健康数据进行清洗和整理，使用 matplotlib 库可以绘制各种健康数据的图表。

第六节　计算机在智能医疗中的应用

智能医疗是指利用人工智能和大数据等技术，对医疗行业进行优化和升级，提供更高效、更准确、更便捷的医疗服务。计算机在智能医疗中发挥了至关重要的作用，可以通过自动化处理、机器学习、深度学习等技术对大量医疗数据进行分析和处理，帮助医生进行疾病诊断、治疗方案制定等方面的决策。此外，计算机还可以通过传感器、物联网等技术实现医疗设备的智能化和互联互通，实现远程医疗等功能。

一个应用计算机在智能医疗中的案例是使用机器学习技术对医学影像进行自动识别和分类。通过对医学影像进行处理，提取关键特征，构建合适的分类器模型，可以实现自动对影像进行分类和识别，减少医生的工作量和提高医疗效率。同时，利用深度学习技术还可以实现对医学影像的自动分割和重建，帮助医生更好地理解和分析疾病信息。

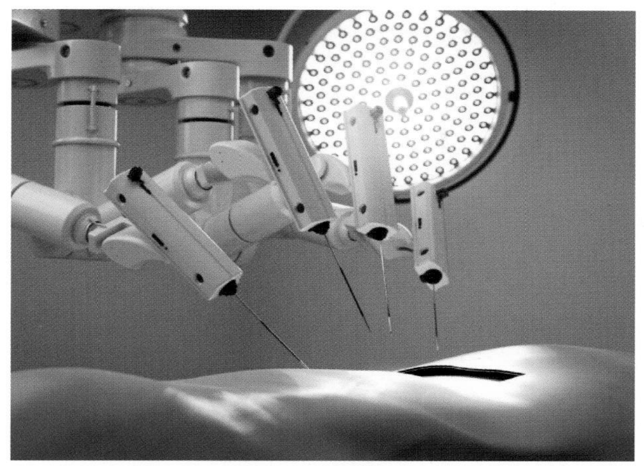

程序示例:MATLAB、TensorFlow 和 Python 编写机器学习对医学影像自动识别分类程序

```
python
import cv2
import numpy as np
import tensorflow as tf
#加载模型
model=tf.keras.models.load_model('model.h5')
#加载图像
img=cv2.imread('image.jpg')
#图像预处理
img=cv2.resize(img,(224,224))
img=img/255.0
img=np.expand_dims(img,axis=0)
```

这段代码演示了如何使用深度学习模型对医学影像进行分类,输出分类结果。该模型可以从已标注的医学影像数据集中学习特征和模式,从而实现对未知医学影像的自动分类和识别。

程序示例:C++语言编写简单智能医疗系统的程序

该示例实现了医生和患者的登录功能以及患者病历信息的管理功能。

智能医疗示例代码

第七节 3D打印技术在医学中的应用

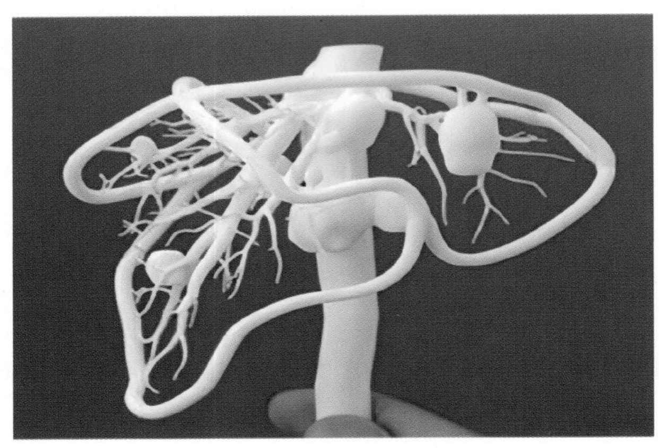

3D 打印技术在医学中的应用非常广泛，以下是一些例子：

(1) 制作假肢和义肢：3D 打印技术可以根据患者的具体需求和身体部位进行定制，制作出符合患者需求的假肢和义肢，提高患者生活质量。

(2) 打印人体器官：利用 3D 打印技术可以打印出人体器官的模型，帮助医生进行手术前的规划和模拟，减少手术风险和提高手术成功率。

(3) 制作种植物：3D 打印技术可以根据患者口腔的具体情况，制作出符合患者需要的种植物，提高种植的成功率和美观度。

(4) 制作医疗器械：利用 3D 打印技术可以根据医生和患者的需求进行定制，制作出符合需求的医疗器械，提高医疗效率和减少患者痛苦。

(5) 打印药物：3D 打印技术可以制造出药物，以符合患者的具体需要，例如根据患者的体重和病情量身定制药品的剂量和组成。

程序示例：Python 编写一个牙齿的 3D 模型的程序

牙齿 3D 模型示例代码

该示例用 Python 和 OpenCV 库创建一个牙齿的 3D 模型，并将其导出到 STL 文件，以便使用 3D 打印机打印。

以上程序的思路是：

(1) 读取一张牙齿的图像，将图像转换为灰度图像，并将其二值化。

(2) 查找图像中的轮廓，创建一个黑色的图像，并将牙齿的轮廓绘制在图像上，并将黑色图像转换为灰度图像。

(3) 使用 Marching Cubes 算法创建 3D 模型，导出 3D 模型到 STL 文件中，以便使用 3D 打印机打印。

需要注意的是，此程序是一个简单的示例，实际应用中可能需要更多的图像处理和模型优化步骤，以获得更好的打印效果。

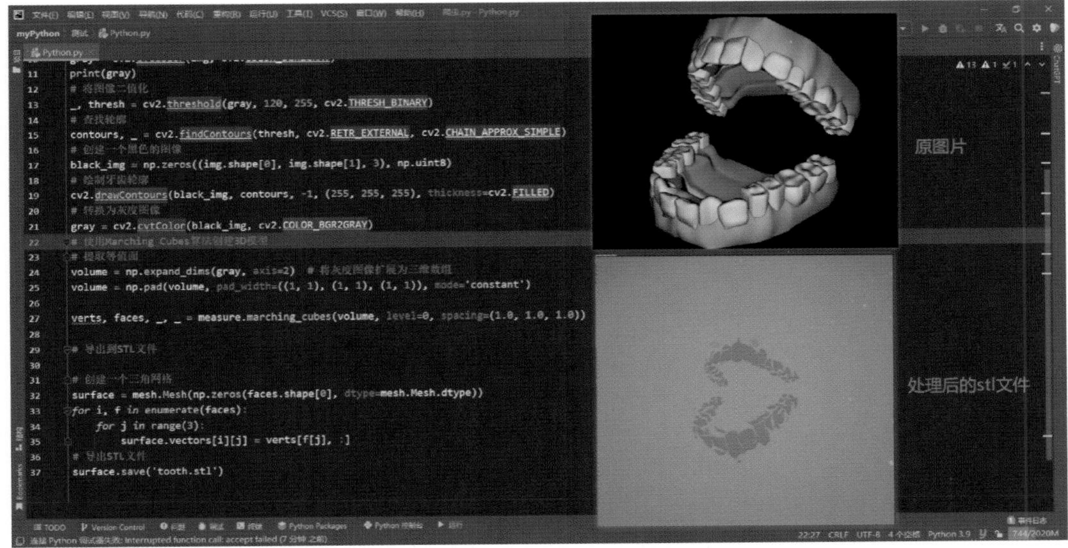

第八节　使用 Word 制作医学病历管理

使用 Word 制作医学病历管理可以方便地记录患者的基本信息、病情记录、检查结果等，以下是可能需要用到的步骤和技巧：

（1）设计病历格式：根据实际需求，设计适合的病历格式，包括患者基本信息、病情记录、检查结果等，使用 Word 的表格、表单和样式功能，使病历格式更加美观和规范。

（2）填写患者基本信息：在 Word 中填写患者基本信息，包括姓名、年龄、性别、联系方式等，使用 Word 的表格和样式功能，使基本信息更加清晰和易懂。

（3）记录病情记录：在 Word 中记录患者的病情记录，包括病史、症状、治疗方案等，使用 Word 的段落、编号和符号等功能，使病情记录更加清晰和易懂。

（4）记录检查结果：在 Word 中记录患者的检查结果，包括体检、化验、影像等，使用 Word 的表格和样式功能，使检查结果更加清晰和易懂。

（5）添加病历附件：在 Word 中添加病历附件，如影像资料、实验室报告、医嘱单等，以便于医生进行进一步分析和诊断。

（6）保存和管理病历：在 Word 中保存和管理病历，可以按照日期、患者姓名等方式进行分类和管理，以便于随时查阅和使用。

以上是使用 Word 制作医学病历管理的一些技巧和步骤，使用这些技巧和步骤可以方便地记录患者的基本信息、病情记录、检查结果等，从而为医生提供更好的诊疗服务。

病历编号：001　　患者姓名：张三　　日期：2023-04-23

【基本信息】

姓名：张三　　性别：男　　年龄：45 岁
联系电话：123-4567-890　　住址：北京市海淀区中关村

【病史记录】

1. 主诉：
   头痛，持续 3 天
2. 病史：
   2.1 既往病史：
      无高血压、糖尿病、心脏病等慢性病史
   2.2 家族病史：
      父亲有高血压病史
   2.3 过敏史：
      对海鲜过敏
3. 症状：
   头痛、乏力、恶心
4. 治疗方案：
   4.1 开具处方：
      扑热息痛片、维生素 B6
   4.2 建议：
      注意休息，多喝水，避免劳累

【检查结果】
体检：
体温：36.8℃　　脉搏：75 次/分　　呼吸：20 次/分　　血压：130/80mmHg
化验：
血常规：白细胞计数正常，红细胞计数正常，血小板计数正常
肝功能：正常
肾功能：正常
影像：
头部 CT：未见明显异常

【病历附件】
1. 头部 CT 影像资料
2. 实验室化验报告
3. 医嘱单

【医生签名】
李四（签名）

第九节　使用 Excel 制作病历管理表

使用 Excel 制作病历管理表可以方便地管理患者的基本信息、病史和诊断结果，以下是可能需要用到的步骤和技巧：

（1）设计表格格式：根据实际需求，设计适合的病历管理表格格式，包括病人姓名、病史、诊断结果等，使用 Excel 的表格和样式功能，使表格格式更加美观和规范。

（2）输入病人基本信息：在 Excel 中输入患者的基本信息，包括姓名、性别、年龄、联系方式等，使用 Excel 的表格和样式功能，使基本信息更加清晰和易懂。

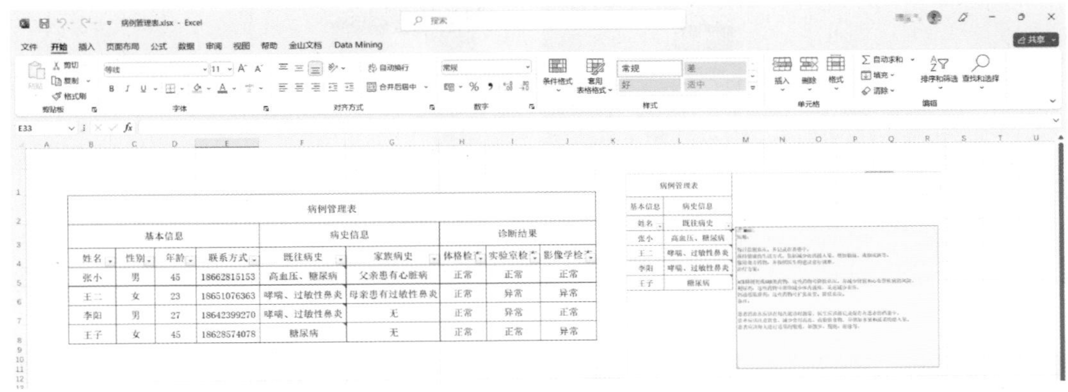

病例管理表								
基本信息				病史信息		诊断结果		
姓名	性别	年龄	联系方式	既往病史	家族病史	体格检查	实验室检查	影像学检查
张小	男	45	18662815153	高血压、糖尿病	父亲患有心脏病	正常	正常	正常
王二	女	23	18651076363	哮喘、过敏性鼻炎	母亲患有过敏性鼻炎	正常	异常	异常
李阳	男	27	18642399270	哮喘、过敏性鼻炎	无	正常	异常	正常
王子	女	45	18628574078	糖尿病	无	正常	正常	异常

(3) 记录病史信息：在 Excel 中记录患者的病史信息，包括既往病史、家族病史等，使用 Excel 的单元格和格式功能，使病史信息更加清晰和易懂。

(4) 记录诊断结果：在 Excel 中记录患者的诊断结果，包括体格检查诊断结果、实验室检查诊断结果、影像学检查诊断结果等，使用 Excel 的单元格和格式功能，使诊断结果更加清晰和易懂。

(5) 添加备注和附件：在 Excel 中添加备注和附件，如医嘱、治疗方案、影像资料等，以便于医生进行进一步分析和诊断。

(6) 保存和管理病历：在 Excel 中保存和管理病历，可以按照日期、患者姓名等方式进行分类和管理，以便于随时查阅和使用。

以上是使用 Excel 制作病历管理表的一些技巧和步骤，使用这些技巧和步骤可以方便地管理患者的基本信息、病史和诊断结果，从而为医生提供更好的诊疗服务。

第十节　使用 PPT 制作医疗方案的介绍

使用 PPT 制作医疗方案的介绍可以方便地向医学工作者、患者和公众介绍疾病的诊断、治疗方案和预防方法，以下是可能需要用到的步骤和技巧：

(1) 设计幻灯片布局：根据实际需求，设计适合的幻灯片布局，包括标题、副标题、文本、图片等，使用 PPT 的布局功能，使幻灯片更加美观和规范。

(2) 介绍疾病概况：在 PPT 中介绍疾病的概况，包括病因、症状、传播途径等，使用 PPT 的文本和图像功能，使疾病概况更加清晰和易懂。

(3) 介绍诊断方法：在 PPT 中介绍疾病的诊断方法，包括体格检查、实验室检查、影像学检查等，使用 PPT 的图像和文本功能，使诊断方法更加清晰和易懂。

(4) 介绍治疗方案：在 PPT 中介绍疾病的治疗方案，包括药物治疗、手术治疗、康复治疗等，使用 PPT 的文本和图像功能，使治疗方案更加清晰和易懂。

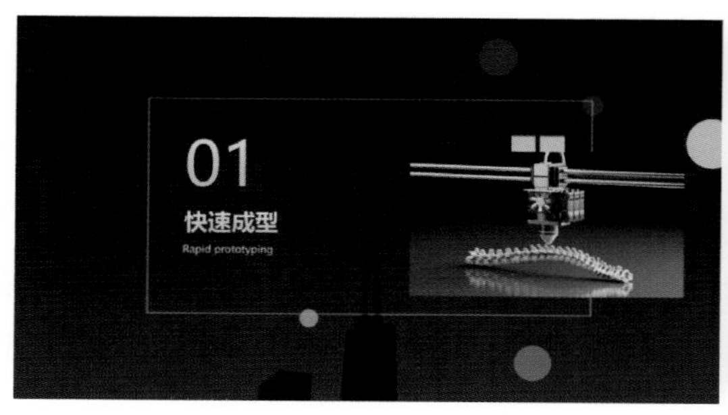

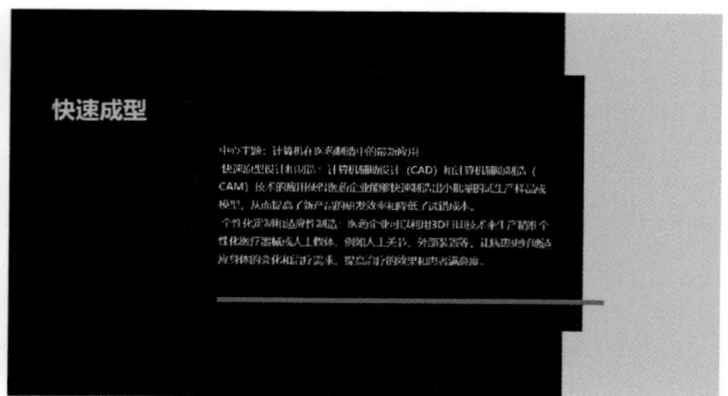

（5）介绍预防方法：在 PPT 中介绍疾病的预防方法，包括个人防护、环境卫生、疫苗接种等，使用 PPT 的文本和图像功能，使预防方法更加清晰和易懂。

（6）添加附件和参考文献：在 PPT 中添加附件和参考文献，如医学文献、医学影像等，以便于医生和患者进行进一步分析和诊断。

（7）设计幻灯片动画：在 PPT 中设计幻灯片动画，如渐变、弹出、旋转等，使幻灯片更加生动和有趣。

以上是使用 PPT 制作医疗方案介绍的一些技巧和步骤，使用这些技巧和步骤可以方便地向医学工作者、患者和公众介绍疾病的诊断、治疗方案和预防方法，从而为医疗健康事业做出贡献。

练习题和思考题及课程论文研究方向

练习题

1. 使用 Excel 编写一个医学研究数据分析表，包括数据输入、计算和可视化分析等功能。

2. 使用 PPT 制作一个关于医学研究成果的报告，包括研究背景、方法、结果和结论等内容。

3. 使用 Python 编写一个医学图像处理的程序，实现对医学图像的分割和特征提取。

4. 使用 MATLAB 编写一个医学信号处理的程序，实现对生理信号的滤波和频谱分析。

5. 使用 C++ 编写一个医学数据挖掘的程序，实现对医疗数据集的模式识别和分类。

6. 使用 R 语言编写一个医学统计分析的程序，实现对临床试验数据的描述性统计和假设检验。

思考题

1. 计算机技术在医学领域中的应用如何改变医学研究和临床实践？讨论其优势和局限性。

2. 人工智能在医学领域的发展趋势是什么？如何应对与人工智能相关的伦理和隐私问题？

3. 医学数据的有效管理和安全性是计算机技术在医学中应用的重要考虑因素。讨论如何保护医学数据的隐私和安全性。

课程论文研究方向

1. 基于计算机视觉技术的医学图像分析与诊断方法研究。

2. 机器学习在医学数据挖掘和预测中的应用研究。

3. 医疗大数据分析与智能决策支持系统设计与实现。

第十章 计算机在财经领域的应用

Chapter 10: Application of Computer in the Financial Industry

欢迎阅读本书的第十章——“计算机在财经领域的应用”。本章将详细讲述计算机技术在财经领域的多种应用,并通过具体的编程示例来阐述这些应用。

我们将首先概述计算机在财经领域的应用,然后详细讨论计算机在财经数据处理和分析中的应用,包括 Python 编写的一个访问并查询数据库中财务数据的程序示例。

接下来,我们将探讨计算机在金融模型和金融科技中的应用,包括 Python 编写的计算股票收益率和信用风险评估的程序示例。在金融风险管理部分,我们将提供一个 Python 编写的计算 VaR 的程序示例。在量化投资部分,我们将提供一个 Python 编写的金融市场进行定量分析和预测的程序示例。

我们还将介绍计算机在财经人工智能预测中的应用,包括 Python 和 C++编写的用于数据训练和预测的程序示例,以及 Python 编写的钢材价格预测程序示例。

在区块链技术在财经领域的应用部分,我们将提供 Python 编写的简单的比特币交易模拟的程序示例,以及用 Solidity 语言编写的一个供应链金融智能合约。

最后,我们将教你如何使用 Microsoft Word 编写公司财务报表,使用 Excel 编制财务预算表,以及使用 PPT 制作企业年度财务报告。

我们希望通过本章的学习,你能更深入地理解计算机技术在财经领域中的应用,并能在实践中运用这些知识。

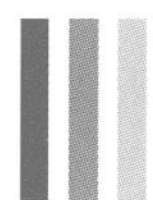

第一节 计算机在财经领域的应用

计算机在财经领域中的应用日益广泛,从传统的数据处理和分析到现代的算法交易和人工智能预测等方面都有应用。以下是一些常见的计算机在财经领域中的应用:

(1) 数据处理和分析:计算机可以帮助财经人员处理和分析大量的数据,包括财务报表、市场数据、宏观经济数据等。常用的数据分析软件包括 Excel、Python 的 pandas 和 NumPy 等。

(2) 风险管理：计算机可以帮助金融机构和投资者进行风险管理，包括对投资组合的风险评估、对市场风险的监控等。常用的软件包括 VaR(Value at Risk)和 CVaR(Conditional Value at Risk)等。

(3) 量化投资：量化投资是一种利用数学和统计学方法进行投资决策的方法。计算机在量化投资中的应用非常广泛，包括基于历史数据和实时数据的算法交易、风险模型和因子分析等。常用的量化投资软件包括 Python 的 Quantlib、MATLAB 等。

(4) 人工智能预测：人工智能技术在财经领域中的应用越来越广泛，包括利用机器学习和深度学习算法进行股票价格预测、货币汇率预测等。常用的机器学习和深度学习软件包括 Python 的 Scikit-learn、TensorFlow 等。

(5) 区块链技术：区块链技术在财经领域中的应用也越来越受到关注，包括数字货币、智能合约等。区块链技术可以帮助金融机构实现去中心化、安全性和透明度等优势。常用的区块链平台包括以太坊、比特币等。

总的来说，计算机在财经领域的应用正在不断地发展和创新，未来也将继续扮演着重要的角色。随着人工智能、大数据和区块链等技术的不断发展，计算机在财经领域的应用将更加智能化和自动化，提高金融领域的效率和安全性。

第二节　计算机在财经数据处理和分析中的应用

计算机在财经领域的应用非常广泛，其中最常见的就是财经数据处理和分析。现代财务决策依赖于财务数据的分析和解释，计算机技术可以帮助财务分析师和财务决策者更有效地分析和理解财务数据。

例如，一家大学的财务数据可以被存储在数据库中，这些数据包括学生的注册费用、学校的运营成本、教职员工的薪酬等等。通过编写 SQL 查询语句，可以从数据库中提取这些数据，然后使用 Excel 等工具进行进一步的分析和处理。

程序示例：Python 编写一个访问并查询数据库中的财务数据的程序

数据库访问并查询示例代码

示例代码连接到名为“university_financial_data”的数据库，查询所有“expenses”表中类别为“salary”的行，并将结果输出到控制台。

除了使用数据库查询和 Excel 等工具进行财务数据处理和分析之外，还可以使用专业的财务分析软件如 Bloomberg Terminal、Thomson Reuters Eikon 和 FactSet 等。这些软件提供了许多高级分析功能，可以帮助分析师更深入地理解财务数据，并支持实时市场数据的监控和分析。

总之，计算机技术在财经领域的应用非常广泛，可以大大提高财务数据处理和分析的效率和准确性。

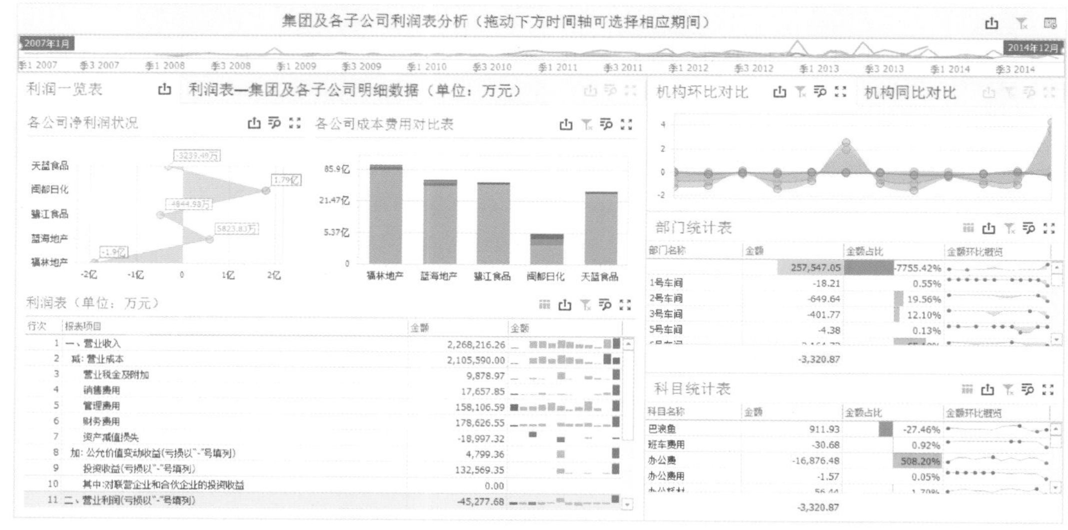

第三节　计算机在金融模型与金融科技中的应用

计算机在金融模型与金融科技中的应用越来越广泛。它们可以被用于建立各种金融模型，如风险模型、投资组合优化模型和量化交易模型等，以及支持金融科技发展，如区块链技术和智能合约等。

计算机在金融模型中的应用是非常广泛的。其中一个最为常见的应用是量化交易模型，它使用算法和数学模型来分析金融市场数据，以预测市场趋势和赚取利润。Python 是一个广泛使用的编程语言，特别适用于量化金融领域。

程序示例：Python 编写一个计算股票收益率的程序

```
Python
import numpy as np
import pandas as pd
# 读取股票数据
data=pd.read_csv('stock_data.csv')
# 计算收益率
returns=np.log(data['Close']/data['Close'].shift(1))
print(returns)
```

除了量化交易，计算机还可以被用于风险模型、投资组合优化和资产定价等金融模型的

1	Close
2	98
3	77
4	56
5	69
6	89
7	91
8	81
9	49

建立和分析。

金融科技是指使用计算机和其他技术来改善金融服务和效率的领域。其中一项主要的金融科技是区块链技术,它使用密码学技术来创建可靠、安全和透明的交易记录。另一个重要的金融科技是智能合约,它是一种自动执行合约的计算机程序。这些技术可以被用于许多金融服务,如支付和结算、交易和股票发行等。常用的区块链技术和智能合约平台包括以太坊、Hyperledger Fabric 和 Corda 等。

著名的金融模型如 Black-Scholes 模型,是一个用于计算期权定价的数学模型。该模型已经成为金融学的重要组成部分,对于衍生品交易和风险管理有着广泛的应用。另一个著名的案例是量化交易,例如使用机器学习算法进行股票价格预测。一些金融科技案例包括数字货币、支付和结算系统、在线股票交易平台等。

使用机器学习算法进行信用风险评估也是一个典型的金融科技应用案例。通过利用大量历史贷款数据和借款人的个人信息,可以训练出一个机器学习模型,能够自动预测一个新借款人的信用风险水平。这可以帮助银行和其他金融机构更准确地评估借款人的信用风险,并制定更合理的贷款利率和还款计划。

常用的金融科技软件包括 MATLAB、Python、R 等,以及一些专门针对金融科技应用的开源软件,如 QuantLib、QSTK 等。

程序示例:Python 编写一个信用风险评估的程序

信用风险评估示例代码

这段代码使用了 pandas 库来读取和处理贷款数据集,使用 sklearn 库中的逻辑回归算法进行建模,最后使用准确率来评估模型的性能。

A	B	C	D	E	F	G	H	I	J
age	income	loan_amou	credit_sc	gender_Fe	gender_Ma	educatio	educatio	Graduate	default
0	30	50000	20000	700	0	1	1	0	0
1	35	40000	15000	650	1	0	0	1	1
2	25	20000	5000	550	0	1	1	0	1
3	45	80000	40000	750	1	0	0	1	0
4	40	60000	30000	700	1	0	1	0	0

第四节 计算机在金融风险管理中的应用

层级	模块	功能
展现层	管理驾驶舱	操作风险概览、关键风险指标分析、操作风险概览、操作风险概览
		综合分析、专项报告、固定报表、灵活报表
应用层	工作台	代办事项、已办事项、消息提示
	流程管理	流程清单管理、流程梳理、流程统一视图
	风险与控制自我评估	评估标准管理、行动方案管理、自评项目管理、评估信息查询
	关键风险指标管理	关键风险指标新增、关键风险指标维护、关键风险指标启用与停用、关键风险指标查询、关键风险指标录入、异常指标处理
	损失数据收集	损失数据、调查通知管理、调查反馈与追踪、外部损失事件管理、损失事件查询和统计分析
	合同管理	合同范本库管理、合同履行、草拟合同、合同后评价、合同审查、合同台账及查询、合同签署、统计分析
	案件防空	案件排查、灰名单管理、排查问题整改、案防考核与评估、案件问责、案件报告
	诉讼管理	诉讼信息管理与审批、诉讼进度管理、外聘律师/机构管理、诉讼信息统计分析
	违规积分管理	违规积分标准维护、违规积分签收、违规积分标准查询、违规积分异议审查、违规积分登记、违规积分应用、违规积分审查、违规积分查询
	法律/合规查询	法律风险提示、咨询申请、咨询回复、咨询查询
	内外规管理	外部法规管理、内部制度管理
	内控自评	内控自评计划管理、内控缺陷认定与整改、内控评价报告
	检查管理	新建/修改项目、制定检查方案、检查办理
	问题库管理	风险事件新增、问题台账维护、风险事件审核、问题台账审核、风险事件录入、问题台账查询
	业务连续性管理	应急预案及演练管理、应急预案及演练查询
	资本计量	监管资本、经济资本
	风险监测/预警	风险预警、模型配置、组合预警、模型管理、风险跟踪
计量层		关键风险指标检测模型、风险识别评估模型、资本计量模型、正常行为检测模型、压力测试模型
数据层		数据接入与标准化、数据质量检核、数据预处理、数据接口设计
		核心系统、总账系统、柜面系统、纪检系统、审计系统、人力资源、其他外部系统、外部数据导入

计算机在金融风险管理中扮演着非常重要的角色，它能够快速、准确地对市场风险、信用风险、操作风险等各类金融风险进行监测、预测和管理，提高金融机构的风险管理能力和决策水平。

（1）市场风险管理：市场风险指金融机构在进行投资和交易过程中，由于市场变化而导致的资产价值下跌、亏损等风险。计算机在市场风险管理中可以用来实时监测市场数据、分析市场趋势、制定交易策略和风险控制方案等。常用的市场风险管理软件包括：Bloomberg、Reuters、Morningstar 等。

（2）信用风险管理：指金融机构在进行贷款、担保等信用业务时，由于借款人违约、信用风险提高而导致的资产损失。计算机在信用风险管理中可以用来评估借款人的信用风险、建立信用评级模型、监测借款人的还款行为等。常用的信用风险管理软件包括：FICO、Experian、Moody's 等。

（3）操作风险管理：指金融机构在业务操作过程中由于操作失误、技术故障等原因导致的风险。计算机在操作风险管理中可以用来制定操作规程、监测操作风险、评估操作风险等。常用的操作风险管理软件包括：SAS、IBM Operational Risk Manager 等。

以大型商业银行为例，其需要对市场风险、信用风险、操作风险进行管理。市场风险管理中，银行需要监测市场数据、分析市场趋势，制定交易策略和风险控制方案等。信用风险管理中，银行需要评估借款人的信用风险、建立信用评级模型、监测借款人的还款行为等。操作风险管理中，银行需要制定操作规程、监测操作风险、评估操作风险等。这些工作都需要计算机技术的支持，通过数据处理、风险模型建立和监测等手段，提高银行的风险管理能力和决策水平。

计算机在风险评估中的应用主要是通过数据挖掘、机器学习等技术对大量的金融数据进行分析和建模，从而识别出潜在的风险因素。例如，利用大数据分析技术，可以从银行客户的交易数据中发现风险客户，并对其进行风险评估和风险分类。

计算机在风险监测中的应用主要是利用高速计算和实时数据处理能力，对金融市场的动态变化进行监测和分析，及时发现潜在的风险。例如，利用机器学习和人工智能技术，可以对股票市场的交易行为进行实时监测和分析，发现异常交易行为，并及时采取相应措施。

计算机在风险预警中的应用主要是利用模型和算法对金融市场的未来趋势进行预测，并预测出可能出现的风险，从而提前采取应对措施。例如，利用人工智能和机器学习技术，可以对经济周期进行预测，发现经济衰退的风险，并预测出可能引发经济危机的因素。

利用计算机技术对股票市场进行风险管理是一个典型的案例。例如，某基金公司通过建立自己的风险管理系统，对股票市场的风险进行监测和预警。该系统通过实时监测股票价格的变化，识别出股票市场中的异常行为，并及时发出警报。同时，该系统还通过机器学习和数据挖掘技术，对大量的历史数据进行分析，发现股票市场中的规律和趋势，提前预测出可能出现的风险，并采取相应的投资策略。

在金融风险管理中，常用的软件包括 MATLAB、R、Python 等。

价值-at—风险（Value-at-Risk，VaR）是一种常见的风险测量方法。VaR 是在特定置信水平下，某一资产或资产组合在未来某一时间段内的最大可能损失金额。计算机可以用来对大量的金融数据进行处理和计算，得到相应的 VaR 值，并通过风险控制措施来降低风险。

另外，计算机还可以用于模拟蒙特卡罗方法来进行风险分析。这种方法通过模拟大量的随机路径，对未来的市场情况进行预测，从而对风险进行分析和控制。

在风险监测方面，计算机可以用于建立实时监测系统来监测市场风险、信用风险等各种风险，并在风险超过预设阈值时进行预警和控制。

此外，一个实际的应用案例是利用计算机技术来进行信用风险管理。银行可以建立一个基于大数据和机器学习算法的信用评估系统，对客户的信用情况进行评估和风险测量，并通过风险控制措施来降低信用风险。

程序示例：Python 编写一个计算 VaR 的程序

VaR 计算示例代码

在示例代码中，我们通过 numpy 和 scipy 库来计算数据集的均值、标准差和 VaR 值。可以根据实际需求来修改数据集和置信水平，从而计算出不同置信水平下的 VaR 值。

第五节　计算机在量化投资中的应用

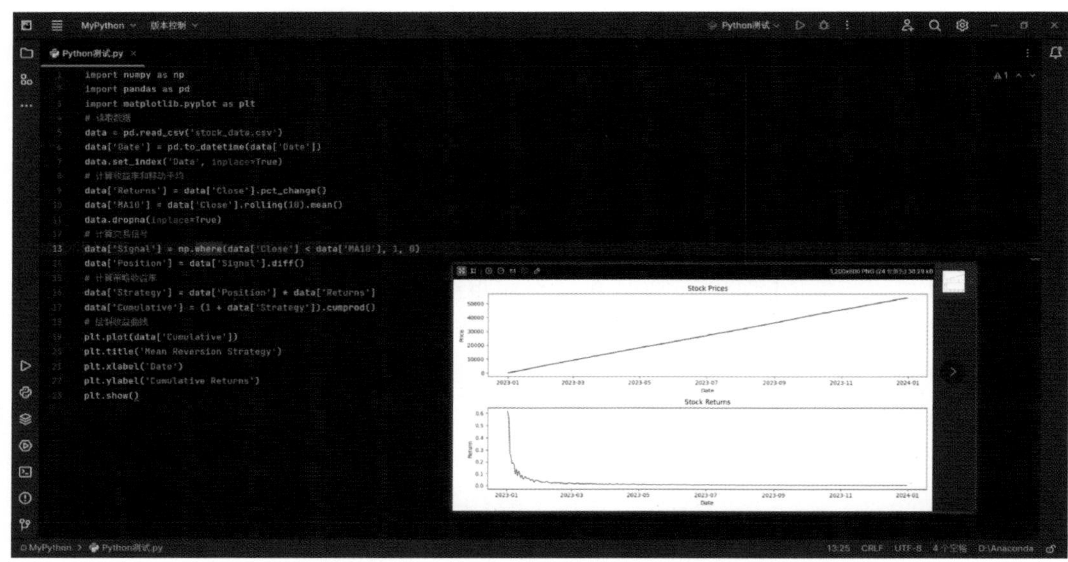

量化投资是利用计算机技术对金融市场进行定量分析和预测，从而制定投资策略和进行交易的一种投资方式。计算机在量化投资中的应用涉及数据处理、机器学习、统计分析、优化算法等多个方面。

（1）在数据处理方面，计算机可以通过爬取网站、收集交易数据等方式获取大量的市场数据，并利用数据清洗、预处理等方法进行数据清洗和整理，使数据更适合进行分析和建模。

（2）在机器学习方面，计算机可以利用分类、聚类、回归等机器学习算法对数据进行分析和建模，从而预测未来市场走势和制定投资策略。

（3）在统计分析方面，计算机可以利用统计分析方法对数据进行分析和建模，比如利用时间序列分析、方差分析等方法对市场波动进行分析和预测。

（4）在优化算法方面，计算机可以利用优化算法对投资组合进行优化，从而最大化收益或最小化风险。

一个常见的量化投资策略是基于均值回归理论的策略，即根据过去的历史数据来预测未来的走势。

程序示例：Python 编写一个金融市场进行定量分析和预测的程序

定量分析和预测示例代码

示例代码实现了基于均值回归的量化投资策略，通过计算移动平均和当前价格的差异来判断是否买入或卖出股票。可以使用 Python 的 Pandas

和 Matplotlib 等库来实现数据处理和可视化。

第六节　计算机在财经人工智能预测方面的应用

计算机在财经人工智能预测方面的应用包括基于机器学习、深度学习等算法的股票价格预测、风险评估、投资组合优化等方面。这些应用主要依赖于大数据处理和分析，可以有效地辅助投资决策、风险控制等。

程序示例：Python 编写一个机器学习库对数据进行训练和预测的程序

机器学习库示例代码

假设我们想要预测某股票在未来一个月的价格趋势。我们可以使用机器学习算法来训练模型，然后利用历史数据对其进行验证和调整，最终得出预测结果。

首先，我们需要收集股票的历史价格数据，可以从雅虎财经等网站获取。

然后，我们可以使用 Python 中的 pandas 库和 numpy 库对数据进行处理和分析，比如计算收益率、标准差等指标。接着，我们可以使用 scikit-learn 等机器学习库对数据进行训练和预测。

在示例代码中，我们首先读取股票历史数据，然后计算出每日的收益率和标准差。接着，我们构造特征向量和标签，其中特征向量是前 29 天的收益率，标签是未来一个月的价格趋势。最后，我们使用线性回归模型对数据进行训练，并使用模型预测未来一个月的趋势。

当然，这只是一个简单的示例。在实际应用中，需要更加细致地选择特征向量、调整模型参数等，以获得更好的预测效果。

程序示例:C++语言编写一个线性回归模型的程序

线性回归模型示例代码

一个财经人工智能预测案例是利用机器学习算法预测股票价格走势。通过收集历史的股票价格数据以及相关财经指标数据,建立预测模型并进行训练,然后对新的数据进行预测。常用的机器学习算法包括线性回归、决策树、支持向量机等。

本示例用于预测某只股票的价格走势。

程序示例:C++编写的简单的股票价格预测程序

股票价格预测示例代码

采用基于历史价格和交易量的技术分析方法,通过计算移动平均线和相对强弱指标等技术指标,预测股票价格的涨跌趋势。

示例代码中,我们首先定义了两个函数 movingAverage 和 rsi,分别用于计算移动平均线和相对强弱指标。然后在 main 函数中,我们定义了一个股票价格序列 prices,并调用这两个函数计算移动平均线和相对强弱指标。最后将每个时间点的价格、移动平均线和相对强弱指标输出到控制台。

需要注意的是,这只是一个非常简单的股票价格预测程序,实际应用中需要考虑更多因素,并采用更为复杂的算法。

预测钢材价格走势是金融领域中的一个应用,可以通过历史价格数据和市场因素来预测未来价格的变化趋势。这里我们可以使用 Python 编程来实现。

第七节　区块链技术在财经领域的应用

区块链技术在财经领域的应用包括但不限于数字货币、金融交易结算、财务审计和供应链金融等方面。其基本原理是利用分布式数据库技术,将交易记录以块的形式链接在一起,形成一个不可篡改的数据结构。

区块链技术被广泛应用于数字货币的发行、交易和管理。比特币是最著名的数字货币之一,其基于区块链技术,实现了去中心化的交易模式。除了比特币,其他数字货币如以太坊、莱特币等也采用了类似的区块链技术。

另一个区块链在财经领域的应用是供应链金融。传统的供应链金融存在很多问题,如信息不对称、融资成本高、资产流通困难等。区块链技术可以解决这些问题,通过建立分布式账本,实现信息共享和流转,提高融资效率和降低融资成本。具体来说,区块链技术可以实现货物的溯源和真实性验证,提供资产证明和信用评估等服务,同时也可以将交易过程中的各种费用和风险降至最低。目前,一些企业已经开始在供应链金融领域尝试应用区块链技术。

例如,采用区块链技术进行供应链金融管理,包括货物溯源、资产证明和交易结算等方面。在区块链上建立一个分布式账本,记录货物的生产、流通和销售信息,同时也包括资产

凭证和融资信息等。通过区块链技术，公司能够实现对货物的真实性验证和信用评估，提供资产证明和融资服务，同时也能够降低交易成本和风险。

智能合约示例代码

程序示例：Solidity 语言编写一个供应链金融智能合约程序

本示例内容包括创建合约、记录货物信息、资产证明和融资申请等。

第八节　编写公司财务报表可以使用 Microsoft Word

使用 Word 编写公司财务报表的流程如下：

（1）创建报表模板：在 Word 中创建报表模板，包括公司名称、报表期间、报表类型等信息，并根据需要添加标头、页眉、页脚等元素，以便使报表更具可读性。

（2）输入数据：输入公司的财务数据，包括资产、负债、收入、成本等。可以使用表格、列表或标签页等方式将数据分组和组织。

（3）计算和汇总数据：对于每个数据组，计算其总和或平均值，并在报表底部或每个部分的底部列出这些数据。这可以帮助读者更好地了解公司的财务状况。

（4）添加注释：对于重要数据或不同的数据组，添加注释，说明其含义和影响。这可以帮助读者更好地理解财务报表。

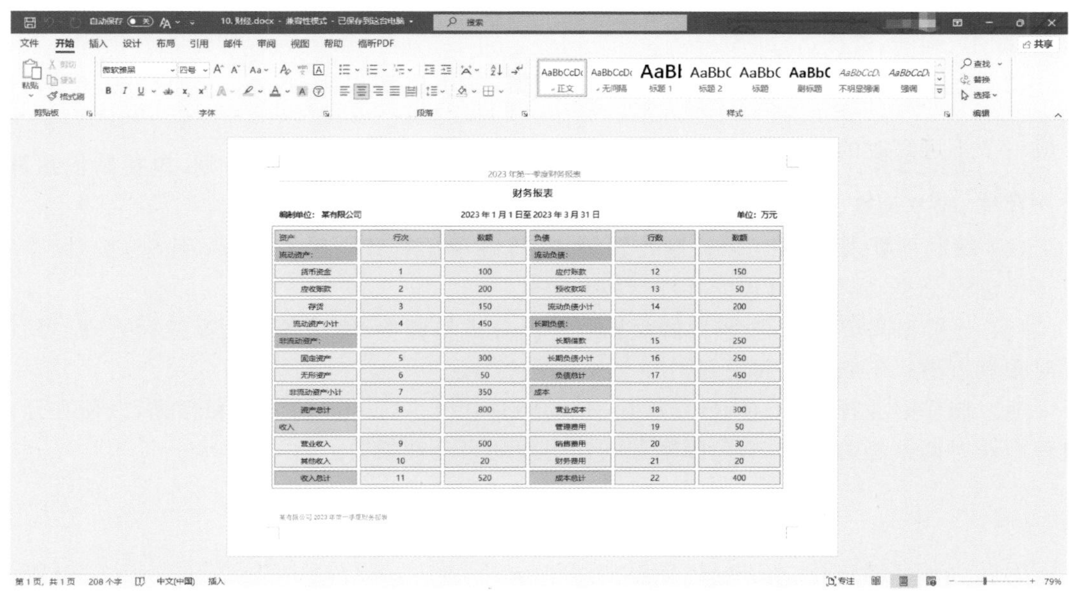

2023年第一季度财务报表

财务报表

编制单位：某有限公司　　2023年1月1日至2023年3月31日　　单位：万元

资产	行次	数额	负债	行数	数额
流动资产：			流动负债：		
货币资金	1	100	应付账款	12	150
应收账款	2	200	预收款项	13	50
存货	3	150	流动负债小计	14	200
流动资产小计	4	450	长期负债：		
非流动资产：			长期借款	15	250
固定资产	5	300	长期负债小计	16	250
无形资产	6	50	负债总计	17	450
非流动资产小计	7	350	成本		
资产总计	8	800	营业成本	18	300
收入			管理费用	19	50
营业收入	9	500	销售费用	20	30
其他收入	10	20	财务费用	21	20
收入总计	11	520	成本总计	22	400

某有限公司2023年第一季度财务报表

(5) 附加附件:如果需要,可以添加附件,例如报表补充说明、会计凭证、审计报告等,以帮助读者更好地了解公司的财务状况。

(6) 格式化和布局:对于每个数据组,选择适当的格式和布局,使其易于阅读和理解。可以使用颜色、粗体、斜体等格式来突出重点。

(7) 校对和审查:在完成报表之前,对其进行校对和审查,以确保没有任何拼写错误、语法错误或其他错误,以便读者可以完全信任报表的准确性和可靠性。

第九节 Excel编制财务预算表

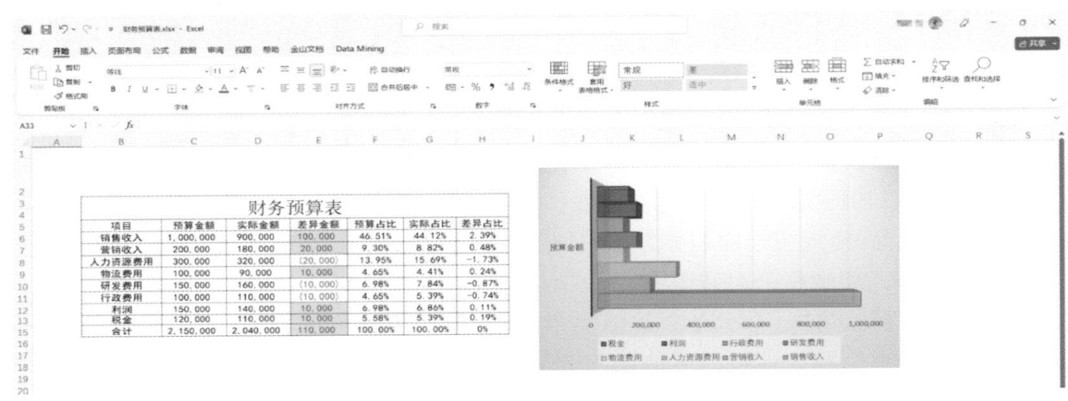

财务预算表

项目	预算金额	实际金额	差异金额	预算占比	实际占比	差异占比
销售收入	1,000,000	900,000	100,000	46.51%	44.12%	2.39%
营销收入	200,000	180,000	20,000	9.30%	8.82%	0.48%
人力资源费用	300,000	320,000	(20,000)	13.95%	15.69%	-1.73%
物流费用	100,000	90,000	10,000	4.65%	4.41%	0.24%
研发费用	150,000	160,000	(10,000)	6.98%	7.84%	-0.87%
行政费用	100,000	110,000	(10,000)	4.65%	5.39%	-0.74%
利润	150,000	140,000	10,000	6.98%	6.86%	0.11%
税金	120,000	110,000	10,000	5.58%	5.39%	0.19%
合计	2,150,000	2,040,000	110,000	100.00%	100.00%	0%

使用 Excel 编制财务预算表的流程如下:

(1) 设定预算目标:根据公司的经营计划和目标,制定财务预算表的各项指标,包括销售额、成本、利润、资产、负债等。

(2) 收集数据:收集与预算相关的各项数据,如历史销售额、成本、人工费用、折旧、税金等。

(3) 制定预算计划:根据预算目标和收集到的数据,制定各项预算计划,包括销售预算、生产预算、成本预算、资本预算等。

(4) 编制预算表:使用 Excel 制作预算表,将各项预算计划输入到 Excel 中,按月、季度或年度进行分类,制作预算表的各项指标和公式。

(5) 分析和调整预算:对制定的预算表进行分析和调整,确保各项预算指标合理、可行,并对预算表进行不断优化和更新。

通过制作财务预算表,企业可以对公司的经营状况进行全面的分析和预测,以便在经营过程中及时调整经营计划,避免因财务问题引发的风险和损失。

第十节　使用 PPT 制作企业年度财务报告

可以让财务数据更直观、生动地展示出来，以下是可能需要用到的步骤和技巧：

(1) 设计报告样式：选择一个合适的主题和版式，包括幻灯片的背景、字体、颜色等，使报告具有一致性和专业性。

(2) 插入数据表格：在 PPT 中插入数据表格，包括利润表、资产负债表、现金流量表等，可以使用 PPT 自带的表格工具，也可以从 Excel 中复制粘贴表格。

(3) 添加图表：在 PPT 中添加图表，可以更直观地呈现财务数据。可以选择适当的图表类型，如柱形图、折线图、饼图等，可以使用 PPT 自带的图表工具，也可以从 Excel 中复制粘贴图表。

(4) 增加解释说明：在财务数据的基础上，加入一些说明文字，解释数据的含义和背景，方便听众理解。

(5) 使用动画效果：使用适当的动画效果，如数字逐步变化、图表逐渐呈现等，可以提高演示效果，吸引听众的注意力。

(6) 使用幻灯片切换动画：使用合适的幻灯片切换动画，如平移、淡入淡出、旋转等，可以增加视觉效果，让报告更加生动。

(7) 保持简洁明了：避免使用过多的文字和图表，保持简洁明了，突出重点，让听众能够快速理解报告内容。

练习题和思考题及课程论文研究方向

练习题

1. 使用 Excel 编制一个公司的财务报表模板，包括资产负债表、利润表和现金流量表等。

2. 使用 PPT 制作一个企业年度财务报告的演示文稿，包括财务指标、业绩分析和未来展望等内容。

3. 使用 Python 编写一个股票数据查询程序，实现对股票市场数据的获取和分析。

4. 使用 C++编写一个简单的金融模型，实现对股票收益率的计算和预测。

5. 使用 Solidity 语言编写一个供应链金融智能合约，实现对供应链中的交易和结算的自动化。

6. 使用 MATLAB 编写一个金融风险模型，实现对投资组合的风险评估和优化。

思考题

1. 计算机技术在财经领域的应用如何改变了金融行业的运作方式和决策过程？讨论其优势和风险。

2. 区块链技术在财经领域的应用有哪些潜在的影响和挑战？如何解决区块链应用中的隐私和安全问题？

3. 人工智能在财经预测和投资决策中的应用前景如何？讨论其优势和限制。

课程论文研究方向

1. 金融大数据分析与机器学习算法在投资组合优化中的应用研究。
2. 区块链技术在供应链金融中的应用与风险控制研究。
3. 人工智能在金融风险管理与预测中的应用研究。

第十一章　人工智能对教育的影响及应用

Chapter 11: Impact and Application of Artificial Intelligence in Education

欢迎阅读本书的第十一章——“人工智能对教育的影响及应用”。在这一章中，我们将深入探讨人工智能在教育领域中的应用，并提供一些具体的编程示例。

首先，我们将概述人工智能对教育的影响及其发展概况。然后我们将探讨人工智能在大学学习辅助方面的应用，包括 Python 编写的一个自动化批改系统的程序示例。

接着，我们会讨论计算机在大学虚拟实验中的应用，展示使用 Unity 软件和 C++语言编写构建机械类实验虚拟实验室的程序示例。

在智能评估部分，我们将提供 Python 和机器学习算法编写的一个大学生学业成绩预测和评估系统的程序示例。在教学智能化部分，我们将展示 Python 编写的智能评估的程序示例，以及 Python 和机器学习算法编写的学生学习行为和成绩分析的程序示例。

我们还将讨论“元宇宙”对大学教育的影响。最后，我们会教你如何使用 Word 编写教学大纲和课程计划，如何使用 Excel 进行课程评估和评分统计，以及如何制作幼儿园家长会的 PPT。

本章的目标是帮助你理解人工智能如何改变我们的教育方式，并学习如何利用这些技术来提升教育质量。

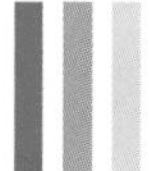

第一节　人工智能对教育的影响及应用与发展概况

人工智能在大学教育教学中的应用和未来发展是一个快速发展的领域，其应用包括以下几个方面：

(1) 学习辅助：人工智能可以为学生提供学习辅助，如学习计划制定、学习资源推荐、个性化学习路径推荐等等，这可以帮助学生更好地掌握知识。

(2) 智能评估：人工智能可以对学生进行智能评估，如自动批改作业、自动评测编程作业等等，这可以减轻教师的工作负担，同时也可以更加客观地评价学生的学习效果。

(3) 虚拟实验：人工智能可以创建虚拟实验环境，如虚拟化化学实验、物理实验、生物实验等等，这可以让学生更好地理解实验原理和操作方法，同时也可以减少实验设备的成本和安全风险。

(4) 教学智能化：人工智能可以通过对大量学习数据的分析和挖掘，为教师提供教学智能化的支持，如教学过程分析、学生学习分析等等，这可以帮助教师更好地了解学生的学习状态和需求，优化教学内容和方式。

例如，计算机在高等数学中就有许多应用：

(1) 符号计算：计算机可以通过数学软件进行符号计算，如求导、积分、求解方程等等，这可以节省大量的计算时间和工作量。

(2) 数值计算：计算机可以进行数值计算，如求解线性方程组、求解微分方程等等，这可以帮助人们更快、更准确地得到结果。

(3) 数据分析：计算机可以处理大量的数据，如统计数据、拟合数据、描绘数据等等，这可以帮助人们更好地理解数学模型和理论。

(4) 可视化：计算机可以通过绘图软件进行可视化，如画出函数图像、曲线图、散点图等等，这可以让人们更直观地感受数学概念和理论。

未来，人工智能在大学教育教学中的应用将更加广泛和深入，可能出现以下趋势：

(1) 大规模开放在线课程将变得更加个性化和智能化，学生将得到更加个性化的学习体验。

(2) 教师和学生之间的互动将更加智能化和有效化，教师可以根据学生的需求和反馈进行针对性的教学调整。

(3) 教学过程的智能监控和优化将更加普遍，学生的学习效果将得到更好的提高。

第二节　人工智能在大学学习辅助方面的应用

人工智能在大学学习辅助方面的应用包括但不限于智能教学辅助、个性化学习、知识图谱构建、智能评测和虚拟现实学习等方面。

(1) 智能教学辅助：智能教学辅助是指利用人工智能技术来辅助教师进行教学，以提高教学效果和效率。常见的应用包括智能教学设计、自动化测试和评估、智能答疑和个性化推荐等。例如，利用自然语言处理技术，构建智能问答系统来解答学生问题，提高学生的学习效果和积极性。

(2) 个性化学习：个性化学习是指根据学生的学习状态和需求，为其提供相应的学习资源和学习建议，以提高学习效果。利用人工智能技术可以对学生的学习行为和学习成果进行分析，为其推荐相应的学习资源和学习建议。例如，利用机器学习算法分析学生的学习习惯和知识点掌握情况，为其推荐适合的学习资源和学习计划。

(3) 知识图谱构建：知识图谱是指基于人工智能技术，将知识点和实体之间的关系构建成一张图谱。在大学学习中，利用知识图谱可以帮助学生更好地理解知识点之间的关系，促进知识的联想和迁移。例如，利用自然语言处理技术，对学习材料进行分析和归纳，构建出对应的知识图谱，供学生学习和查询。

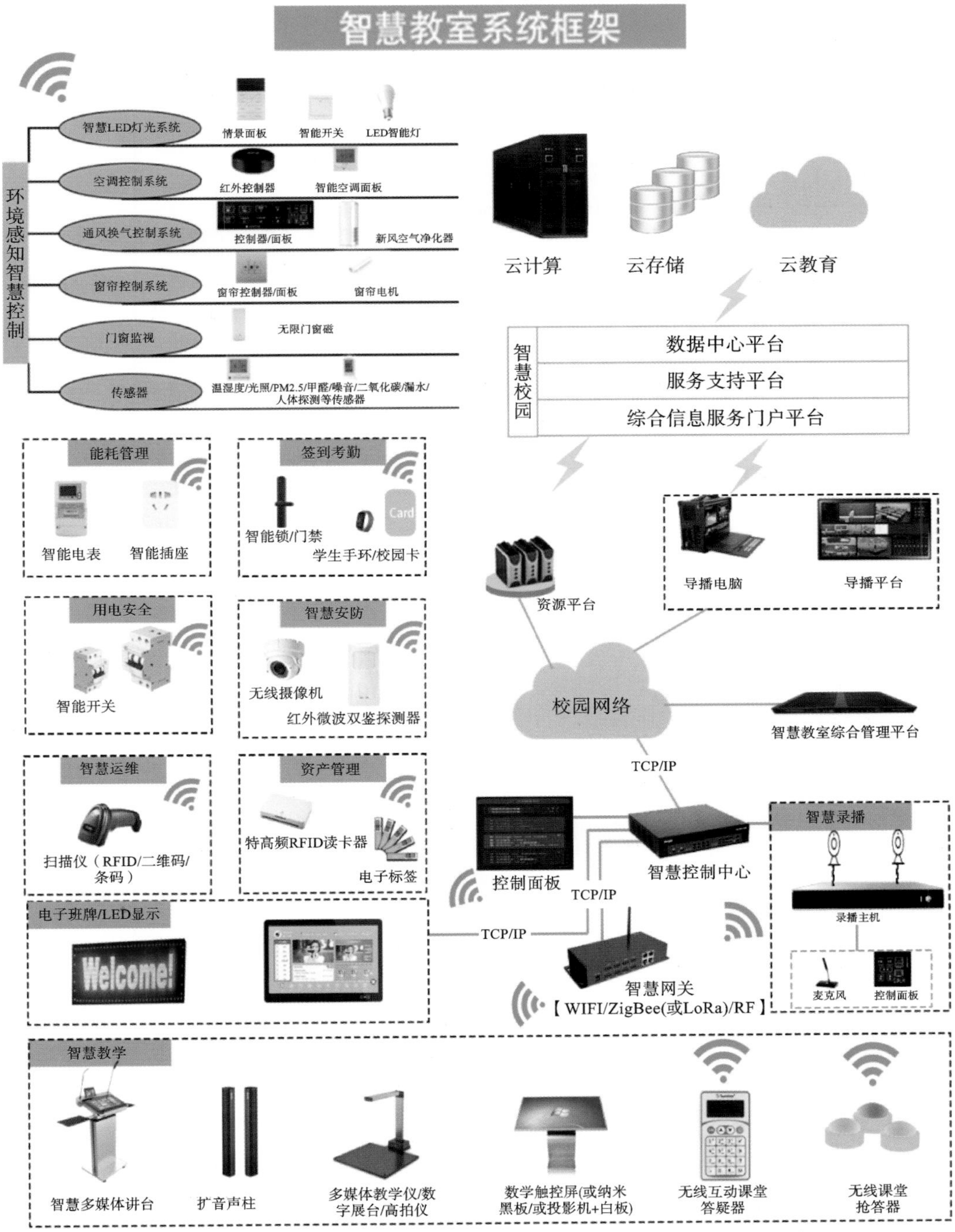

（4）智能评测：智能评测是指利用人工智能技术对学生的学习情况进行评测和反馈。常见的应用包括自动化批改、作业分析和成绩预测等。例如，利用机器学习算法分析学生的答题情况，对其进行评分和反馈，同时提供相应的学习建议和改进方案。

（5）虚拟现实学习：虚拟现实学习是指利用虚拟现实技术，为学生提供沉浸式的学习体

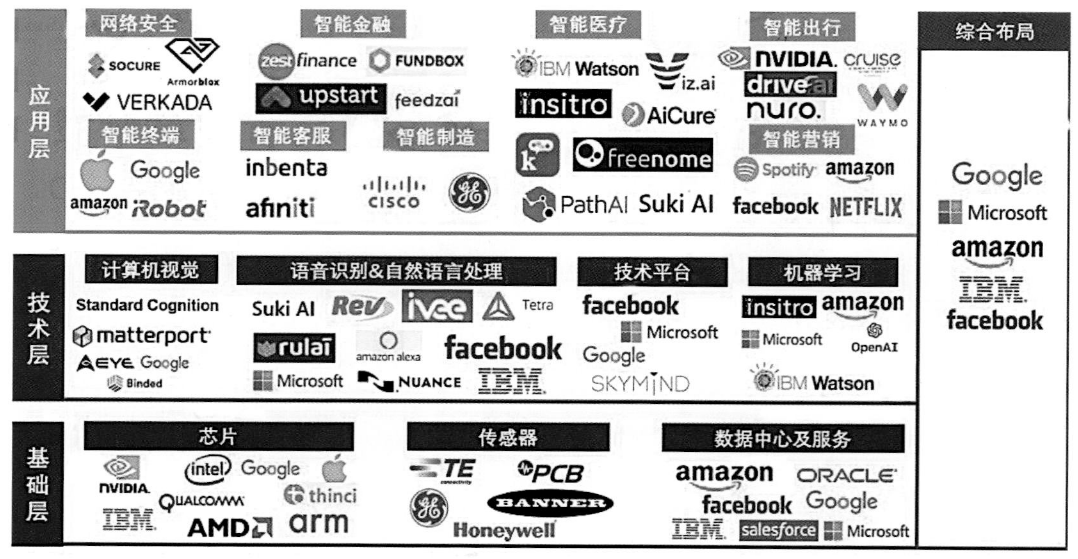

验，增强学习效果和吸引力。例如，在物理学实验中，利用虚拟现实技术模拟实验场景，让学生可以在安全的环境下进行实验操作，同时还可以提供实验数据和分析工具，帮助学生更好地理解物理学概念和现象。

以下是针对以上应用的一些案例及软件。

(1) 智能教学辅助案例：利用 Python 和自然语言处理技术构建一个智能问答系统，以辅助学生解答问题。学生可以通过输入问题，系统会自动搜索相关的答案，并给出相应的解答和解释。

(2) 个性化学习案例：利用 Excel 和机器学习算法对学生的成绩进行分析和预测，为其提供个性化的学习建议和改进方案。通过分析历史成绩和学习习惯，系统可以预测学生未来的成绩和潜在问题，并给出相应的学习计划和建议。

(3) 知识图谱案例：利用 Neo4j 和自然语言处理技术构建一个电子词典，将词汇和例句构建成一张知识图谱。学生可以通过搜索词汇，查看相关的例句和知识点，帮助其更好地掌握词汇的用法和含义。

(4) 智能评测案例：利用 Python 和机器学习算法构建一个自动化批改系统，对学生的作业进行自动化评测和反馈。系统可以自动检测语法和拼写错误，并根据作业要求和标准给出相应的评分和建议。

(5) 虚拟现实学习案例：利用 Unity 和虚拟现实技术，模拟物理实验场景，让学生可以在虚拟环境中进行实验操作和数据分析。学生可以通过手柄等设备进行实验操作，并观察实验现象，帮助其更好地理解物理学概念和实验原理。

总的来说，人工智能在大学学习辅助方面的应用越来越广泛，未来将继续发挥重要的作用，为学生提供更好的学习体验和效果。

程序示例:Python 编写机器学习算法构建一个自动化批改系统的程序

自动化批改系统示例代码

这个程序的功能是根据学生对四道题目的回答，预测其最终的考试成绩是否及格。首先，我们使用 Pandas 库加载一个名为"exam_data.csv"的数据集，并进行数据预处理。其中，我们将题目答案转化为数值型特征，并将分数分为及格和不及格两类。接着，我们将数据集分为训练集和测试集，并使用随机森林算法构建分类模型。最后，我们对测试集进行预测，并计算模型的准确率。

answer	score	question1	question2	question3	question4
132	98	1	11	21	31
133	78	2	12	22	32
134	88	3	13	23	33
135	56	4	14	24	34
136	87	5	15	25	35
137	55	6	16	26	36
138	45	7	17	27	37

这只是一个简单的示例程序，实际的自动化批改系统需要更加复杂的算法和模型。此外，在构建自动化批改系统时，还需要考虑如何处理不同类型题目(如选择题、填空题、问答题等)和不同类型的答案(如文本、数字、图片等)。

第三节　计算机在大学虚拟实验中的应用

计算机在大学虚拟实验中的应用主要包括使用虚拟现实技术构建虚拟实验室，提供沉浸式的学习体验，以及使用计算机模拟和仿真技术进行实验设计和数据处理。例如：机械类实验是大学实验教学中非常重要的一类实验，包括静力学、动力学、流体力学、热力学等方面。

（1）虚拟实验室构建：通过虚拟现实技术构建机械类实验的虚拟实验室，提供更为直观、安全、灵活的学习环境。例如，利用 Unity 引擎构建的虚拟实验室可以在其中进行不同类型的机械实验，如摆锤实验、摩擦实验等。

（2）计算机仿真与模拟：利用计算机仿真和模拟技术对机械类实验进行设计和分析，如在流体力学实验中，可以使用计算流体力学（CFD）软件对流场进行模拟和分析，进而探究流体的运动规律和特性。

（3）数据采集和处理：在机械类实验中，通过传感器等设备采集实验数据，再利用计算机软件对数据进行处理和分析，获得实验结果。例如，在静力学实验中，可以使用数据采集器对力的大小和方向进行测量，再利用 MATLAB 等软件对数据进行处理，获得受力分析和结论。

程序示例：Unity 软件和 C++语言编写构建机械类实验虚拟实验室的程序

```
C#
using UnityEngine;
public class MechanicalExperiment:MonoBehaviour
{
    //静态摩擦系数
    public float staticFriction=0.5f;
    //动态摩擦系数
    public float dynamicFriction=0.4f;
    //质量
    public float mass=2f;
    //斜面倾角
    public float slopeAngle=30f;
    //斜面长度
    public float slopeLength=10f;
    //斜面高度
```

在机械类的虚拟实验中，计算机还可以应用于机械结构设计、机器人控制、CAD/CAM、仿真分析等方面，从而提高学生的实践操作能力和机械设计能力。具体包括以下方面：

（1）机械结构设计：利用计算机辅助设计软件（CAD）和计算机辅助制造软件（CAM），可以帮助学生进行机械结构的设计和制造。例如，在 CAD 中绘制机械零件的三维模型，利用 CAM 将其转化为加工程序，然后利用数控机床进行加工，最终制造出物理零件。通过这一过程，学生可以掌握机械结构设计和制造的基本技能。

（2）机器人控制：利用计算机控制技术，可以实现机器人的控制和运动规划。例如，利用 ROS（机器人操作系统）进行机器人控制和仿真，可以实现机器人的自主导航、抓取和物体识别等功能。通过这一过程，学生可以掌握机器人控制和运动规划的基本技能。

(3) 仿真分析：利用计算机辅助工程软件(CAE)，可以进行机械结构的仿真分析。例如，在ANSYS中进行有限元分析，可以模拟机械零件在受力状态下的变形和破坏情况。通过这一过程，学生可以掌握机械结构仿真分析的基本技能。

程序示例：使用 Unity 软件和 SteamVR SDK 软件编写机械类虚拟实验的程序

该示例主要涉及3D建模、物理引擎、用户交互和VR展示等技术。实现了一个基于HTC Vive VR头盔的机械手臂控制和操作系统。使用者可以通过手柄进行机械手臂的运动和操作，并在虚拟现实环境中进行学习和实验。

代码演示：

```
csharp
using System.Collections;using System.Collections.Generic;using UnityEngine;
public class ArmController:MonoBehaviour
{
    public GameObject Arm;
    public float RotateSpeed=10f;
    public float MoveSpeed=0.1f;
    private SteamVR_TrackedObject trackedObject;
    private SteamVR_Controller.Device controller;
    private bool isRotating=false;
    private bool isMoving=false;
    //Use this for initialization
    void Start()
```

第四节　智能评估

智能评估是指利用人工智能技术，对学生的学习情况进行评估和反馈，以提高教学效果和学生学习效果。在大学中，智能评估的应用可以帮助教师更好地了解学生的学习情况和问题，以便进行针对性的教学和辅导。

一个实际应用案例是利用机器学习算法对大学生的学业成绩进行预测和评估。通过分析学生的历史成绩、课程选修情况、社交网络等因素，建立预测模型，预测学生的未来成绩和学习状况。同时，利用大数据分析技术对学生成绩进行细致的评估，包括课程难易程度、学生自我评价和对教师的评价等方面，以便教师了解学生的学习情况和问题，提供相应的教学和辅导措施。

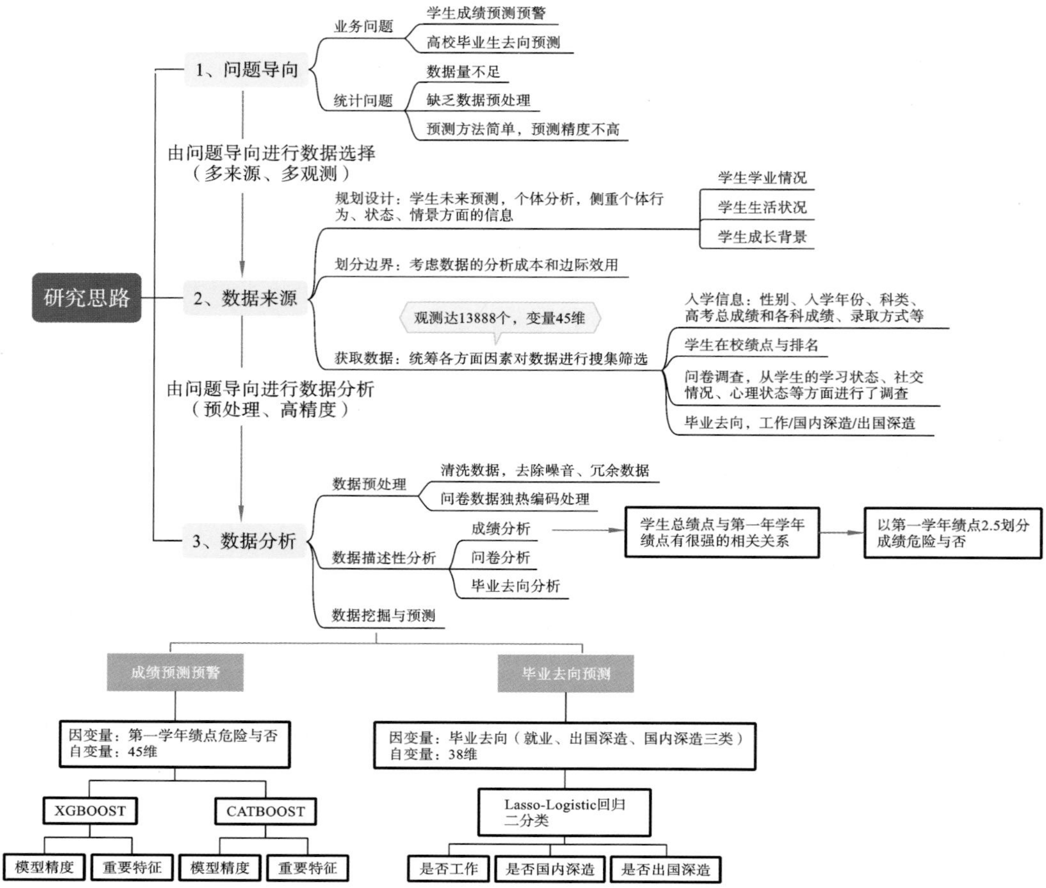

- 研究思路
  - 1、问题导向
    - 业务问题
      - 学生成绩预测预警
      - 高校毕业生去向预测
    - 统计问题
      - 数据量不足
      - 缺乏数据预处理
      - 预测方法简单，预测精度不高
  - 由问题导向进行数据选择（多来源、多观测）
  - 2、数据来源
    - 规划设计：学生未来预测，个体分析，侧重个体行为、状态、情景方面的信息
      - 学生学业情况
      - 学生生活状况
      - 学生成长背景
    - 划分边界：考虑数据的分析成本和边际效用
    - 获取数据：统筹各方面因素对数据进行搜集筛选（观测达13888个，变量45维）
      - 入学信息：性别、入学年份、科类、高考总成绩和各科成绩、录取方式等
      - 学生在校绩点与排名
      - 问卷调查，从学生的学习状态、社交情况、心理状态等方面进行了调查
      - 毕业去向，工作/国内深造/出国深造
  - 由问题导向进行数据分析（预处理、高精度）
  - 3、数据分析
    - 数据预处理
      - 清洗数据，去除噪音、冗余数据
      - 问卷数据独热编码处理
    - 数据描述性分析
      - 成绩分析 → 学生总绩点与第一年学年绩点有很强的相关关系 → 以第一学年绩点2.5划分成绩危险与否
      - 问卷分析
      - 毕业去向分析
    - 数据挖掘与预测
      - 成绩预测预警
        - 因变量：第一学年绩点危险与否；自变量：45维
          - XGBOOST：模型精度、重要特征
          - CATBOOST：模型精度、重要特征
      - 毕业去向预测
        - 因变量：毕业去向（就业、出国深造、国内深造三类）；自变量：38维
          - Lasso-Logistic回归二分类：是否工作、是否国内深造、是否出国深造

程序示例：Python和机器学习算法编写一个大学生学业成绩预测和评估系统的程序

成绩预测和评估系统示例代码

首先，需要收集和整理学生的学业成绩、选课情况和社交网络等数据，并进行数据清洗和预处理。然后，利用机器学习算法，如决策树、随机森林等，对学生的学业成绩进行预测和评估。最后，将预测和评估结果以可视化的形式展示给教师和学生，以便针对性地进行教学和学习。

1	feature1	feature2	score
2	10	5	60
3	20	15	70
4	30	25	80
5	40	35	90
6	50	45	100

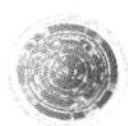

在该示例中，我们首先从 CSV 文件中读取学生成绩数据，然后进行数据预处理和特征工程，使用决策树算法构建学生成绩预测模型，并计算预测准确率。最后，将结果以文本输出的方式展示给用户。

第五节　教学智能化

儿童综合素质评测项目

EVALUATION OF CHILDREN'S COMPREHENSIVE QUALITY

序号	项目	序号	项目	序号	项目
1	高精度体格测量，多标准评估	21	儿童健康教育指导	41	普通体弱儿管理指导
2	儿童身高预测	22	儿童多动症核查问卷	42	注意力控制测验
3	早产儿生长发育评估	23	儿童营养膳食调查评估	43	儿童心理行为发育预警征象筛查问卷(WSCMBD)
4	体重增长速率评估	24	儿童营养食谱制定指导	44	Rutter父母问卷
5	身长(高) 增长速率评估	25	缺铁性贫血管理指导	45	Rutter教师问卷
6	头围增长速率评估	26	肥胖儿童管理指导	46	Conners教师评定量表
7	儿童个性化成长管理	27	儿童营养不良管理指导	47	Conners父母症状问卷
8	儿童生长发育指导	28	佝偻病管理指导	48	Conners教师简明问卷
9	儿童认知/思维/智能开发指导	29	新生儿20项行为神经测查方法(NBNA)	49	产后忧郁症评估问卷
10	儿童大运动开发指导	30	儿童丹佛智力筛查(DDST)	50	家庭养育环境问卷
11	儿童精细运动开发指导	31	图片词汇智力测试(PPVT)	51	孤独症行为量表(ABC)
12	儿童语言及交流开发指导	32	瑞文测评	52	儿童孤独症评估量表(CARS)
13	儿童感觉开发指导	33	婴儿20项神经运动检查	53	婴儿初中学生社会生活能力量表(S-M)
14	儿童早期教育指导	34	0~6岁儿童智能发育筛查测验(DST)	54	儿童学习障碍筛查量表(PRS)
15	新生儿访视管理指导	35	感觉统合评定	55	注意力控制测验
16	儿童睡眠指导	36	小婴儿气质问卷(EITQ)	56	儿童多动症核查问卷
17	儿童喂养指导	37	婴儿气质问卷修订版(RITQ)	57	儿童焦虑性情绪障碍筛查表
18	儿童日常护理指导	38	幼儿气质评估表(TTS)	58	Gesell发育诊断量表
19	儿童社会适应能力发展指导	39	3~7岁儿童气质问卷(BSQ)	59	韦氏儿童智力量表(WISC)
20	儿童定期体检指导	40	8~12岁儿童气质问卷(MCTQ)	60	韦氏学前儿童智力量表(WPPSI)

教学智能化是指利用人工智能和其他先进技术，实现教学过程的智能化、个性化和高效化。具体包括但不限于以下方面：

（1）智能教学设计：利用数据分析和机器学习等技术，对学生的学习行为和成果进行分析，为教学设计提供参考。

（2）智能辅导和答疑：利用自然语言处理技术，构建智能问答系统或聊天机器人，解答学生问题，提供个性化辅导。

（3）智能评估：利用机器学习等技术，自动评估学生的学习成果，提供及时反馈和个性化建议。

（4）智能推荐：基于学生的学习记录和兴趣爱好，为其推荐适合的学习资源和学习计划。

（5）智能化管理：利用数据分析和机器学习等技术，对教学过程进行管理和优化。

(6) 虚拟现实教学:利用虚拟现实技术,为学生提供沉浸式的学习体验,增强学习效果和吸引力。

相关的案例有:

(1) 智慧校园项目:某大学通过利用人工智能技术,实现了学生考勤、作业批改、成绩统计等教学过程的智能化管理,同时为学生提供了智能辅导和推荐系统,提高了学生的学习效果和积极性。

(2) 机器学习辅助教学:某教育公司通过机器学习技术,对学生的学习行为和成果进行分析,为教师提供智能化的教学设计和评估,同时为学生提供个性化的学习辅导和推荐系统,提高了学生的学习效果和满意度。

程序示例:Python 编写智能评估的程序

智能评估示例代码

在教学智能化方面,另一个重要的应用是个性化学习,即根据每个学生的学习状态和需求,为其提供个性化的学习资源和学习计划。在这方面,机器学习和数据挖掘技术可以对学生的学习行为和成绩进行分析,为其推荐适合的学习资源和学习计划。

quiz1	quiz2	midterm	final
6	7	89	99
8	9	91	85
7	8	87	65
5	6	85	32
9	5	92	77

例如,一项名为"Smart Sparrow"的个性化学习平台就是一种使用机器学习技术的教学智能化应用。该平台可以根据学生的学习情况和偏好,自动生成个性化的学习路径和学习内容,以提高学习效果。另外,该平台还可以根据学生的学习情况,自动生成个性化的测试和练习题,以帮助学生巩固知识点。

在编程方面,可以使用 Python 等编程语言,结合机器学习和数据挖掘算法,对学生的学习行为和成绩进行分析,为其推荐适合的学习资源和学习计划。

程序示例:Python 和机器学习算法编写学生学习行为和成绩分析的程序

学习成绩预测示例代码

在这个例子中,我们使用了一个简单的决策树回归模型,对学生的成绩进行预测。首先,我们加载了一个包含学生各种学习因素的数据集,然后将自变量和因变量分离。接着,我们使用决策树回归模型对数据进行拟合,得到一个可以用于预测学生成绩的模型。最后,我们输入一个包含学生各种学习因素的新数据,并使用模型对其进行预测,输出预测结果。

当然,实际上的应用会比这个例子更为复杂,需要更多的数据处理和算法优化。但是,通过这个简单的例子,我们可以看到,利用机器学习和数据挖掘算法,可以构建出一个个性化的学习评估系统,以帮助学生更好地进行学习。

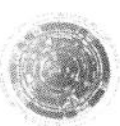

feature1	feature2	feature3	feature4	feature5	grade
3	4	5	6	7	77
4	5	6	7	8	76
5	6	7	8	9	93
6	7	8	9	10	68
7	8	9	10	11	56

第六节　“元宇宙”对大学教育影响

“元宇宙”是指一个虚拟的、全球性的、多用户的、互动的3D虚拟世界，由各种虚拟现实技术组成。在教育领域，元宇宙为大学教育带来了许多新的机会和挑战。

首先，元宇宙可以为大学教育提供全新的学习环境。学生可以在虚拟世界中进行各种实验、探索和互动，提高学生的学习兴趣和主动性。例如，学生可以在虚拟世界中进行化学实验、物理实验和生物实验等，而不必受到实验设备、安全和时间等限制。

其次，元宇宙可以为大学教育提供更为个性化的学习方式。学生可以根据自己的兴趣和需求，在虚拟世界中选择合适的课程和学习资源，实现个性化的学习。例如，学生可以在虚拟世界中选择自己感兴趣的学科，参加专业课程和交流活动，增强自己的学习体验和技能。

再次，元宇宙可以为大学教育提供更为开放和互动的学习环境。学生可以在虚拟世界中与全球范围内的学生和专家进行交流和合作，共同探索和解决问题。例如，学生可以在虚拟世界中参加各种学术会议和论坛，与世界各地的学者和专家进行交流和合作，提升自己的学术能力和国际化视野。

最后，元宇宙也带来了一些挑战和问题。例如，如何保证虚拟世界中的学习资源和交流环境的真实性和安全性，如何平衡虚拟世界和现实世界的学习体验，如何保证虚拟世界的可持续发展等等。

综上所述，元宇宙对大学教育带来了新的机遇和挑战，需要教育机构和学生共同努力，充分发挥其潜力和优势，创造更好的学习体验和教学效果。

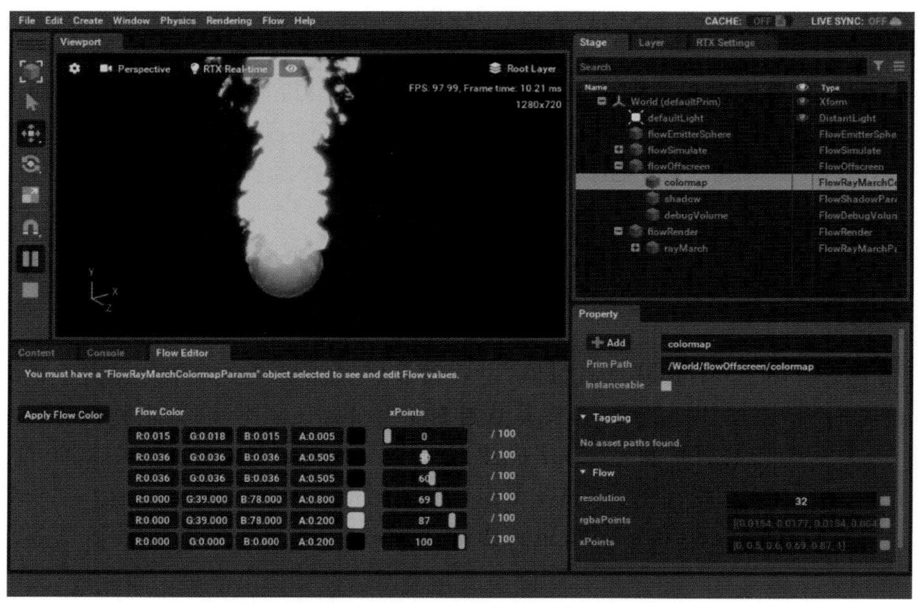

在建筑、工程和设计方面，NVIDIA 的 Omniverse 正在创建一个交互的互联网协作空间，让建筑师、工程师和设计师可以在一起共同设计空间。也可以将流体动力学的 AI 模型以及不断增长的现实世界物理库整合到虚拟环境中。

此外，万物互联将为元宇宙提供数据，地理空间触发的内容和对应的数据将进入元宇宙。各类大学课程和大学活动，都可以用 AR/VR 特效、新技术来提供实体和虚拟的混合增强体验。

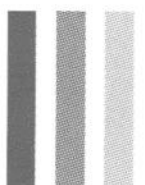

第七节　使用 Word 编写教学大纲和课程计划

使用 Word 编写教学大纲和课程计划可以系统地规划和安排课程内容和教学进度，以下是可能需要用到的步骤和技巧：

（1）设计教学大纲：设计一个合适的教学大纲，包括课程名称、授课目标、课程内容、教

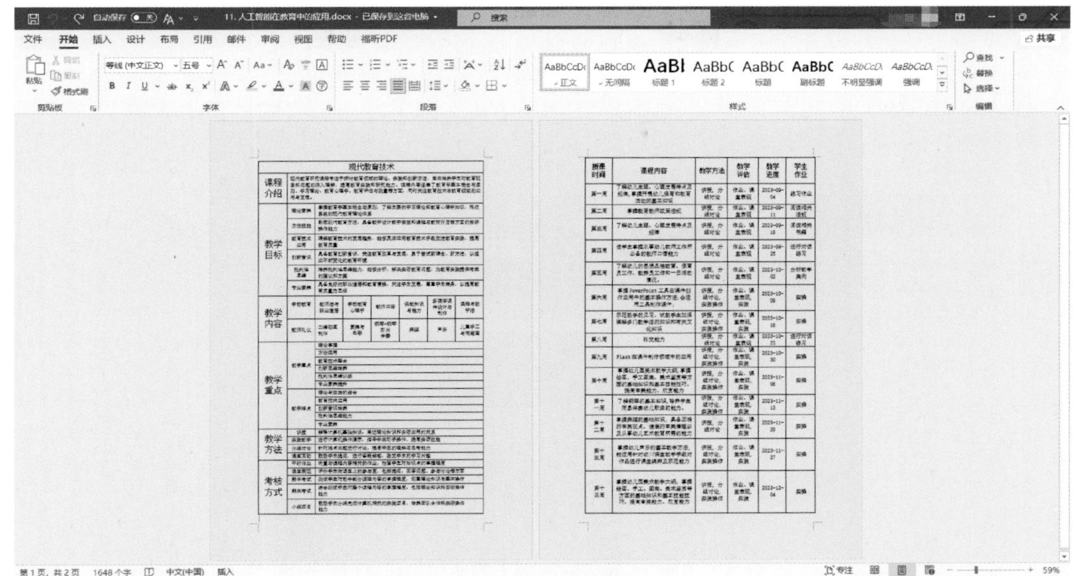

学方法、考核方式等，根据课程需求进行相应的调整。

（2）输入教学内容：在 Word 中输入教学内容，包括课程介绍、教学目标、课程大纲、教学重点等，可以使用 Word 的排版和格式化功能，使内容更具可读性和整洁度。

（3）设计课程计划表：设计一个合适的课程计划表，包括课程名称、授课时间、教学内容、教学方法、教学评估等，可以根据课程进度和教学需要进行相应的调整。

（4）输入课程内容：在课程计划表中输入每节课的教学内容，包括讲解内容、讲解方式、学生作业等，可以使用 Word 的表格功能进行排版。

（5）安排教学进度：根据教学大纲和课程计划表，合理安排教学进度，调整教学内容和作业量，使教学进度更加合理和有效。

（6）梳理教学重点：在教学大纲和课程计划表中，明确课程的教学重点和难点，安排适当的时间和教学方法，以提高教学效果。

（7）设计教学评估：在课程计划表中设计合适的教学评估方式，包括作业评估、考试评估、互动评估等，以全面评价学生的学习情况。

（8）完善教学资料：在编写教学大纲和课程计划的过程中，完善教学资料，如课件、教材、参考书目等，以便于教师进行教学准备和备课。

以上是使用 Word 编写教学大纲和课程计划的一些技巧和步骤，使用这些技巧和步骤可以系统地规划和安排课程内容和教学进度，提高教学质量和效果。

第八节　使用 Excel 进行课程评估和评分统计

使用 Excel 进行课程评估和评分统计可以方便、快速地计算和分析学生的成绩和课程

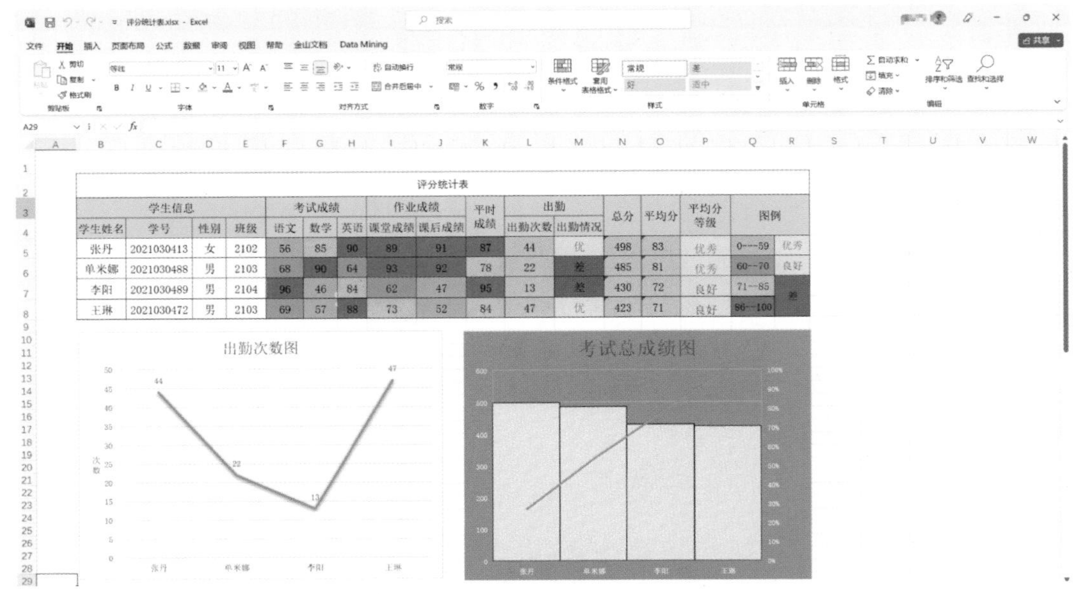

评分统计表																
学生信息				考试成绩			作业成绩		平时成绩	出勤		总分	平均分	平均分等级	图例	
学生姓名	学号	性别	班级	语文	数学	英语	课堂成绩	课后成绩		出勤次数	出勤情况					
张丹	2021030413	女	2102	56	85	90	89	91	87	44	优	498	83	优秀	0---59	优秀
单米娜	2021030488	男	2103	68	90	64	93	92	78	22	差	485	81	优秀	60--70	良好
李阳	2021030489	男	2104	96	46	84	62	47	95	13	差	430	72	良好	71--85	差
王琳	2021030472	男	2103	69	57	88	73	52	84	47	优	423	71	良好	86--100	

表现。以下是可能需要用到的步骤和技巧：

（1）设计评分表格：设计一个合适的评分表格，包括学生姓名、学号、课程成绩、作业成绩、出勤情况等，可以根据课程需求进行相应的调整。

（2）输入学生信息：在 Excel 中输入学生的基本信息，包括学生姓名、学号等，方便后续的成绩统计和分析。

（3）输入成绩数据：在评分表格中输入每个学生的成绩数据，包括考试成绩、作业成绩、出勤情况等。

（4）使用公式计算成绩：使用 Excel 的公式功能，对学生的成绩进行计算和汇总，如计算总成绩、平均成绩等，可以使用 SUM、AVERAGE 等函数进行计算。

（5）使用条件格式化：使用 Excel 的条件格式化功能，根据成绩范围，将学生的成绩进行颜色标记，如优秀、良好、及格、不及格等。

（6）分析成绩数据：使用 Excel 的数据透视表和图表功能，可以对成绩数据进行深入分析，包括各个学生的成绩排名、班级平均成绩、考试难度等。

（7）输出成绩单：根据需要，可以使用 Excel 的打印功能，将成绩单输出为纸质版，方便教师进行审核和签字。

（8）保存数据备份：及时保存数据备份，以防数据丢失或出现错误，方便进行数据恢复和修正。

以上是使用 Excel 进行课程评估和评分统计的一些技巧和步骤，使用这些技巧和步骤可以方便、快速地计算和分析学生的成绩和课程表现，提高教学效率和教学质量。

第九节　制作幼儿园家长会 PPT 的步骤和内容

制作幼儿园家长会 PPT 的具体流程如下：

（1）设计主题和布局：首先确定主题和整体布局，可以选择简洁明了的风格，并加上相关的图片和图标，让幻灯片更加生动有趣。

（2）内容准备：准备内容，包括家长会的目的、时间、地点、议程、幼儿园的情况和特点等，可以根据需要加入幼儿园的照片或视频。

（3）分页设计：将内容按照逻辑顺序划分成多个页面，并选择合适的版式和字体，使得每个页面都有明确的主题和重点。

（4）图片和图表的使用：可以使用图片和图表来展示幼儿园的特点和优势，例如展示孩子们的作品、活动的照片、教学环境等，也可以加入一些统计数据和分析图表。

（5）动画效果：适当地添加动画效果可以增加 PPT 的趣味性，例如使用幻灯片切换时的平移、淡入淡出等效果，或者在某个幻灯片上添加音效。

（6）参考资料：在幻灯片的结尾，可以添加相关参考资料和联系方式，如教育部门的相关政策、家长会的联系电话和邮箱等。

（7）幻灯片演示：在演示 PPT 时，可以简要介绍每个页面的内容，并与家长们进行交流和互动，解答家长们可能会有的问题。

（8）幻灯片导出：完成 PPT 的制作之后，可以将其导出为 PDF、图片等格式，方便家长们进行后续的查阅和分享。

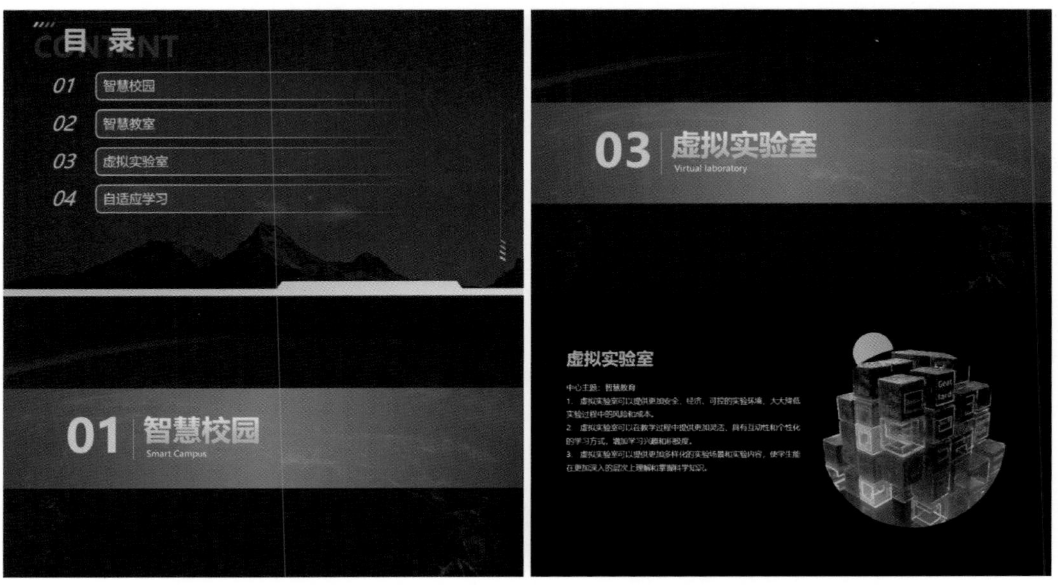

练习题和思考题及课程论文研究方向

练习题

1. 使用 Excel 制作一个学生成绩管理表，包括学生信息、课程成绩和总评成绩的计算与统计。

2. 使用 PPT 制作一个教育培训课程的介绍演示，包括课程目标、内容大纲和学习方法等。

3. 使用 Python 编写一个自动化批改系统，可以对选择题和填空题进行自动批改并生成批改结果报告。

4. 使用 MATLAB 编写一个教育数据分析程序，对学生学习行为和成绩数据进行统计和可视化分析。

5. 使用 Java 编写一个在线学习平台，实现课程管理、学习资源分享和在线讨论等功能。

6. 使用人工智能技术（例如自然语言处理）开发一个智能教育助手，可以回答学生的问题并提供学习建议。

思考题

1. 讨论人工智能在教育领域的应用对学生学习和教师教学的影响，以及可能面临的道德和隐私问题。

2. 探讨计算机技术如何促进个性化教育的发展，并提供个性化教学的实施策略和方法。

3. 讨论在线教育平台的优势和挑战，以及如何提高在线教育的质量和效果。

课程论文研究方向

1. 基于数据挖掘和机器学习的学生学习行为分析与预测研究。

2. 利用虚拟现实技术支持教学和学习的研究。

3. 探索人工智能在个性化教育中的应用，提出相应的教学模型和算法。

第十二章 计算机技术与融媒体

Chapter 12：Computer Technology and Integrated Media

欢迎阅读本书的第十二章——“计算机技术与融媒体”。在这一章中，我们将深入探讨计算机技术在融媒体领域中的应用，并提供一些具体的编程示例。

首先，我们将概述计算机技术与融媒体的应用和发展概况。然后，我们将探讨人工智能在融媒体中的应用，包括 Python 编写的图像分类和文本摘要的程序示例。

在讨论 5G 网络在融媒体中的应用时，我们将展示如何使用 Html 语言编写一个简单的 WebRTC 视频通话的程序示例。而在 AR/VR 技术在融媒体中的应用部分，我们将介绍如何使用 Swift 语言在手机屏幕上显示 3D 模型的程序示例。

本章还将涵盖云计算和大数据技术在融媒体中的应用，融媒体中的社交媒体，包括 Python 编写的微博应用的程序示例，以及融媒体内容生产，包括 Python 编写的新闻发布应用的程序示例。

此外，我们还会讨论融媒体在广告营销中的应用，如 Python 编写的广告投放应用的程序示例，并会教你如何使用 Word 编写新闻稿、报道、评论等新闻稿件，如何使用 Excel 进行媒体广告投放策划，以及如何使用 PPT 制作媒体宣传材料的介绍。

本章的目标是帮助你理解计算机技术在融媒体领域中的应用，并学习如何利用这些技术来提升媒体内容的制作和传播。

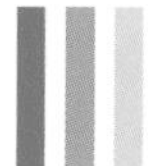

第一节 计算机技术与融媒体应用和发展概况

融媒体是指将传统媒体（如电视、广播、报纸等）与新兴媒体（如网络、移动通讯、社交媒体等）进行深度融合的一种新型媒体形态。计算机技术在融媒体中扮演着重要的角色，计算机在融媒体领域的应用归纳为以下几个方面：

（1）人工智能：计算机和人工智能技术的结合将会在未来的融媒体领域中发挥越来越重要的作用。例如，利用计算机视觉技术可以实现对视频内容的自动分类和标签化，从而帮助人们更快速地获取所需的信息。

（2）5G网络：5G网络将会成为未来融媒体领域的基础设施之一。通过5G网络，用户可以获得更快的数据传输速度、更低的延迟和更高的带宽，从而实现更加流畅的媒体体验。

（3）AR/VR技术：随着虚拟现实和增强现实技术的不断发展，未来的融媒体领域将会更加依赖这些技术。通过AR/VR技术，用户可以更加身临其境地感受媒体内容，提高用户的参与度和互动性。

（4）云计算和大数据技术：云计算和大数据技术可以帮助媒体机构更加高效的管理和处理数据。通过云计算和大数据技术，媒体机构可以实现更加智能化地运营和决策，提高媒体内容的质量和传播效果。

（5）社交媒体：社交媒体是当今最流行的媒体形式之一。未来的融媒体领域将会更加注重社交媒体的应用，例如通过社交媒体实现用户群体的聚合和传播，提高媒体内容的曝光率和影响力。

（6）内容生产：计算机技术在融媒体中被广泛应用于内容生产，例如使用虚拟现实、增强现实等技术为用户呈现更丰富、更有趣的内容。

（7）数据处理：计算机技术在融媒体中扮演着重要的角色，帮助媒体机构处理和分析大量的数据，提供更准确、更全面的信息。

（8）广告营销：计算机技术在融媒体中的广告营销中得到广泛应用，例如使用人工智能技术实现个性化广告推荐等。

具体的应用案例如下：

（1）新华社"新华社客户端"：新华社通过融合文字、图片、视频等多媒体形式，将新闻内容呈现给用户，提供了更加丰富、多元的新闻服务。

（2）网易新闻客户端：网易新闻客户端通过采用算法推荐、用户反馈等方式，提供了个性化的新闻推荐服务，同时也集成了社交、评论、直播等多种功能。

（3）腾讯视频：腾讯视频是一款在线视频平台，通过融合视频、社交、直播等多种形式，提供了多元化的视频内容，满足用户不同的观看需求。

（4）央视新闻客户端：央视新闻客户端通过融合文字、图片、视频、直播等多媒体形式，实现了信息传递和观众互动的双向交流。

（5）阿里云天池大赛：阿里云天池大赛是一项融合了数据分析、机器学习等多种技术的竞赛活动，旨在促进人工智能技术的发展和应用，推动了数据科学和人工智能领域的进步。

该领域的未来发展趋势有如下几个方面：

（1）人工智能：人工智能技术将会在融媒体中得到更广泛的应用，例如通过自然语言处理和机器学习技术，实现更高效、更准确的信息分析和推荐。

（2）云计算：云计算将会成为融媒体发展的重要推动力量，通过云计算技术，媒体机构可以更加便捷地处理和存储大量数据。

（3）虚拟现实：虚拟现实技术将会在融媒体中得到更广泛的应用，例如通过虚拟现实技术实现更生动、更沉浸式的内容呈现，为用户带来更好的体验。

(4) 区块链技术：区块链技术将会在融媒体中得到更广泛的应用，例如通过区块链技术实现版权保护和信息安全，提高信息的可信度和可靠性。

总的来说，计算机技术在融媒体中将会得到更广泛的应用和发展，随着新技术的不断出现和应用，将会带来更多的创新和机会。同时，媒体机构需要密切关注技术的发展趋势，及时进行调整和变革，以适应不断变化的市场需求。

第二节 人工智能在融媒体中的应用

在融媒体中，人工智能(AI)已经在许多方面发挥了重要作用。融媒体是将不同媒体形式(如文本、图像、音频和视频)融合在一起，以提供更丰富、更引人入胜的用户体验。具体的应用领域有如下方面：

(1) 内容生成与推荐：AI 可以用于生成和推荐个性化的内容。例如，基于用户的兴趣和行为，可以向他们推荐文章、视频、音乐等。

例如，DeepArt. io DeepArt. io 是一个将风格迁移应用到照片上的在线服务。用户可以上传一张照片，选择一种艺术风格，然后使用 AI 技术为照片生成新的艺术风格。

Adobe Premiere Pro 和 Adobe After Effects 这两个整合了 AI 功能的视频编辑软件，可自动调整视频画面以适应不同的纵横比。Adobe After Effects 的 Content-Aware Fill 功能可智能地删除视频中的不需要的对象。

使用 TensorFlow 和 Keras 实现图像分类 TensorFlow 是一个流行的深度学习库，而 Keras 是一个易于使用的神经网络 API。

程序示例:Python 编写图像分类的程序

图像分类示例代码

示例中使用了 CIFAR-10 数据集来训练一个简单的卷积神经网络(CNN),用于对图像进行分类。这种技术可以应用到融媒体中,实现对不同媒体类型的分类、识别和搜索功能。

(2) 自然语言处理:自然语言处理(NLP)是 AI 在融媒体中的另一个重要应用领域。NLP 技术可用于分析文本内容、生成摘要、情感分析和机器翻译等。

OpenAI 的 ChatGPT ChatGPT 是一个基于 GPT-4 架构的大型自然语言处理模型。它可以回答问题、生成文章、编写代码等。这种模型可以用于创建智能助手、自动编写新闻、生成个性化的内容等。

Google Cloud Speech-to-Text 和 Text-to-Speech 这两个 API 允许开发者将语音转换为文本(Speech-to-Text)以及将文本转换为语音(Text-to-Speech)。这些服务可以用于生成自动字幕、虚拟助手和内容生成等应用。

使用 Transformers 库实现文本摘要 Transformers 是一个广泛使用的自然语言处理库,包括许多预训练的模型。

程序示例:Python 编写文本摘要的程序

```
python
from transformers import pipeline
#使用预训练模型创建摘要生成器
summarizer=pipeline("summarization")
#输入需要摘要的文本
text="""
长篇大论的输入文本...
"""
#生成摘要
summary=summarizer(text,max_length=100,min_length=25,do_sample=False)
[0]["summary_text"]
print(summary)
```

上述代码示例使用 Transformers 库中的预训练模型来生成输入文本的摘要。这种技术在融媒体环境中可以用来自动为文章、视频、播客等生成摘要。

总之,AI 在融媒体中的应用非常广泛,从内容生成、推荐到自然语言处理和计算机视觉等方面,都在不断的改进和创新。开发人员和设计师可以利用现有的库、工具和 API,实现更丰富、更智能的融媒体体验。

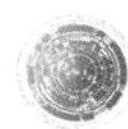

第三节 5G 网络在融媒体中的应用

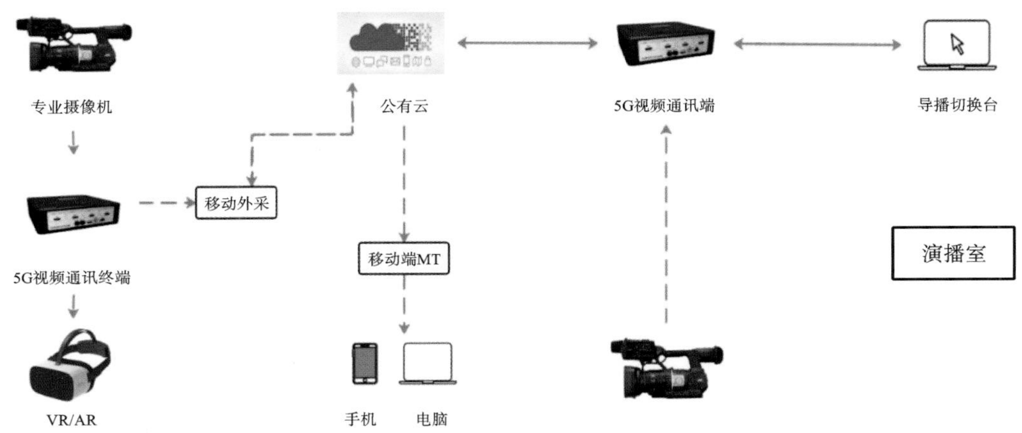

5G 网络作为下一代移动通信技术，具有高速率、低延迟、大连接等特点，将在融媒体领域带来许多创新应用。

(1) 超高清视频流：5G 网络的高速率和低延迟使得实时传输 4K 和 8K 超高清视频成为可能。这将极大地提高用户在观看在线视频、直播和虚拟现实体验时的画质。通过 5G 网络，新闻记者可以实时地传输高清视频和音频，使观众能够实时关注事件的最新动态。这有助于提供更丰富、更生动的新闻报道体验。

(2) 云游戏：5G 网络的低延迟特性使得云游戏成为现实。用户可以在云端运行高性能游戏，而无需购买昂贵的硬件。这将带来更广泛、更便捷的游戏体验。5G 网络的高带宽和低延迟为 VR 和 AR 应用提供了强大的支持。用户可以无缝地与虚拟世界互动，从而获得更丰富的沉浸式体验。例如，在教育、旅游和医疗等领域，5G 驱动的 VR 和 AR 技术可以帮助用户实时了解远程现场的情况。

(3) 物联网(IoT)和智能城市 5G 网络能够支持大量设备的连接，从而使物联网(IoT)在融媒体领域发挥更大的作用。例如，在智能交通、智能家居和环境监测等方面，5G 网络可以实时传输大量数据，帮助实现更智能、更高效的城市管理。

使用 WebRTC 可以实现 5G 实时视频通话，WebRTC (Web Real-Time Communication)是一种实时通信技术，允许在 Web 浏览器上进行实时音频、视频通话和数据共享。与 5G 网络相结合，WebRTC 可以实现高质量、低延迟的实时视频通话。

程序示例：Html 语言编写一个简单 WebRTC 视频通话的程序

视频通话示例代码

创建一个简单的 HTML 文件，包括两个视频标签(一个用于本地视频流，另一个用于远程视频流)

第四节　AR/VR 技术在融媒体中的应用

AR/VR 技术是指增强现实（Augmented Reality，AR）和虚拟现实（Virtual Reality，VR）技术，它们都能够让用户进入一个全新的世界，与现实世界进行互动，提供更加沉浸式的体验。在融媒体中，AR/VR 技术可以应用在各个方面，包括游戏、教育、广告、社交等。下面将详细介绍 AR/VR 技术在融媒体中的应用、案例和编程演示。

1. AR/VR 技术在融媒体中的应用

（1）游戏：AR/VR 技术为游戏带来了全新的可能性，让游戏更加沉浸、更具互动性。游戏开发者可以使用 AR/VR 技术来创造更加逼真的游戏体验，例如《Beat Saber》就是一款使用 VR 技术的音乐游戏，让玩家在 VR 环境中击打虚拟的光剑，非常受欢迎。

（2）教育：AR/VR 技术可以为教育带来更加生动、互动、有趣的教学方式。例如，AR 技术可以让学生在课本上看到 3D 模型、动画等，更加形象直观地了解知识；VR 技术可以让学生身临其境地参观博物馆、考古遗址等，获得更加深入的学习体验。

（3）广告：AR/VR 技术可以让广告更具吸引力和互动性，例如某些汽车品牌使用 AR 技术在展厅中展示汽车，让用户可以通过 AR 技术看到汽车的 3D 模型和各种功能。

（4）社交：AR/VR 技术可以让社交更加真实、有趣。例如，Facebook 推出的 Horizon Workrooms，就是一个使用 VR 技术的虚拟办公室，让用户在虚拟环境中进行社交、协作、沟通等。

2. AR/VR 技术在融媒体中的案例

（1）游戏案例：《Beat Saber》是一款使用 VR 技术的音乐游戏，让玩家在 VR 环境中击打虚拟的光剑，非常受欢迎。

（2）教育案例：澳大利亚国立大学使用 VR 技术来让学生参观古代罗马城市，让学生身临其境地了解古代罗马的文化和历史。

（3）广告案例：L'Oreal Paris 品牌使用 AR 技术，让用户可以在手机屏幕上试戴眼镜，通过 AR 技术模拟真实的试戴效果，增加用户购买的意愿。

(4) 社交案例:Facebook 推出的 Horizon Workrooms,是一个使用 VR 技术的虚拟办公室,让用户可以在虚拟环境中进行社交、协作、沟通等。

程序示例:Swift 语言编写手机屏幕上显示 3D 模型的程序

3D 模型显示示例代码

上述代码创建了一个基本的 AR 视图,将一个地球的 3D 模型添加到场景中,并使用 AR 技术在手机屏幕上显示。具体实现方式是在'viewDidLoad()'函数中创建一个'SCNSphere'对象,设置其半径、材质等属性,并创建一个'SCNNode'对象,将其添加到场景中。在'viewWillAppear()'函数中创建一个'ARWorldTrackingConfiguration'对象,运行会话,开始使用 AR 技术。当会话出现错误或被暂停时,会调用相应的函数显示错误或暂停信息。

第五节　云计算和大数据技术在融媒体中的应用

云计算和大数据技术是目前信息技术领域中发展最快的两个方向。在融媒体中,云计算和大数据技术可以应用在各个方面,包括内容存储、处理、分析、展示等。下面将详细介绍云计算和大数据技术在融媒体中的应用、案例及其编程演示。

1. 云计算和大数据技术在融媒体中的应用

(1) 内容存储:云计算技术可以提供高效、安全的数据存储服务,为融媒体提供存储平台。例如,云存储服务提供商 Amazon Web Services(AWS)可以为融媒体提供高可用性、安全性、可扩展性的存储服务。

(2) 内容处理:云计算技术可以提供强大的处理能力,支持对融媒体内容进行快速处理和分析。例如,Amazon Elastic Compute Cloud(EC2)可以提供虚拟机实例,让用户可以使用自己的应用程序和操作系统。

(3) 内容分析:大数据技术可以对融媒体内容进行数据挖掘、分析和展示,帮助融媒体了解用户需求和行为。例如,Hadoop 等大数据技术可以支持分布式计算和存储,支持数据处理、分析和挖掘。

(4) 内容展示:云计算和大数据技术可以为融媒体提供高效、灵活的内容展示方式。例如,基于云计算的视频流媒体服务可以提供高质量的视频内容,而基于大数据技术的个性化推荐系统可以根据用户的兴趣和行为,推荐更加符合用户需求的内容。

2. 云计算和大数据技术在融媒体中的案例

(1) 内容存储案例:AWS S3 是一种面向对象的存储服务,可以提供高可靠性、可扩展性、安全性的云存储服务。许多融媒体公司,如 Netflix、ESPN 等都使用 S3 存储他们的视频、音频和其他多媒体资产。

(2) 内容处理案例:Adobe Creative Cloud 是一个基于云计算的创意套件,可以提供虚拟计算能力、在线存储和文件共享服务。它可以为融媒体工作室提供虚拟计算和存储服务,让创作者可以在云端访问他们的创意资源和工具。

(3) 内容分析案例:Netflix 使用大数据技术进行内容推荐,他们开发了一套名为"Netflix Prize"的推荐算法,基于用户观看历史和评级,来推荐新的视频内容给用户。

(4) 内容展示案例:YouTube 是一个基于云计算和大数据技术的视频分享网站,通过视频推荐算法和用户兴趣标签,为用户提供个性化的视频推荐服务,吸引了数以亿计的用户。

3. 云计算和大数据技术在融媒体中的编程演示

以下是一个简单地使用云计算和大数据技术的编程演示,实现了在 AWS 上创建一个简单的 Web 应用程序的功能:

(1) 首先,在 AWS 上创建一个 EC2 实例,在 EC2 实例上安装 Web 服务器软件,例如 Apache 服务器。

(2) 编写一个简单的 Web 应用程序,例如一个用于上传和下载文件的应用程序。可以使用 PHP 或其他语言来编写 Web 应用程序。

(3) 使用 Amazon S3 或其他云存储服务,存储上传的文件;使用 AWS Lambda 或其他云计算服务,处理和分析上传的文件;使用 Amazon Elastic MapReduce(EMR)或其他大数据技术,分析和挖掘上传的文件。

(4) 在 Web 应用程序中使用 AWS SDK 或其他 API,调用 AWS 服务来展示、处理和分析数据。

综上所述云计算和大数据技术在融媒体中的应用越来越广泛。在内容存储、处理、分析和展示方面,云计算和大数据技术可以为融媒体提供高效、灵活、可扩展的服务。开发者可以使用 AWS 或其他云计算和大数据技术,为融媒体开发高效、安全、智能的应用程序。

第六节　融媒体中的社交媒体

社交媒体是一种强大的互联网工具,它在融媒体中的应用也越来越广泛。在中国,社交媒体的应用十分广泛,包括微信、微博、抖音等平台。

微信已经成为中国人生活中不可或缺的一部分,许多企业也开始利用微信进行营销和推广。例如,许多知名品牌和公司都在微信上开设了自己的公众号,通过发布优质内容吸引用户,提升品牌形象和知名度。

微博是中国一个非常大的公共平台,许多人在微博上分享自己的生活、观点和体验。此外,许多企业也在微博上开设了自己的账号,通过发布内容、互动和分享,提升品牌知名度和营销效果。

抖音已经成为中国一个非常流行的短视频分享平台,许多人在抖音上分享自己的生活、技能和经验。此外,许多品牌也开始利用抖音进行营销和推广,通过发布短视频吸引用户,提升品牌知名度和销售效果。

社交媒体在融媒体中的应用越来越广泛,已经成为人们日常生活和企业营销中不可或缺的一部分。在中国,微信、微博和抖音等社交媒体平台已经成为非常流行的工具,许多人和企业都在这些平台上开设了自己的账号,通过分享内容和互动来提升知名度和影响力。企业也通过社交媒体平台吸引用户、推广产品,提升销售和品牌知名度。

许多企业和品牌已经开始使用社交媒体进行营销和推广，以下是一些成功的案例：

(1) 美团外卖：美团外卖是中国最大的在线外卖平台之一，通过微信公众号和微博等社交媒体平台，提供各种优惠活动、品牌推广和用户互动等服务，成功提升了品牌知名度和市场份额。

(2) 腾讯视频：腾讯视频是中国最大的在线视频平台之一，通过微信公众号和微博等社交媒体平台，发布各种热门影视作品的信息、花絮和预告片等内容，成功吸引了大量用户，提升了品牌知名度和用户留存率。

(3) 京东：京东是中国最大的在线零售商之一，通过微信公众号和微博等社交媒体平台，推出各种促销活动、品牌推广和用户互动等服务，成功提升了品牌知名度和市场份额。

程序示例：Python 编写微博应用的程序

微博应用示例代码

该示例使用 Python 和 Flask 框架编写实现了在 Web 界面上发布、查看和评论微博的功能：

上述代码使用了 Python 语言和 Flask 框架，实现了一个简单的微博网站。其中，使用了 Flask 的路由功能，实现了主页、微博详情、发布新微博和评论微博等功能。使用了 MySQL 数据库，存储了微博和评论的数据。

第七节　融媒体内容生产

融媒体内容生产是指通过不同媒体形式、渠道和平台，创造丰富多彩的内容，满足不同用户的需求和偏好。在现代社会中，融媒体内容生产已经成为一种重要的创新和创造力，它可以推动信息的传播和文化的发展。具体有如下领域：

(1) 新闻报道：新闻报道是融媒体内容生产的一个重要领域，通过文字、图片、视频和直播等方式，将最新的新闻和事件传递给用户。例如，某些新闻机构会通过社交媒体发布新闻内容，以吸引用户的关注和互动。

(2) 电影和电视剧：电影和电视剧是另一个重要的融媒体内容生产领域，通过影视作品，向用户传达故事、情感和价值观。例如，许多影视公司都在社交媒体上发布影视作品的相关内容，以提升用户关注度和市场占有率。

(3) 游戏和娱乐：游戏和娱乐也是融媒体内容生产的一个重要领域，通过游戏、音乐和其他形式的娱乐，吸引用户的关注和互动。例如，许多游戏公司都在社交媒体上发布游戏预告、活动和奖品等内容，以提升用户关注度和游戏销售量。

程序示例：Python 编写的新闻发布应用的程序

新闻发布应用示例代码

该示例使用 Python 和 Flask 框架实现了在 Web 界面上发布、查看和评论新闻的功能：

上述代码使用了 Python 语言和 Flask 框架，实现了一个简单的新闻发布网站。其中，使用了 Flask 的路由功能，实现了主页、新闻详情、发布新闻

和评论新闻等功能。使用了 MySQL 数据库，存储了新闻和评论的数据。

融媒体内容生产已经成为一个非常重要的领域，它可以通过不同的媒体形式、渠道和平台，满足不同用户的需求和偏好。通过使用 Python 和 Flask 等工具，开发者可以实现简单的新闻发布应用程序，提供用户交互和互动的服务。

第八节　融媒体在广告营销中的应用

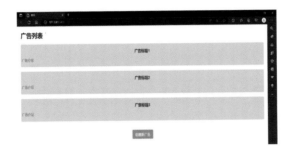

创建新广告
127.0.0.1:5000/new-ad
创建新广告
标题：
西安理工大学高科学院
内容：
学生xxx。。。
提交

融媒体在广告营销中的应用越来越广泛，已经成为一个非常重要的领域。融媒体广告营销可以通过不同的媒体形式、渠道和平台，将广告传递给不同的用户群体，提升品牌知名度和销售量。具体有如下形式：

（1）微信公众号广告：微信公众号是中国最大的社交媒体平台之一，许多企业和品牌会在微信公众号上投放广告，通过内容营销和用户互动，提升品牌知名度和用户转化率。

（2）抖音广告：抖音是中国最大的短视频平台之一，许多企业和品牌会在抖音上投放广告，通过视频广告和社交互动，提升品牌知名度和用户转化率。

（3）网络直播广告：网络直播是一种新兴的广告营销方式，许多企业和品牌会在网络直播上投放广告，通过直播内容和用户互动，提升品牌知名度和用户转化率。

程序示例：Python 编写的广告投放应用的程序

广告投放应用示例代码

该示例使用 Python 和 Flask 框架实现了在 Web 界面上发布、查看和管理广告的功能。

示例代码使用了 Python 语言和 Flask 框架，实现了一个简单的广告投放网站。其中，使用了 Flask 的路由功能，实现了主页、广告详情、发布新广告和管理广告等功能。使用了 MySQL 数据库，存储了广告的数据。

融媒体在广告营销中的应用越来越广泛，已经成为企业品牌推广和销售的重要手段。通过使用 Python 和 Flask 等工具，开发者可以实现简单的广告投放应用程序，提供用户交互和管理广告的服务。

第九节　使用 Word 编写新闻稿、报道、评论等新闻稿件

使用 Word 编写新闻稿、报道、评论等新闻稿件可以帮助新闻工作者更好地呈现新闻内容，以下是一个可能的新闻稿件编写步骤：

（1）标题：新闻稿件的标题应简明扼要地概括新闻内容，尽可能吸引读者的注意力。标题应该大字体、加粗、居中排版。

（2）导语：新闻稿件的导语应该概括新闻要点，并提供引入内容的信息。导语一般不超过两句话。

（3）正文：新闻稿件的正文应该按照新闻价值和重要性排列，从重要的事实开始，向次

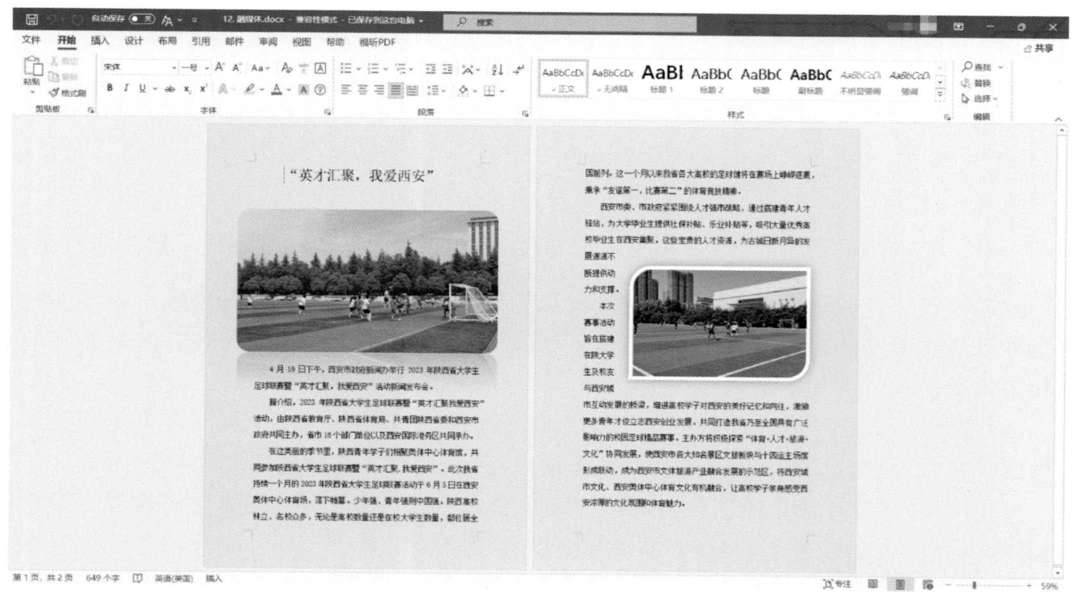

“英才汇聚，我爱西安”

4月19日下午，西安市政府新闻办举行2023年陕西省大学生足球联赛暨“英才汇聚，我爱西安”活动新闻发布会。

据介绍，2023年陕西省大学生足球联赛暨“英才汇聚我爱西安”活动，由陕西省教育厅、陕西省体育局、共青团陕西省委和西安市政府共同主办，省市16个部门单位以及西安国际港务区共同承办。

在这美丽的季节里，陕西青年学子们相聚奥体中心体育馆，共同参加陕西省大学生足球联赛暨“英才汇聚，我爱西安”。此次我省持续一个月的2023年陕西省大学生足球联赛活动于6月5日在西安奥体中心体育场，落下帷幕。少年强、青年强则中国强。陕西高校林立、名校众多，无论是高校数量还是在校大学生数量，都位居全国前列。这一个月以来我省各大高校的足球健将在赛场上峥嵘逐鹿，秉承“友谊第一，比赛第二”的体育竞技精神。

西安市委、市政府紧紧围绕人才强市战略，通过搭建青年人才驿站，为大学毕业生提供社保补贴、乐业补贴等，吸引大量优秀高校毕业生在西安集聚，这些宝贵的人才资源，为古城日新月异的发展源源不断提供动力和支撑。

本次赛事活动旨在搭建在陕大学生及校友与西安城市互动发展的桥梁，增进高校学子对西安的美好记忆和向往，激励更多青年才俊立志西安创业发展，共同打造我省乃至全国具有广泛影响力的校园足球精品赛事。主办方将积极探索“体育+人才+旅游+文化”协同发展，使西安市各大知名景区文旅板块与十四运主场馆形成联动，成为西安市文体旅游产业融合发展的示范区，将西安城市文化、西安奥体中心体育文化有机融合，让高校学子亲身感受西安浓厚的文化氛围和体育魅力。

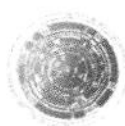

要的细节展开。正文应该简洁明了、语言通俗易懂，注意避免使用行话和专业术语。正文的排版应该清晰，段落之间空一行。

（4）结尾：新闻稿件的结尾一般包括总结、结论、展望等内容。结尾可以强调新闻的重要性和影响，或者提供引导读者思考的问题。

（5）参考资料：如果新闻稿件需要引用参考资料，应该在结尾提供参考资料列表，并标注参考资料的来源和出处。

（6）排版：新闻稿件的排版应该清晰简洁，适当运用加粗、斜体、下划线等排版方式突出关键词或句子。注意字体和字号的选择，使新闻稿件更易于阅读。

（7）校对：新闻稿件应该进行多次校对和修改，以确保语法正确、文句通顺、无错别字。

以上是一个可能的使用 Word 编写新闻稿、报道、评论等新闻稿件的步骤，通过精心的撰写和排版，可以让新闻稿件更具有吸引力和可读性。

第十节　使用 Excel 进行媒体广告投放策划

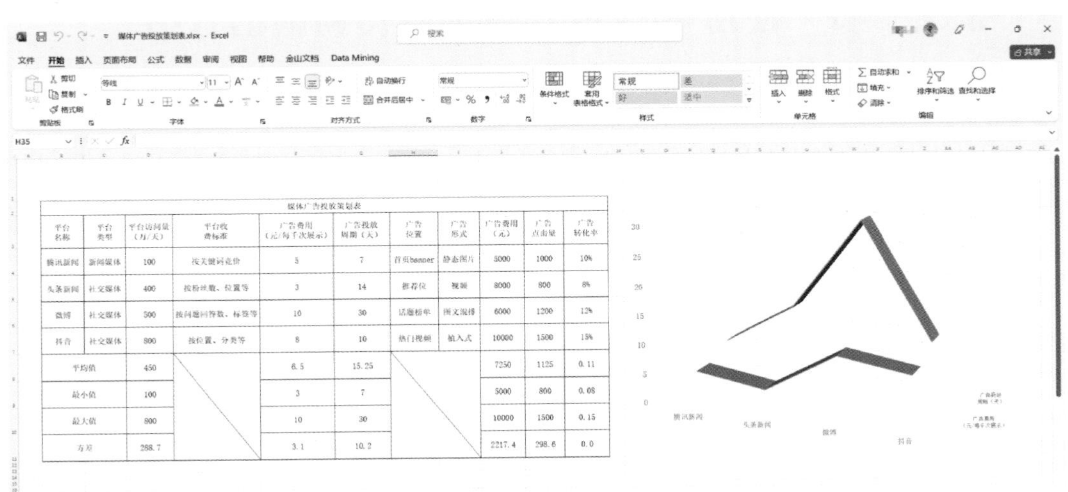

媒体广告投放策划表

平台名称	平台类型	平台访问量（万/天）	平台收费标准	广告费用（元/每千次展示）	广告投放周期（天）	广告位置	广告形式	广告费用（元）	广告点击量	广告转化率
腾讯新闻	新闻媒体	100	按关键词竞价	5	7	首页banner	静态图片	5000	1000	10%
头条新闻	社交媒体	400	按粉丝数、位置等	3	14	推荐位	视频	8000	800	8%
微博	社交媒体	500	按问题回答数、标签等	10	30	话题榜单	图文混排	6000	1200	12%
抖音	社交媒体	800	按位置、分类等	8	10	热门视频	植入式	10000	1500	15%
平均值		450		6.5	15.25			7250	1125	0.11
最小值		100		3	7			5000	800	0.08
最大值		800		10	30			10000	1500	0.15
方差		288.7		3.1	10.2			2217.4	298.6	0.0

使用 Excel 进行媒体广告投放策划可以帮助广告代理商和客户更好地了解广告投放的成本和效果，以下是一个可能的媒体广告投放策划的步骤：

（1）广告投放平台：在 Excel 中创建一个广告投放平台的列表，包括平台名称、平台类型、平台访问量、平台收费标准等。这可以帮助广告代理商和客户选择合适的广告投放平台。

（2）投放费用：在 Excel 中创建一个投放费用的列表，包括广告投放平台、广告投放周期、广告位置、广告形式、广告费用等。这可以帮助广告代理商和客户了解广告投放的成本和预算。

（3）投放效果：在 Excel 中创建一个投放效果的列表，包括广告投放平台、广告投放周期、广告点击量、广告转化率等。这可以帮助广告代理商和客户了解广告投放的效果和回报。

(4) 数据分析：对于每个广告投放平台和投放周期，使用 Excel 的统计功能进行数据分析，包括计算平均值、最大值、最小值、方差等。这可以帮助广告代理商和客户更好地了解广告投放的效果和趋势。

(5) 图表制作：使用 Excel 的图表功能制作图表，以展示广告投放数据的变化和趋势。可以制作柱状图、折线图、散点图等，以帮助读者更好地了解数据的含义和影响。

(6) 数据可视化：使用 Excel 的数据可视化功能制作地图、3D 模型等，以展示广告投放的地域分布和效果情况。这可以帮助广告代理商和客户更好地了解广告投放的效果和回报。

(7) 报告生成：根据数据分析和图表制作结果生成报告，以便广告代理商和客户进行参考和决策。

以上是一个可能的使用 Excel 进行媒体广告投放策划的步骤，通过精细的数据分析和可视化，可以帮助广告代理商和客户更好地了解广告投放的成本和效果，以便做出更明智的决策。

第十一节　使用 PPT 制作媒体宣传材料的介绍

使用 PPT 制作媒体宣传材料可以帮助企业在品牌推广、新产品发布和市场营销等方面更好地吸引潜在客户的注意力和兴趣。以下是一个可能的制作媒体宣传材料 PPT 的步骤：

(1) 设计主题和布局：选择合适的主题和布局，以便清晰地表达品牌推广、新产品发布或市场营销的信息。可以使用主题模板或自定义设计，以突出企业的独特性和专业性。

(2) 公司简介：在 PPT 的开始部分，提供公司的背景、规模、业务范围等基本信息，以便读者快速了解企业的特点和优势。

(3) 品牌推广：介绍品牌推广的目标、策略、重点和效果等。可以使用图表、图像、演示等来展示品牌推广的内容和方案。

(4) 新产品发布：介绍新产品的特点、优势、功能和市场定位等。可以使用图像、视频、3D 模型等来展示新产品的外观和性能特点。

(5) 市场营销：介绍市场营销的策略、目标客户、销售渠道、宣传方式等。可以使用图

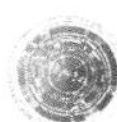

表、图像、引用等来展示市场营销的内容和要点。

(6) 宣传素材:提供宣传素材的列表,包括广告图像、视频、海报、折页等。这可以帮助读者了解企业的宣传材料和方案。

(7) 技术支持:介绍技术支持、售后服务、客户支持等。可以使用图表、图像、演示等来展示技术支持的内容和方案。

(8) 意见征集:在介绍完宣传材料后,可以向听众征求他们的意见和建议。这可以帮助提高宣传材料的质量和可接受性。

(9) 总结:总结品牌推广、新产品发布和市场营销的优点和特点,并对未来的发展和实施提出建议。可以使用图表、图像、引用等来强调重点和亮点。

以上是一个可能的使用 PPT 制作媒体宣传材料的步骤,通过精心的设计和展示,可以帮助读者更好地了解企业的特点和优势,从而吸引他们的关注和兴趣。

练习题和思考题及课程论文研究方向

练习题

1. 使用 Excel 制作一个融媒体广告投放计划表,包括广告媒体选择、预算安排和投放时间等信息。

2. 使用 PPT 制作一个融媒体宣传材料的演示,包括产品介绍、品牌形象和市场推广策略等内容。

3. 使用 Python 编写一个新闻发布应用程序,实现新闻稿件的编辑、发布和管理功能。

4. 使用 MATLAB 编写一个音视频处理程序,实现音频剪辑和视频特效处理等功能。

5. 使用 JavaScript 编写一个融媒体社交平台的前端界面,包括用户注册、登录和内容分享等功能。

6. 使用 HTML 和 CSS 编写一个融媒体网页模板,实现多媒体内容展示和交互效果。

思考题

1. 探讨人工智能在融媒体中的应用对内容创作、传播和消费模式的影响,并讨论相关的伦理和法律问题。

2. 讨论 5G 网络对融媒体技术的推动作用,以及 5G 时代融媒体发展的新机遇和挑战。

3. 探讨云计算和大数据技术在融媒体中的应用,分析其对内容生产、个性化推荐和用户参与的影响。

课程论文研究方向

1. 基于人工智能技术的融媒体内容生成和自动化创作研究。

2. 探索 5G 网络下的融媒体传播模式与用户体验研究。

3. 大数据分析在融媒体营销和用户个性化推荐中的应用研究。

第十三章　计算机艺术

Chapter 13：Computer Art

欢迎阅读本书的第十三章——“计算机艺术”。在这一章中，我们将深入探讨计算机技术在艺术创作和管理中的应用，并提供一些具体的编程示例。

首先，我们将概述计算机艺术的发展概况。然后，我们将探讨计算机数字绘画的应用，包括 Java 编写的生成创建随机纹理的程序示例和 Python 编写的 Clip Studio Paint 插件示例。

接下来，我们将深入讨论动画制作，包括 PHP 语言和 Scss 语言编写的 2D 动画制作的程序示例。我们还将探索计算机技术在游戏制作中的应用，如 Unity 软件编写的简单 2D 打砖块游戏示例和 C＋＋编写的射击操作程序示例。

在虚拟现实技术部分，我们将介绍如何使用 Unity 和 C＃语言编写在虚拟世界中控制物体移动的程序示例。我们也会探讨交互艺术设计，如 Scss 语言和 Processing 软件编写的简单交互艺术设计程序示例。

此外，我们将探讨视频剪辑的应用，包括 Arduino 软件和 C＋＋语言编写的简单视频剪辑程序示例。我们还会教你如何使用 Word 制作艺术作品的介绍和说明，如何使用 Excel 制作艺术家作品销售管理表，以及如何使用 PPT 制作艺术展览的介绍。

本章的目标是帮助你理解计算机技术在艺术创作和管理中的应用，并学习如何利用这些技术来提升艺术创作和展示的效果。

第一节　计算机艺术发展概况

计算机艺术，也被称为数字艺术或新媒体艺术，是指运用计算机技术进行艺术创作和表现的一种艺术形式。它融合了计算机科学、视觉艺术、音乐、文学、戏剧和电影等多种艺术形式，以数字技术为基础，通过软件和硬件的协同作用，创造出具有艺术感染力的作品。

计算机艺术的发展源远流长，早在 20 世纪 60 年代，就有艺术家开始使用计算机进行艺

术创作。随着计算机技术的不断发展和普及,计算机艺术也得到了迅速发展,出现了许多新的艺术形式,如数字绘画、虚拟现实、动画制作、交互艺术、网络艺术等。

计算机艺术专业是一门融合了艺术和科技的综合性专业。主要培养学生的数字艺术创作能力和技术应用能力,让学生熟练掌握计算机软件和硬件的运用,能够通过数字技术创造出具有艺术感染力的作品。

计算机艺术专业的主干课程包括计算机基础、计算机绘图、数字媒体艺术、动画制作、虚拟现实技术、交互设计、游戏设计等。学生需要掌握计算机图形学、数字媒体技术、多媒体技术等方面的知识,具备艺术素养和艺术审美能力,同时还需要具备团队协作能力和创新精神。

计算机艺术专业的毕业生可以从事数字媒体、动画、游戏、广告、影视等领域的工作。近年来,随着虚拟现实、增强现实等技术的发展,计算机艺术领域的发展前景越来越广阔,毕业生的就业前景也越来越好。常见的就业职位包括数字媒体设计师、动画师、游戏设计师、交互设计师、虚拟现实技术开发工程师等。

第二节　计算机数字绘画

计算机数字绘画是一种数字艺术形式,利用计算机和相应的软件进行创作。常用的数字绘画软件包括 Adobe Photoshop、Corel Painter、Clip Studio Paint 等。

在数字绘画中,艺术家可以使用各种工具和技术来制作他们的作品。这些工具包括笔刷、渐变、图层、掩模、滤镜等。数字绘画不仅可以模仿传统绘画技巧,如水彩画、油画、素描等,还可以通过程序化生成来实现无限可能性。

许多绘画软件和应用程序提供了类似梵高风格的滤镜和工具,用户可以轻松地将这种独特的绘画风格应用于自己的作品中。例如以下软件。

(1) Prisma(普里马):一款流行的照片编辑应用,提供了许多艺术滤镜,包括梵高风格的滤镜。可以在智能手机上下载这款应用,然后将照片或图像应用梵高风格的滤镜。

(2) DeepArt. io:一个在线的神经风格转换工具,可以将图片转换成梵高风格。只需上传照片,然后选择梵高的《星夜》作为参考风格,DeepArt. io 将为你生成类似梵高风格的图像。

(3) Adobe Photoshop:一款功能强大的图像处理软件,其中的“神经滤镜”功能可以帮助你将梵高的绘画风格应用到你的图像上。可以在 Photoshop 中尝试使用“样式迁移”功能,并选择梵高的《星夜》作为参考样式。

编程在数字绘画中也有广泛的应用。例如,程序化生成可以用来生成纹理、模式、随机化图像等。艺术家也可以使用编程来自定义工具和效果,创造出独特的数字绘画风格。例如,Processing 是一种基于 Java 的编程语言和环境,广泛用于数字艺术领域。

程序示例:Java 编写一个生成创建随机纹理的程序

生成创建随机纹理示例代码

该示例使用 Java 语言和 Processing 程序,演示如何使用程序化生成创建随机纹理。

这个程序创建了一个 400×400 像素的画布,使用 20×20 像素的方格填充整个画布,并为每个方格随机设置颜色,从而创建一个随机纹理。

另一个常用的数字绘画软件是 Clip Studio Paint,它是一款专业的数字绘画软件,适用于漫画、插图、动画和游戏开发等领域。它提供了丰富的绘画工具、素材库和特效功能,用户可以自由地绘制、编辑、调整和合成图像。Clip Studio Paint 还支持多种输出格式和设备,包括印刷品、网页、移动设备和 VR 平台。

程序示例:Python 编写简单的 Clip Studio Paint 插件的程序

Clip Studio Paint 插件示例代码

```python
import pyautogui
import time


def draw_square(x, y, size, color):
    pyautogui.moveTo(x, y)
    print(f"已移动到坐标({x}, {y})")

    pyautogui.dragRel(size, 0, duration=0.25)
    print(f"已向右拖动 {size} 像素")

    pyautogui.dragRel(0, size, duration=0.25)
    print(f"已向下拖动 {size} 像素")

    pyautogui.dragRel(-size, 0, duration=0.25)
    print(f"已向左拖动 {size} 像素")

    pyautogui.dragRel(0, -size, duration=0.25)
    print(f"已向上拖动 {size} 像素")

    pyautogui.click()
    print("已点击")

    pyautogui.typewrite(color)
    print(f"已输入颜色: {color}")

    time.sleep(1)

    pyautogui.hotkey('ctrl', 'e')
```

```
D:\Anaconda\python.exe D:/myPython/测试/Python.py
已移动到坐标(100, 100)
已向右拖动 200 像素
已向下拖动 200 像素
已向左拖动 200 像素
已向上拖动 200 像素
已点击
已输入颜色: 红色
已执行快捷键操作: Ctrl + E
已在坐标(100, 100)处绘制了一个大小为200像素的红色正方形

进程已结束,退出代码0
```

第三节　动画制作

动画制作是一种艺术创作形式，随着数字技术的不断发展，动画制作也逐渐向数字化和电子化方向发展。现在，动画制作已经广泛应用于电影、电视、游戏、广告等领域，成了一个重要的产业。在动画制作领域，常用的软件包括 Adobe Animate、Toon Boom Harmony、Blender 等。

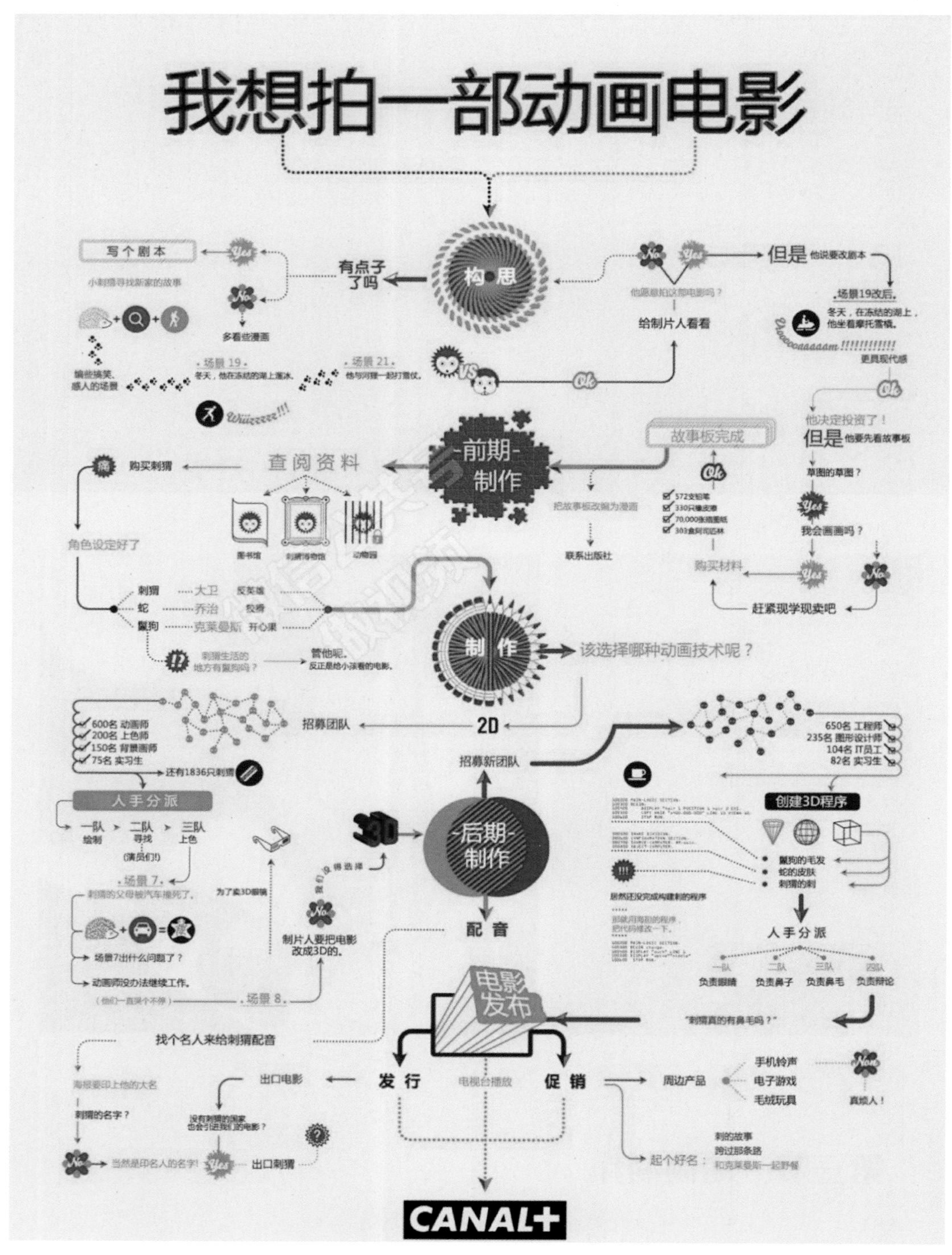

(1) 2D 动画制作。Adobe Animate 是一款专业的 2D 动画制作软件，可以实现从素描到完成的全流程制作，同时还支持多种输出格式。以下是一个简单的 2D 动画制作实例。

创建一个新文档，并在舞台上绘制一个球体；创建一个新图层，然后在下一帧上移动球

体，再在下下一帧上再次移动球体；在时间轴上添加关键帧，然后使用 Tween 动画来创建流畅的球体移动效果。

程序示例：Php 语言编写简单 2D 动画制作的程序

```
php
//在第 1 帧添加代码
ball. x=100;
ball. y=100;
//在第 2 帧添加代码
ball. x+=10;
ball. y+=10;
//在第 3 帧添加代码
ball. x+=10;
ball. y+=10;
//在时间轴上添加 Tween 动画
createjs. Tween. get(ball). to({x:300,y:300},1000,createjs. Ease. getPowIn(2. 2));
```

（2）3D 动画制作。Blender 是一款功能强大的 3D 动画制作软件，可以实现高品质的渲染效果和复杂的模型制作。以下是一个简单的 3D 动画制作实例：

创建一个新场景，然后导入一个 3D 模型；给模型添加动画，如旋转、移动等，可以通过关键帧来控制模型的动作；添加灯光、材质等效果，调整场景的光影效果。

程序示例：Scss 语言编写简单 2D 动画制作的程序

2D 动画制作示例代码

第四节　游戏制作

游戏制作是一个具有很大市场需求的领域，近年来在全球范围内快速发展。游戏制作需要涉及多个方面的技术和知识，包括游戏设计、编程、美术设计、音效设计等。下面将介绍游戏制作的现状、常用软件以及两个编程示例。

1. 游戏制作的现状

随着游戏行业的迅速发展，游戏制作已经成为一个庞大的产业，市场规模不断扩大。除了传统的 PC 和游戏机平台外，移动游戏也越来越受到欢迎，成为游戏市场的新宠。同时，虚拟现实、增强现实等技术的发展也为游戏制作提供了更广阔的空间。

2. 常用游戏制作软件

（1）Unity：Unity 是一款跨平台的游戏引擎，支持 PC、移动设备、VR 等多种平台。它提供了丰富的功能和工具,包括物理引擎、音频引擎、动画制作、UI设计等。Unity还有一个庞大的社区和丰富的资源库,可供开发者参考和学习。

(2) Unreal Engine:Unreal Engine是一款颇受欢迎的游戏引擎,它支持PC、主机、移动设备等多种平台。与Unity类似,Unreal Engine也提供了丰富的功能和工具,包括物理引擎、音频引擎、动画制作等。Unreal Engine还具有出色的图形渲染效果,被广泛用于制作高质量的游戏。

(3) Cocos2d-x:Cocos2d-x是一款开源的游戏引擎,支持PC、移动设备等多种平台。它使用C++编写,具有高效的性能和出色的跨平台兼容性。Cocos2d-x提供了丰富的功能和工具,包括物理引擎、动画制作、UI设计等。

程序示例:Unity软件编写简单的2D打砖块游戏的程序

打砖块游戏示例代码

在Unity中,我们可以使用自带的2D物理引擎Box2D和刚体组件Rigidbody2D来实现游戏的物理效果。

在场景中放置砖块、挡板和球,并添加相应的碰撞体和刚体组件。然后编写脚本实现游戏逻辑,如挡板的移动、球的反弹、砖块的销毁等。

程序示例:C++语言编写射击操作的程序

射击函数示例代码

在Unreal Engine中,我们可以使用自带的蓝图工具来快速制作游戏逻辑,也可以使用C++进行更加底层的开发。

在场景中放置角色和敌人,并添加相应的碰撞体和动画组件。然后使用蓝图工具创建角色和敌人的AI行为,并实现射击、死亡等动作的触发。

以上代码实现了一个射击函数,通过创建一条射线检测是否击中敌人,并调用敌人的受伤函数进行伤害计算。同时,还播放了射击音效和特效。

另外,在Unreal Engine中还可以使用蓝图工具创建动画、粒子特效等,使得游戏制作更加便捷。

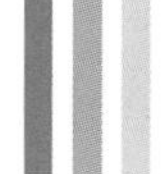

第五节　虚拟现实技术

虚拟现实技术是计算机艺术中应用广泛的技术之一。在虚拟现实中,用户可以沉浸在一个由计算机生成的虚拟世界中,可以与虚拟对象进行交互,获得一种身临其境的感觉。

常用的虚拟现实软件包括Unity和Unreal Engine。其中,Unity是一款跨平台的游戏引擎,支持多种开发语言和平台,具有很好的易用性和灵活性。Unreal Engine则是一款更加底层的游戏引擎,使用C++语言进行开发,具有更高的性能和更强的自定义能力。

下面以Unity为例,介绍虚拟现实技术在计算机艺术中的应用。

在 Unity 中,可以使用 VR 插件来实现虚拟现实的效果。首先需要在场景中添加 VR 摄像机和手柄等组件,然后编写脚本来实现交互功能。

程序示例:Unity 和 C# 语言编写在虚拟世界中控制一个物体移动的程序

虚拟世界移动示例代码

该脚本会根据用户在手柄上的输入来控制物体在虚拟世界中的移动。通过编写类似的脚本,可以实现更加复杂的交互功能,例如射击、抓取等操作。

虚拟现实技术在计算机艺术中的应用非常广泛,涉及游戏、建筑可视化、教育等领域。随着技术的不断发展,虚拟现实技术的应用将会更加普及和广泛。

第六节　交互艺术设计

交互艺术设计是将计算机艺术与人机交互技术相结合,通过多媒体、感知计算、智能交互等技术手段,创造出具有交互性的艺术品。常用的软件包括 Processing、Max/MSP、Unity 等。

程序示例:Scss 语言和 Processing 软件编写简单交互艺术设计的程序

交互艺术设计示例代码

该示例通过调用计算机摄像头捕捉视频流,并在屏幕上显示。同时,根据鼠标的位置实现了颜色的变化,当按下空格键时,将当前屏幕保存为图片。

该示例简单易懂,但是展示了交互艺术设计中常用的交互方式,如鼠标位置、键盘事件等。通过这些交互方式,艺术家可以实现更加丰富多彩的艺术作品。

第七节　视频剪辑

视频剪辑是计算机艺术中重要的一部分,常用的软件有 Adobe Premiere、Final Cut Pro、DaVinci Resolve 等。这些软件提供了丰富的功能和工具,方便用户进行视频编辑、剪辑、合成、特效等操作。

下面以 Adobe Premiere 为例,介绍一些常用的视频剪辑操作:

(1) 导入视频素材:在导航栏中依次点击“文件”-“导入”-“文件”,选择需要导入的视频素材并点击“打开”即可。

(2) 视频剪辑:将视频素材拖入时间轴中,可以通过鼠标选中要剪辑的部分并按下“Delete”键或右键点击“剪切”进行剪辑操作。

(3) 视频特效:在“效果”面板中可以选择需要的特效,如模糊、镜像等,并将其拖入时间轴中。

(4) 视频调色：在“色彩校正”面板中可以对视频进行调色，如亮度、对比度、饱和度等的调整。

(5) 添加字幕：在“文字”面板中可以添加字幕，可以选择字体、大小、颜色等属性，并将其拖入时间轴中。

(6) 添加音效：在“音轨”面板中可以添加音效，可以选择需要的音效文件并拖入时间轴中。

程序示例：Arduino 软件和 C++语言编写一个简单的视频剪辑的程序

视频剪辑示例代码

上述代码使用 OpenCV 库读取视频文件，进行视频剪辑并输出到另一个视频文件中。

第八节 使用 Word 制作艺术作品的介绍和说明

使用 Word 制作艺术作品的介绍和说明可以帮助艺术家更好地介绍他们的作品，以下是一个可能的制作艺术作品介绍的步骤：

(1) 段落分布：使用 Word 的分段功能对文本进行分段处理，每段内容包括作品名称、作者、创作背景、艺术风格、创作思路等。

(2) 标题:在 Word 中,使用大字体、加粗、居中排版等方式对标题进行突出展示,以吸引读者的注意力。

(3) 作者和作品信息:在 Word 中,对作者和作品信息进行介绍和说明,包括作者的姓名、国籍、生平、重要作品等信息,以及作品的名称、尺寸、材料、创作时间、创作背景等信息。

(4) 艺术风格:在 Word 中,对艺术风格进行介绍和说明,包括艺术家的创作风格、主要特点、影响力等,以便读者更好地了解艺术家的作品和艺术风格。

(5) 创作思路:在 Word 中,对艺术家的创作思路进行介绍和说明,包括创作的灵感来源、创作的意图和目的等,以便读者更好地了解作品的创作背景和内涵。

(6) 插入图片:在 Word 中,可以插入艺术作品的图片,以便读者更直观地了解作品的外观和特点。在插入图片时,应注意图片的质量和大小,以确保图片的清晰度和可读性。

(7) 排版和格式:在 Word 中,应注意排版和格式的规范性和美观性,可以使用合适的字体、字号、颜色、行距、缩进等方式进行优化和调整,以使文本更易于阅读和理解。

(8) 校对和修改:在 Word 中,应对文本进行多次校对和修改,以确保语法正确、用词精准、文句通顺、无错别字。

以上是一个可能的使用 Word 制作艺术作品介绍和说明的步骤,通过精心的设计和编辑,可以使艺术作品更好地呈现出其独特性和魅力,从而吸引读者的关注和欣赏。

第九节　使用 Excel 制作艺术家作品销售管理表

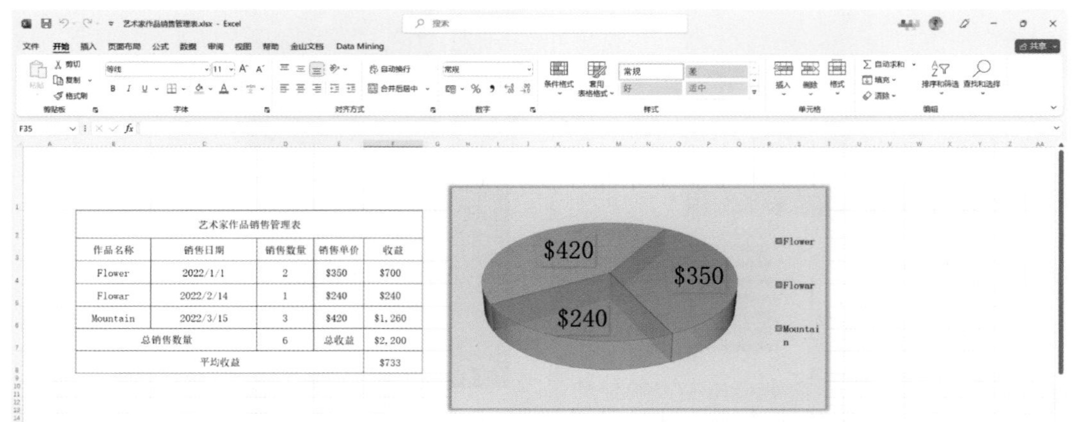

艺术家作品销售管理表				
作品名称	销售日期	销售数量	销售单价	收益
Flower	2022/1/1	2	$350	$700
Flowar	2022/2/14	1	$240	$240
Mountain	2022/3/15	3	$420	$1,260
总销售数量		6	总收益	$2,200
平均收益				$733

使用 Excel 制作艺术家作品销售管理表可以帮助艺术家更好地管理作品的销售情况和收益,以下是一个可能的制作艺术家作品销售管理表的步骤:

(1) 设计表格结构:在 Excel 中,使用表格工具或手动创建表格,包括作品名称、销售日期、销售数量、销售单价、收益等列。

（2）输入数据：在 Excel 中，输入艺术家作品的名称和相关的销售记录，包括销售日期、销售数量、销售单价、收益等信息。

（3）公式计算：在 Excel 中，使用公式计算每个艺术品的销售收益、销售数量和总收益等信息。可以使用 SUM、PRODUCT、AVERAGE 等公式计算相关信息。

（4）格式化表格：在 Excel 中，应注意表格的格式化和样式设置，可以使用颜色、字体、边框等方式进行调整和优化，以使表格更易于读取和理解。

（5）数据分析：在 Excel 中，可以使用数据分析工具和图表来分析销售数据，包括每个作品的销售趋势、销售量和收益等信息，以便艺术家更好地了解销售情况和制定销售策略。

（6）数据备份：在 Excel 中，应定期备份艺术家作品销售管理表，以防止数据丢失和损坏，可以使用云存储或本地备份的方式进行数据备份。

以上是一个可能的使用 Excel 制作艺术家作品销售管理表的步骤，通过精心的管理和分析，可以帮助艺术家更好地了解作品的销售情况和收益，从而制定更合适的销售策略和提高收益水平。

第十节　使用 PPT 制作艺术展览的介绍

使用 PPT 制作艺术展览的介绍可以帮助艺术家更好地介绍他们的作品和展览计划，以下是一个可能的制作艺术展览介绍的步骤：

（1）设计主题和布局：选择合适的主题和布局，以便清晰的表达艺术展览的信息和特点。可以使用主题模板或自定义设计，以突出展览的独特性和专业性。

智造美学：人工智能探索绘画艺术
雕刻未来：人工智能引领雕塑艺术革新
1. Intelligent Aesthetics: Artificial Intelligence Exploring Painting Art
2. Carving the Future: Artificial Intelligence Leading Sculpture Art Innovation
2023.06.05
人工智能制作：胡列

(2) 作品介绍:在 PPT 的开始部分,提供展览的作品介绍,包括作品名称、作者、尺寸、材料、创作时间、创作背景等基本信息。可以使用图像、视频、3D 模型等来展示作品的外观和特点。

(3) 艺术家介绍:在 PPT 中,对艺术家进行介绍和说明,包括艺术家的姓名、国籍、生平、重要作品等信息,以便读者更好地了解艺术家的特点和优势。

(4) 展览安排:在 PPT 中,对展览安排进行介绍和说明,包括展览的时间、地点、参展作品、展览主题、展览形式等信息。可以使用图表、图像、引用等来展示展览的内容和要点。

(5) 展览目标:在 PPT 中,对展览目标进行介绍和说明,包括展览的意义、目的、影响等。可以使用图表、图像、引用等来展示展览目标的重点和亮点。

(6) 展览策略:在 PPT 中,对展览策略进行介绍和说明,包括展览的宣传、营销、参观等策略。可以使用图表、图像、演示等来展示展览策略的内容和方案。

(7) 展览效果:在 PPT 中,对展览效果进行介绍和说明,包括展览的参观人数、反响、媒体报道等。可以使用图表、图像、引用等来展示展览效果的重点和亮点。

(8) 总结:在 PPT 中,对展览的成果和未来发展进行总结和展望,提出下一步的计划和建议。可以使用图表、图像、引用等来强调重点和亮点。

以上是一个可能的使用 PPT 制作艺术展览介绍的步骤,通过精心的设计和展示,可以帮助读者更好地了解展览的特点和优势,从而吸引他们的关注和兴趣。

练习题和思考题及课程论文研究方向

练习题

1. 使用 Excel 制作一个艺术家作品销售管理表,包括作品名称、价格、销售情况等信息。

2. 使用 PPT 制作一个艺术展览的介绍演示,包括艺术家简介、作品展示和展览信息等内容。

3. 使用 Java 编写一个生成随机纹理的程序,实现艺术品纹理的自动生成和展示功能。

4. 使用 MATLAB 编写一个音乐可视化程序,将音乐转化为艺术性的可视化效果。

5. 使用 Processing 软件和 Scss 语言编写一个交互艺术设计程序,实现用户与艺术作品的互动交流。

6. 使用 C++语言编写一个虚拟现实游戏程序,让用户在虚拟世界中体验艺术创作和探索。

思考题

1. 探讨计算机艺术对传统艺术形式的影响和创新,以及计算机技术在艺术创作过程中的价值和局限。

2. 讨论虚拟现实技术在艺术领域的应用,如何通过虚拟现实创造沉浸式的艺术体验和互动性。

3. 探究交互艺术设计与观众参与的关系，分析交互艺术设计对艺术体验、社会互动和创意表达的影响。

课程论文研究方向

1. 基于计算机视觉和图像处理技术的艺术品自动分类和鉴赏研究。
2. 探索虚拟现实技术在艺术展览和艺术教育中的应用研究。
3. 计算机生成艺术与人工智能算法在创作过程中的应用研究。

第十四章　互联网思维与云计算

Chapter 14：Internet Thinking and Cloud Computing

欢迎阅读本书的第十四章——"互联网思维与云计算"。在这一章中，我们将探讨互联网思维和云计算的应用概况，以及它们在各种领域中的具体应用。

首先，我们将概述互联网思维的发展和应用。然后，我们将深入探讨互联网思维在知名互联网企业中的具体应用，例如 Python 编写的电商平台、搜索引擎、广告投放平台、外卖平台、出行服务平台和在线视频平台等应用示例。此外，我们还将提供 C++语言编写的微信客户端、京东商城和抖音客户端等应用示例。

接下来，我们将介绍云计算及其主要应用，并提供 Python 编写的数据中心自动化管理、Java 编写的软件即服务(SaaS)应用、C++编写的移动应用开发和 Python 编写的物联网设备管理等程序示例。

在本章的后半部分，我们将通过一系列案例，详细介绍全球最大的云服务提供商之一——亚马逊云科技的应用。我们将提供 Python 编写的云计算平台、Java 编写的对象存储服务和 C++编写的 EC2 弹性计算服务等程序示例。

最后，我们将教你如何使用 Word 编写网站的技术文档和用户手册，如何使用 Excel 进行网站流量分析和关键词排名，以及如何使用 PPT 制作互联网产品的介绍。

我们希望通过本章的学习，你能够更好地理解和应用互联网思维和云计算，从而在各自的工作和生活中更好地利用这些技术。

第一节　互联网思维与云计算应用概况

互联网行业方兴未艾，计算机技术与通信技术的结合，构成了今天无处不在的互联网。互通世界，联系共享。互联网的发展，大大促进了国际的文字、图像、数据等的传输与处理。使天涯毗邻，有力地改变了我们工作、生活和交往的模式。互联网金融、电子支付，使金融机构对客户的服务更加及时准确，更能提供个性化的服务；电子商务，使企业可以根据客户需

求进行订单化生产，碎片化、单一化服务，大大减少中间环节；无线局域网的发展，对政府、高校、企业等单位的通信和管理提供了非常大的方便；物联网技术的进步，使智能家居走入百姓生活，智能家电、计算机、云计算，构成一个安全舒适的家居生活圈。凡此种种，都是计算机在影响改变着我们的生活方式。

互联网思维是一种以互联网为基础的商业思维，它的核心理念是以用户为中心，关注用户需求和用户价值，通过快速迭代、持续创新和开放合作等方式，实现企业的快速成长和发展。互联网思维在互联网行业的发展中得到广泛应用，同时也逐渐渗透到其他传统产业中，成为一种新的商业模式和经营方式。

互联网思维强调以下几个方面：

(1) 以用户为中心。互联网思维强调用户需求和用户体验，企业需要不断地了解和满足用户需求，不断改进产品和服务，提高用户体验和满意度。

(2) 快速迭代和持续创新。互联网思维强调快速迭代和持续创新，企业需要不断地改进产品和服务，引入新技术和新思维，不断提高自身的竞争力和市场地位。

(3) 开放合作和共享经济。互联网思维强调开放合作和共享经济，企业需要与合作伙伴和用户紧密合作，共同创造价值，实现共赢。

(4) 数据驱动和智能化。互联网思维强调数据驱动和智能化，企业需要借助大数据、人工智能等技术，不断优化业务流程和决策，提高工作效率和决策精准度。

综上所述，互联网思维是一种以用户为中心、快速迭代、开放合作和数据驱动的商业思维，它为企业提供了更多的机遇和挑战，企业需要不断创新和应用，提高自身的竞争力和市场地位，实现可持续发展。

以下是一些互联网思维成功的案例：

(1) 阿里巴巴：阿里巴巴创始人马云利用互联网思维，在中国创造了一个电商生态圈。阿里巴巴通过互联网的平台和技术，打通了供应链和销售渠道，降低了成本，提高了效率，并且能够更好地满足消费者的需求。

(2) 谷歌：谷歌利用互联网思维，开发了一个基于搜索引擎的商业模式。谷歌通过创新的搜索算法和广告模式，帮助广告客户找到目标用户，同时为用户提供更好的搜索结果，实现了“三赢”的局面。

(3) 美团点评：美团点评通过互联网思维，将线上服务和线下服务整合在一起。美团点评通过平台的方式，将线下的餐饮、酒店、旅游等服务资源整合在一起，并且通过移动互联网的技术，实现了在线下消费的全流程服务。

(4) 滴滴出行：滴滴出行利用互联网思维，打造了一种基于共享经济的出行方式。滴滴出行通过互联网的技术，将车主和乘客联系在一起，降低了出行的成本，提高了效率，并且为消费者提供更好的出行体验。

(5) 爱奇艺：爱奇艺通过互联网思维，打造了一个基于视频内容的商业模式。爱奇艺通过自主研发的算法和技术，对海量的视频内容进行分类和推荐，让用户更加容易找到自己感兴趣的内容，并且通过广告和会员服务等方式实现盈利。

这些成功案例充分体现了互联网思维的价值和优势，这种思维方式可以帮助企业发掘市场机会，提高效率，降低成本，提升服务质量，满足用户需求，实现商业价值。

云计算是一种基于互联网的计算模式，它将计算资源和服务通过互联网进行交付，用户可以通过互联网按需使用和付费，避免了大量的硬件设备和维护成本。

互联网思维和云计算之间存在紧密的联系，它们都是以互联网为基础的商业模式和技术手段。互联网思维强调以用户为中心，通过快速迭代、持续创新和开放合作等方式，实现企业的快速成长和发展，而云计算则提供了基础的技术支持和平台，使得企业可以更加便捷的部署、管理和使用各种计算资源和服务，从而更好地满足用户需求和市场变化。

互联网思维和云计算的结合，为企业带来了更多的机遇和挑战。通过互联网思维，企业可以更好地了解用户需求和市场变化，开发出更加符合用户需求的产品和服务；通过云计算，企业可以更加灵活地部署和使用计算资源和服务，实现更高效、更智能的业务流程和决策。同时，也需要注意互联网安全和数据隐私等问题，保护用户信息和企业数据的安全性和可信度。

综上所述，互联网思维和云计算的结合，为企业带来了更多的机遇和挑战，企业需要不断创新和应用，提高自身的竞争力和市场地位，同时也需要重视用户体验和数据安全等问题，保障企业的可持续发展和用户满意度。

第二节　互联网思维

当今时代正处于第三工业革命的“后工业化时代”，意味着工业时代正在过渡为互联网时代。从 1997 年开始，中国互联网开始进入商业时代。发展至今，历经 Web1.0、Web2.0、Web3.0 三个发展阶段如下所示。

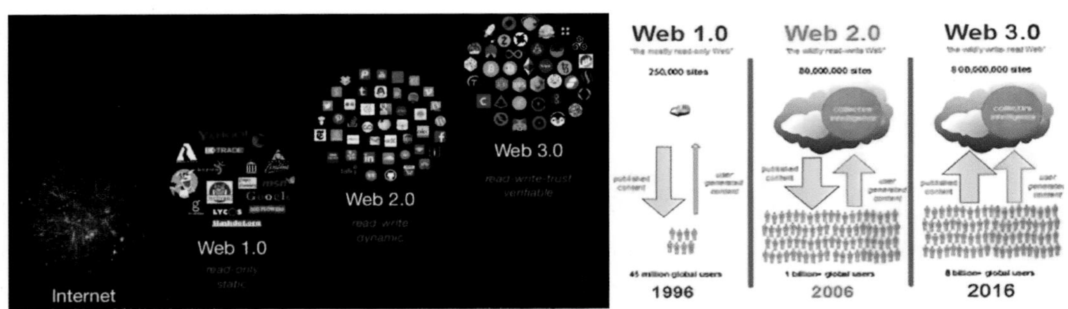

第一阶段，Web1.0(1996—2003 年)：门户时代。这个阶段，中国互联网初步形成了以新浪、搜狐和网易为代表的三大门户网站。在 Web1.0 阶段，网站进行信息发布，还是多对一的传播。从门户这个中心点出发，基本实现的是一个单向互动。

第二阶段，Web2.0(2003—2011 年)：搜索/社交时代。这个阶段，出现了百度搜索、腾讯QQ、博客中国、新浪微博、人人网等搜索和社交网站。相比较门户时代，用户可以生产信息内容，进而实现人与人之间的双向互动。

第三阶段，Web3.0（2012 年至今）：大互联时代。该阶段是基于物联网、大数据和云计算的智能生活时代。Web3.0 时代的典型特点是多与多地交互，包括人与人、人机互动以及终端间交互。大互联是相比较传统互联而言的。传统互联网主要是指桌面互联和刚刚兴起的移动互联。而作为新一代互联网，大互联是建立在物联网基础上的，是一种“任何人、任何物、任何时间、任何地点、永远在线、随时互动”的存在形式。

对互联网思维有较大贡献的企业家有雷军、马化腾、周鸿祎等。他们将互联网思维与自己的企业 V 转型相结合，用成功的思维来引领企业的未来。

互联网有九大思维，它们分别是：

（1）用户思维。

用户思维可以简单从三个角度来理解：WHO？WHAT？HOW？这也是营销最基础的底层理论。我们是谁？我们能为你提供什么？我们将以什么样的方式为你们提供。

（2）极简思维。

极简思维所信奉的特点是：少即是多。所以极简思维下，能砍掉的则砍掉，单点突破，集中精力与资源做好一个业务板块。

1997 年苹果评估接近破产，乔布斯回来，砍掉 70% 的产品，专注于研发指定产品，1997 年亏损 10.4 亿美元，1998 年盈利 3.09 亿美元。这种思维模式与营销思维也是一致的，少即是多。结合消费者五大思考模型：只能接收有限的信息；喜欢简单，讨厌复杂；容易失去焦点；缺乏安全感；对品牌的印象不容易被改变。所以越简单越好，不要强行塞给用户一堆东西。

（3）极致思维。

极致思维，就是把产品、服务和用户体验做到极致，超越用户预期。让内容处于不断的优化状态，将产品与服务做到最好，这就是极致思维。

（4）迭代思维。

迭代思维的本质，是要及时乃至实时地把握用户需求，并能够根据用户需求进行动态的产品调整。追求一个字：快。典型案例就是小米。从一开始就让用户参与进来，然后不断地更新和优化产品。

（5）流量思维。

有人的地方就有流量，流量也意味着体量，体量意味着分量。“目光聚集之处，金钱必将追随”，流量即金钱，流量即入口。有时候“免费是为了更好地收费”，回首当年的 360 安全卫士，用免费杀毒入侵杀毒市场，一时间搅得天翻地覆，再看看，卡巴斯基、瑞星等杀毒软件，估计没有几台电脑还会装着了。“免费是最昂贵的”，但是也不是所有的企业都能选择免费策略，要根据因产品、资源、时机而定。

（6）社会化思维。

企业利用社会化工具/媒体等，重塑企业和用户的沟通关系、组织管理、运营模式。例如很多女生都爱看的淘宝直播，淘宝大 V 薇娅上线一小时，在线观看数就从零增长到几百万。很多观众会去帮助传播和扩散。互联网思维强调企业与用户之间是网状的沟通，用户既是产品的使用者，也是产品的传播者和评价者。

(7) 大数据思维。

大数据思维,是指对大数据的认识,对企业资产、关键竞争要素的理解。用户在网络上可被监测和分析的行为给了大数据更多的可能性。滴滴的大数据系统可以帮助交通管理部门分析交通的拥堵与路线的实时使用情况。

(8) 平台思维。

平台是互联网时代的驱动力,全球100强的企业里,有60%都是平台型企业。以"什么值得买"为例,老板最初创建的目的竟然是为了给老婆买个包,最后却成就了今年7月的上市。其中与京东,网易考拉等都有合作。平台是共建一个多方共赢的生态圈。

(9) 跨界融合思维。

随着互联网和新科技的发展,很多产业的涉及的领域越来越多,如零售、图书、金融、电信、娱乐、交通、媒体等等。举个例子:航空公司与运输公司合作,为运输公司输送客源,然后向每辆大巴车收取一定的租金;而运输公司为航空公司制作机身广告,同时将大巴车以更高的价格转租给大巴车司机。这也是一次典型的流量思维与跨界思维相结合的商业模式,成功地将机场客源流量变现。而整个商业链条中的所有节点都获得了更多的利益。

最后如果传统企业想要转型互联网,并不是开通官网,双微就可以称作互联网公司了,而是这家公司的思维模式有没有变?有没有蕴含用户、流量、极致、极简等这一系列互联网思维。如果思维没变,那不管怎么做都将只是一家披着互联网外壳的传统企业。

著名管理学家迈克尔·波特基于工业化生产流通体系,企业经营管理方面提出了"价值链"理论:趋势就像是一匹马,如果你在马后面追是永远也追不上的。你得骑上去,而骑上马的前提是:了解用户,服务用户。

第三节　著名互联网企业特点部分编程演示

以下是针对"阿里巴巴""美团点评""滴滴出行""爱奇艺""微信""京东""抖音"等互联网思维下,最有特点的部分的简单编程演示:

程序示例:Python 编写电商平台应用的程序

该示例使用 Python 和 Flask 框架实现了商品展示、购物车和订单管理等功能。

电商平台示例代码

程序示例:Python 编写搜索引擎和广告投放平台应用的程序

该示例使用 Python 和 Flask 框架实现了搜索功能和广告投放功能。

搜索引擎和广告投放示例代码

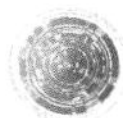

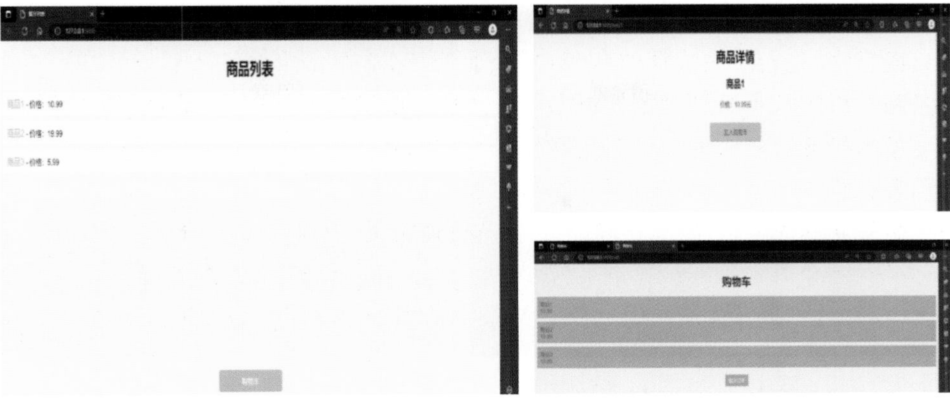

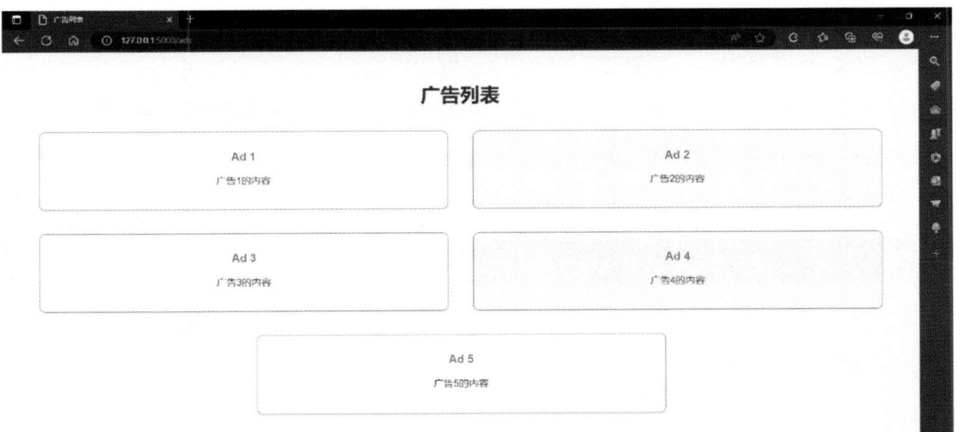

程序示例:Python 编写外卖平台应用的程序

外卖平台示例代码

该示例使用 Python 和 Flask 框架实现了餐厅展示、点餐和订单管理等功能;以下是美团点评外卖平台应用程序的代码。

程序示例:Python 编写出行服务平台应用的程序

出行服务平台示例代码

该示例使用 Python 和 Flask 框架实现了车辆展示、预订和订单管理等功能。

程序示例:Python 编写在线视频平台应用的程序

在线视频平台示例代码

该示例使用 Python 和 Flask 框架实现了视频展示和播放等功能。

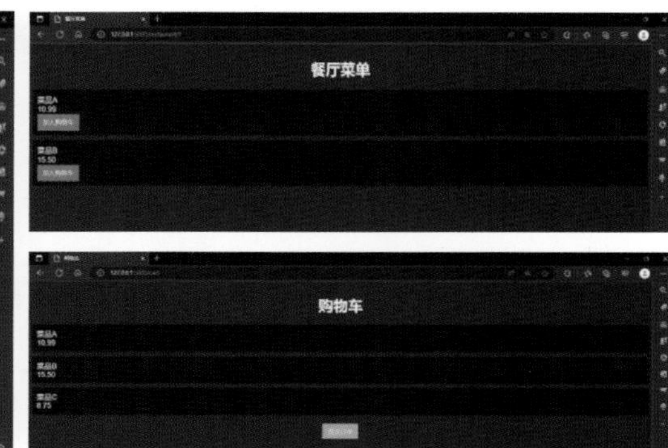

程序示例:C++语言编写微信客户端应用的程序

微信客户端示例代码

该示例使用C++和Socket编写的微信客户端应用程序,可以进行消息收发和好友管理等操作。

程序示例:C++语言编写京东商城应用的程序

京东商城示例代码

该示例使用C++和MySQL数据库可以进行商品展示、购买和订单管理等操作。

程序示例:C++语言编写抖音客户端应用的程序

抖音客户端示例代码

该示例使用C++和FFmpeg库可以播放和分享短视频。

第四节　云计算及其主要应用编程演示

云计算是一种基于互联网的计算方式,通过将计算资源、数据存储、应用程序等服务集中在云端,提供给用户按需使用的方式。云计算的特点是可伸缩性、高可用性、可靠性、安全性、灵活性和成本效益等。云计算的应用范围非常广泛,包括数据中心、企业应用、移动应用、物联网、游戏等领域。

云计算的应用有以下几个方面:

(1) 数据中心。

云计算的核心是数据中心,通过云计算技术,数据中心可以高效地管理和处理数据。云计算的应用在数据中心中主要包括资源池、虚拟化、自动化管理和弹性扩展等。

(2) 企业应用。

云计算技术可以为企业提供灵活、可靠、安全、高效的计算资源,使企业能够快速部署应用程序和服务,提高企业的竞争力。云计算的应用在企业应用中主要包括软件即服务(SaaS)、平台即服务(PaaS)和基础设施即服务(IaaS)等。

(3) 移动应用。

云计算技术可以为移动应用提供大量的计算资源和存储空间,使移动应用具备更好的性能和体验。云计算的应用在移动应用中主要包括移动应用开发和移动应用托管等。

(4) 物联网。

云计算技术可以为物联网提供数据存储、处理、分析和共享等服务,使物联网具备更好的智能化和自动化能力。云计算的应用在物联网中主要包括设备管理、数据分析、应用开发和安全管理等。

(5) 游戏。

云计算技术可以为游戏提供高效、可靠、安全的服务,使游戏具备更好的性能和用户体验。云计算的应用在游戏中主要包括游戏开发、游戏存储和游戏托管等。

总之,云计算的应用已经覆盖了各个领域,云计算技术的不断发展和创新也将为各个行业带来更多的机遇和挑战。

程序示例:Python 编写的数据中心自动化管理的程序

这个程序可以远程登录多台服务器,并执行指定的命令。

数据中心自动化管理示例代码

程序示例:Java 编写的软件即服务(SaaS)应用的程序

这个程序可以创建一个 Web 服务,当访问"/hello"时,返回"Hello World!"。

SaaS 应用示例代码

程序示例:C++编写的移动应用开发的程序

这个程序可以定义一个 Person 类,然后创建多个 Person 对象,并输出每个对象的名称和年龄。

移动应用开发示例代码

程序示例:Python 编写物联网设备管理的程序

这个程序可以连接到 MQTT 服务器,订阅主题为"iot/temperature"的消息,并在收到消息时打印出来。

物联网设备管理示例代码

程序示例:C++编写游戏开发的程序

这个程序可以创建一个窗口,并在窗口中画一个圆形。

游戏开发示例代码

第五节　全面应用最广泛的云平台——亚马逊云科技

亚马逊的子公司亚马逊云科技是云计算的无可争议的市场领导者。亚马逊云科技以付费的方式为个人、公司和政府提供云计算平台和 API,被认为是世界上最全面、应用最广泛的云平台,在全球数据中心提供超过 175 项功能齐全的服务。它具有丰富的资源,允许在令人眼花缭乱的速度下设计和执行新的解决方案,甚至比客户更快地理解或合并这些解决方案。

该公司提供完整的 laaS 和 PaaS。最知名的是 EC2、弹性 Beanstalk、简单存储服务

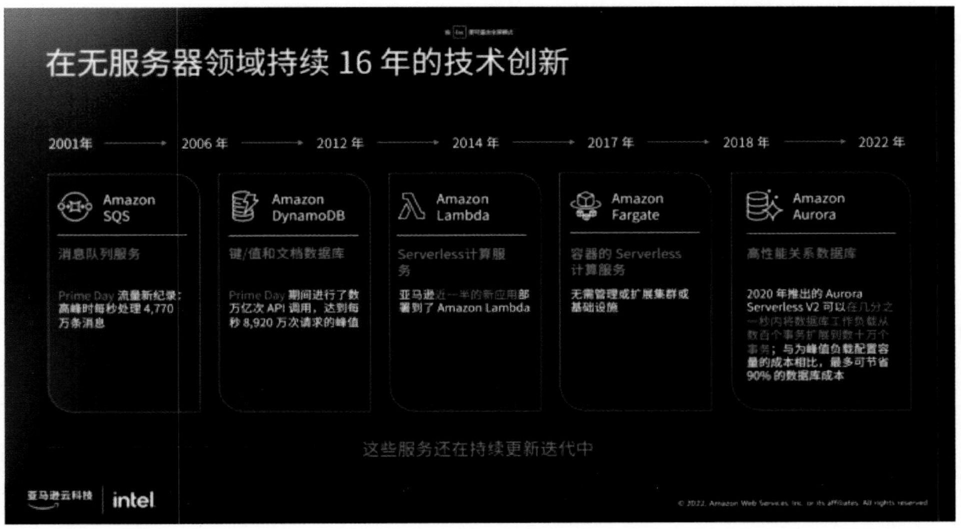

(S3)、弹性块存储(EBS)、冰川存储(Amazon S3 Glacier)、关系数据库服务(RDS)和DynamoDB NoSQL 数据库。该公司还提供与网络、分析和机器学习相关的云服务、物联网、移动服务、开发技术、管理技术、云安全等。数以百万计的客户(包括知名企业、初创公司、政府机构等)正在使用亚马逊云科技来降低成本、提高敏捷性并加快创新速度。亚马逊作为云计算服务商的领军者,其最有特点的部分包括 AWS(Amazon Web Services)云计算平台、S3(Simple Storage Service)对象存储服务、EC2(Elastic Compute Cloud)弹性计算服务等。

程序示例:Python 编写云计算平台的程序

该示例使用 AWS SDK for Python(Boto3)编写的程序示例:

```
python
import boto3
s3=boto3.resource('s3')

bucket_name='my-bucket'
key='my-object'
data='Hello,World!'
s3.Bucket(bucket_name).put_object(Key=key,Body=data)
obj=s3.Object(bucket_name,key)
response=obj.get()
body=response['Body'].read()
print(body)
```

这个程序可以使用 Boto3 库连接到 AWS S3 服务，将一个对象存储到指定的存储桶中，并从存储桶中读取该对象的内容。

S3 对象存储服务是 AWS 提供的一种高可用性、低成本、高可扩展性的对象存储服务。S3 服务具有高度的可靠性、安全性和易用性等特点。

程序示例：Java 编写对象存储服务的程序

对象存储服务示例代码

该示例使用 AWS SDK for Java 编写的程序示例。

这个程序可以使用 Java SDK 连接到 AWS S3 服务，从指定的存储桶中读取一个对象，并输出对象的内容。

EC2 弹性计算服务是 AWS 提供的一种弹性、可伸缩、安全、高性能的计算服务。EC2 服务具有高度的可用性、灵活性和易用性等特点。

程序示例：C++语言编写 EC2 弹性计算服务的程序

EC2 弹性计算服务示例代码

该示例使用 AWS SDK for C++编写的程序示例。

这个程序可以使用 C++SDK 连接到 AWS EC2 服务，查询所有实例的名称标签，并输出这些标签的值。

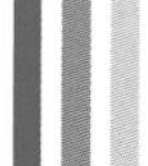

第六节　使用 Word 编写网站的技术文档和用户手册

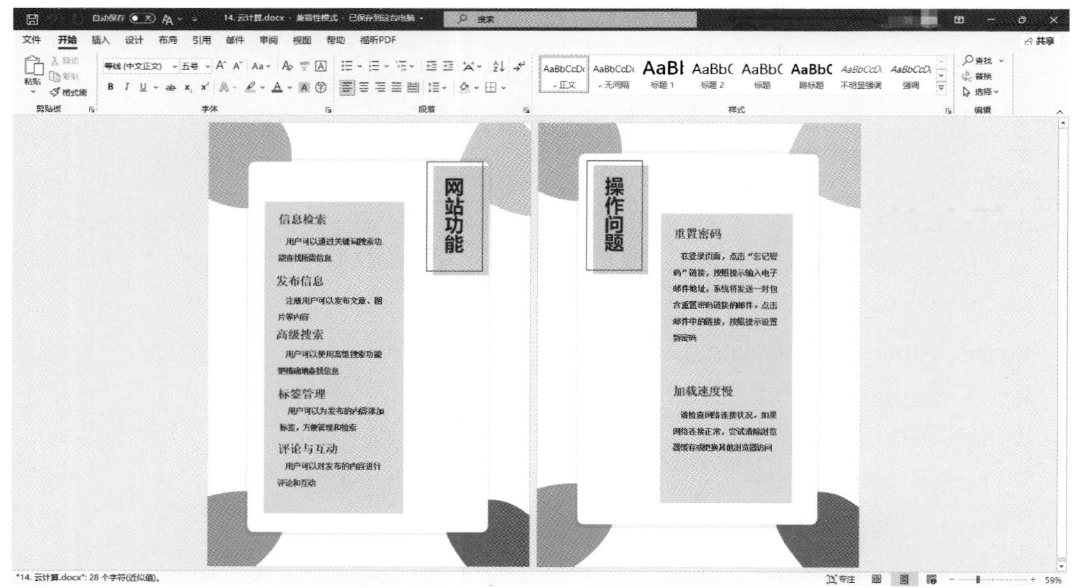

使用 Word 编写网站的技术文档和用户手册，可以帮助用户更好地理解和使用网站的功能和特点，以下是一个可能的编写步骤：

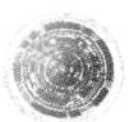

(1) 确定文档结构:确定技术文档和用户手册的整体结构和内容,包括网站的功能、使用方法、操作流程、常见问题等信息。可以使用目录、章节标题、页眉页脚等工具进行布局和设计。

(2) 描述网站功能:在 Word 文档中,对网站的功能进行详细描述和说明,包括主要功能、附加功能、常用功能等。可以使用图像、表格、文本等方式来展示网站功能的特点和优势。

(3) 说明使用方法:在 Word 文档中,对网站的使用方法进行详细说明,包括注册、登录、浏览、搜索、发布等操作方法。可以使用图像、文本、演示等方式来展示网站的操作流程和使用方法。

(4) 提供操作指南:在 Word 文档中,提供网站的操作指南和技巧,包括快捷键、功能设置、数据备份等方面。可以使用图像、文本、演示等方式来展示网站的操作指南和技巧。

(5) 解决常见问题:在 Word 文档中,列出网站的常见问题和解决方案,包括操作问题、技术问题、数据安全等方面。可以使用图像、文本、引用等方式来解答常见问题。

(6) 编写用户手册:在 Word 文档中,将以上内容整合成用户手册,包括网站的简介、功能、使用方法、操作指南、常见问题等内容。可以使用目录、索引、引用等工具来方便用户阅读和查找。

(7) 格式化文档:在 Word 文档中,应注意文档的格式化和样式设置,以便读者更好地阅读和理解。可以使用颜色、字体、边框等方式进行调整和优化。

(8) 审查文档:在 Word 文档中,应定期审查文档的内容和结构,以确保文档的准确性和及时性,可以邀请相关人员和用户参与审查和修改。

以上是一个可能的使用 Word 编写网站技术文档和用户手册的步骤和建议,通过精心的编写和整理,可以帮助用户更好地了解和使用网站的功能和特点,提高用户的满意度和体验。

第七节　使用 Excel 进行网站流量分析和关键词排名

使用 Excel 进行网站流量分析和关键词排名,可以帮助网站管理员更好地了解网站的访问量和搜索排名,以下是一个可能的分析步骤:

(1) 收集数据:收集网站的流量数据和关键词数据,包括网站的访问量、页面访问量、搜索关键词、搜索量、竞争度等信息。可以使用网站分析工具或第三方数据提供商来获取数据。

(2) 整理数据:将收集到的数据整理到 Excel 表格中,包括日期、时间、访问量、页面访问量、搜索关键词、搜索量、竞争度等内容。可以使用 Excel 的筛选、排序、格式化等功能来整理数据。

(3) 分析数据:在 Excel 表格中,使用数据透视表或图表等工具,对网站的访问量和关键

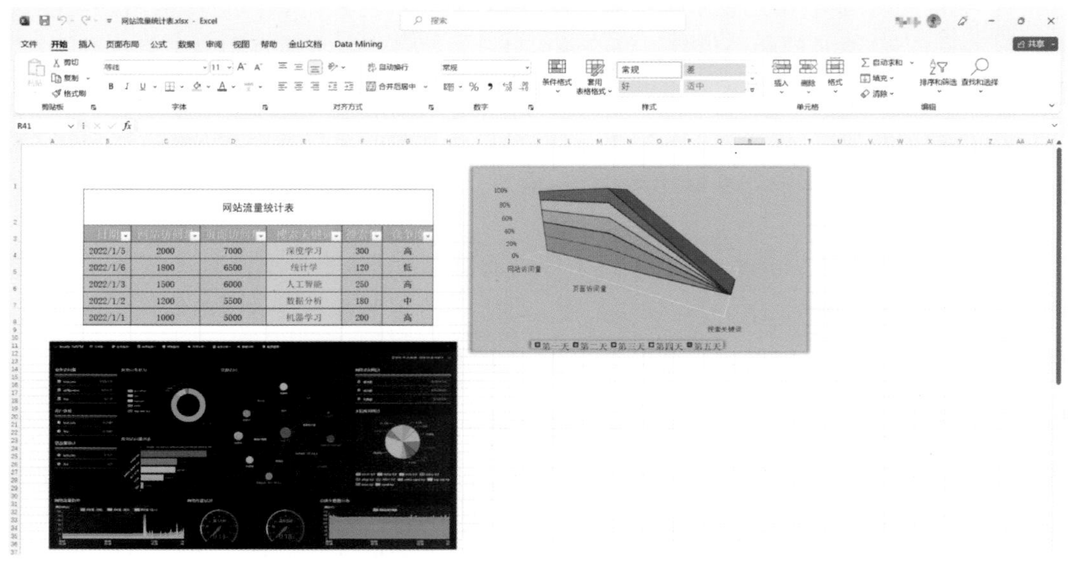

词排名进行分析和比较。可以查看不同时间段、不同关键词、不同地区等方面的数据分布和趋势。

（4）评估结果：根据数据分析的结果，评估网站的流量和关键词排名情况，找出优化和改进的方案。可以使用 Excel 的条件格式、公式计算等工具来评估数据的准确性和实用性。

（5）制定计划：根据数据分析的结果和评估的情况，制定网站流量和关键词排名的优化计划和方案。可以使用 Excel 的表格、图表等工具来展示计划和方案的具体内容和实施情况。

以上是一个可能的使用 Excel 进行网站流量分析和关键词排名的步骤和建议，通过精细的数据整理和分析，可以帮助网站管理员更好地了解网站的流量和关键词排名情况，从而制定有效的优化方案和措施。

第八节　使用 PPT 制作互联网产品的介绍

使用 PPT 制作互联网产品的介绍，可以帮助用户更好地了解产品的功能、特点和优势，以下是一个可能的制作步骤：

（1）确定 PPT 结构：确定 PPT 的整体结构和内容，包括产品的名称、功能、特点、用户体验、市场推广等方面的信息。可以使用 PPT 的版式、布局、主题等工具进行设计和调整。

（2）介绍产品功能：在 PPT 中，详细介绍产品的功能和特点，包括主要功能、辅助功能、扩展功能等方面的信息。可以使用图像、文本、演示等方式来展示产品的特点和优势。

（3）展示用户体验：在 PPT 中，展示产品的用户体验和用户反馈，包括用户界面、交互体

01 制造业中的云计算

02 智能分析与优化

03 智能制造与云计算融合

制造业中的云计算

一方面，可以优化生产流程和管理，包括数据分析、监控和预测，提高生产效率和质量控制。

智能分析与优化

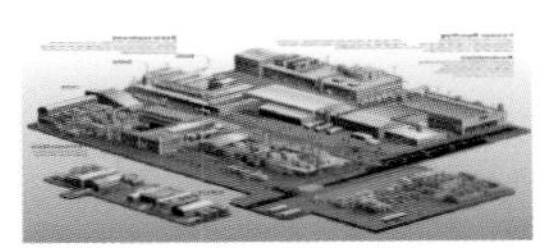

智能制造与云计算融合

云计算为智能制造提供的基础支撑。云计算通过其高效的存储、计算、资源管理和服务等能力，为智能制造打造了一个高效、协作和智能的平台，极大地提高了制造效率和质量。同时，云计算还能够帮助企业进行数据跨地域、跨部门和业务部署，使智能制造实现多级协同，提升企业的竞争力和市场占有率。

验、用户评价等方面的信息。可以使用图像、演示、引用等方式来展示用户体验的特点和优势。

(4) 介绍市场推广：在 PPT 中，介绍产品的市场推广和销售策略，包括市场定位、渠道推广、品牌建设等方面的信息。可以使用图像、文本、演示等方式来展示市场推广的特点和优势。

(5) 制作幻灯片：根据以上内容，制作 PPT 的幻灯片，包括主题、章节、标题、文本、图像等方面的内容。可以使用 PPT 的动画、效果、音频等工具来提升幻灯片的视觉效果和吸引力。

(6) 定期更新：定期更新 PPT 的内容和信息，以保持其准确性和及时性。可以根据用户反馈和市场变化，对 PPT 进行优化和修改。

以上是一个可能的使用 PPT 制作互联网产品介绍的步骤，通过精心的制作和整理，可以帮助用户更好地了解和认识产品的功能和特点，提高用户的满意度和体验，同时也有助于产品的市场推广和销售。

练习题和思考题及课程论文研究方向

练习题

1. 使用 Excel 进行网站流量分析和关键词排名，分析网站访问量、流量来源和关键词排名等数据。

2. 使用 PPT 制作一个互联网产品的介绍演示,包括产品功能、优势和使用案例等内容。

3. 使用 Java 编写一个软件即服务(SaaS)应用程序,实现云端提供的服务和功能。

4. 使用 Python 编写一个物联网设备管理程序,实现对物联网设备的远程监控和控制。

5. 使用 C++编写一个移动应用开发程序,实现移动应用的设计、开发和部署。

6. 使用 MATLAB 编写一个数据中心自动化管理程序,实现对数据中心资源的自动化管理和调度。

思考题

1. 探讨互联网思维对传统行业的影响和改变,以及互联网思维在企业发展中的重要性和应用方式。

2. 讨论云计算对企业信息技术架构的影响和优势,以及云计算在数据存储、计算能力和业务扩展方面的应用。

3. 探究云平台的安全性和隐私保护问题,分析云计算环境下的数据安全管理和风险控制策略。

课程论文研究方向

1. 互联网思维在传统行业转型中的应用研究。

2. 云计算环境下的数据隐私保护和安全管理研究。

3. 互联网产品用户体验和界面设计研究。

第十五章　物联网

Chapter 15: Internet of Things

欢迎阅读本书的第十五章——"物联网"。在这一章中，我们将探讨物联网的应用和发展概况，以及它在各种行业中的具体应用。

首先，我们将概述物联网的应用与发展概况。然后，我们将深入探讨物联网在物流行业、智能家居、智能交通、智能医疗和智能农业等领域的应用。这些应用包括 Python 编写的物流追踪、智能家居控制、交通监控、远程监测等程序示例，以及 C++语言编写的模拟温湿度监测等程序示例。

在本章的后半部分，我们将教你如何使用 Word 编写物联网设备的技术文档和用户手册，如何使用 Excel 进行物联网传感器数据处理和分析，以及如何使用 PPT 制作物联网应用的介绍。

我们希望通过本章的学习，你能够更好地理解和应用物联网，从而在各自的工作和生活中更好地利用这项技术。

第一节　物联网应用与发展概况

物联网是一种基于互联网的技术体系，通过物体间的互联和通信实现信息共享和智能化服务。现在，物联网已经在多个领域得到了广泛应用，例如智能家居、智慧城市、工业互联网等等。物联网技术已经得到了较为成熟的发展，例如无线传感器技术、云计算技术、人工智能技术等等。物联网的安全问题仍然是一个重要的挑战，例如数据安全、设备安全等等。

以下是几个物联网成功的案例：

(1) 物流行业：物流行业通过物联网技术的应用，实现了对货物的实时追踪和监控。货物装上物联网传感器，可以实时检测货物的位置、温度、湿度、压力等信息，并将这些数据传送给物流公司和客户，从而提高了物流服务的效率和质量。

(2) 智能家居：智能家居系统利用物联网技术，将家庭的各种设备和设施进行联网，从而实现了智能化的控制和管理。用户可以通过智能手机或其他设备，对家居设备进行远程控制和监控，实现了智能化的居住体验。

(3) 智能交通：物联网技术可以帮助交通管理部门实现对城市交通的智能化监控和管理。通过各种传感器和设备，可以实时收集道路状况、车流量、交通拥堵情况等信息，并根据这些数据做出智能化的交通调度和管理，从而提高了城市交通的效率和安全性。

(4) 智能医疗：物联网技术可以帮助医疗行业实现对病人的智能化监测和管理。通过各种传感器和设备，可以实时检测病人的生命体征、病情变化等信息，并将这些数据传送给医护人员，从而实现了对病人的精准监测和管理。

(5) 智能农业：物联网技术可以帮助农业行业实现对农作物的智能化监测和管理。通过各种传感器和设备，可以实时检测土壤湿度、温度、光照强度等信息，并根据这些数据做出智能化的灌溉、施肥等农业管理措施，从而提高了农作物的产量和质量。

这些案例展示了物联网技术在不同领域的应用和价值，通过将传感器、设备和云计算等技术进行联网和集成，可以实现对物品、环境和人的智能化监测和管理，从而提高效率、降低成本、提高服务质量，实现商业和社会价值。

未来发展趋势有如下几个方面：

(1) 5G 通信技术：5G 通信技术将会大幅提高物联网的传输速度和实时性，支持更多的连接和应用场景。

(2) 人工智能：人工智能技术将会在物联网中得到更广泛的应用，例如使用机器学习技术来实现智能决策和智能控制。

(3) 边缘计算：边缘计算将会成为物联网的重要组成部分，通过将计算和存储资源靠近终端设备，实现更低的时延和更高的安全性。

(4) 物联网安全：物联网安全将会成为一个重要的研究方向，例如通过区块链技术来保证数据的安全和隐私等等。

总的来说，物联网将会在未来得到更广泛的应用和发展，随着新技术的不断出现和应用，将会带来更多的创新和机会。同时，安全问题也需要得到越来越多的重视和解决。

第二节　物联网在物流行业中的应用

物联网(IoT)在物流行业中的应用主要集中在物流追踪、物流管理、智能仓储等方面。以下是对物流追踪和物流管理的应用进行详细介绍，并给出一个使用 Python 编写的程序示例。

(1) 物流追踪：物流追踪是指通过物联网技术对物流货物进行实时监测和跟踪，从而提高物流效率和货物安全性。物流追踪需要在货物上安装传感器设备，通过传感器设备采集货物的位置、温度、湿度等信息，并通过物联网平台对这些信息进行处理和分析，提供实时的货物追踪和监测服务。

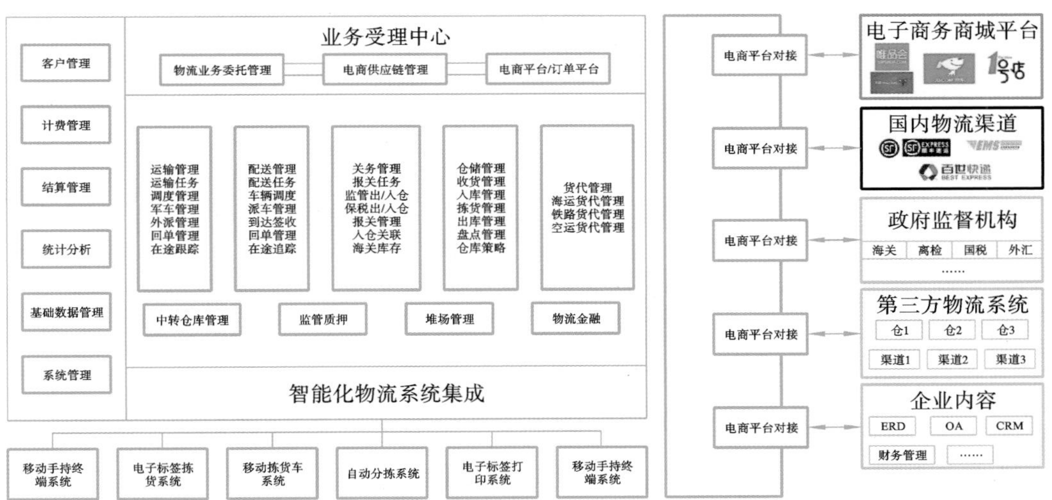

（2）物流管理：物流管理是指通过物联网技术对物流运输、仓储等环节进行管理和优化，从而提高物流效率和降低物流成本。物流管理需要在物流设施、运输工具等物流环节上安装传感器设备，通过传感器设备采集环境信息、运输工具状态等数据，并通过物联网平台对这些数据进行处理和分析，提供实时的物流管理和优化服务。

程序示例：Python 编写的物流追踪的程序

物流追踪示例代码

该示例可以模拟一个货物在物流过程中的实时位置。

第三节　物联网智能家居中的应用

物联网（IoT）在智能家居中的应用主要集中在家庭安防、智能家电、智能家居控制等方面。以下是对智能家电和智能家居控制的应用进行详细介绍，并给出一个使用 Python 编写的程序示例。

（1）智能家电：智能家电是指通过物联网技术连接到互联网的家电设备，能够实现远程控制和自动化操作，提高生活品质和节省能源成本。智能家电需要配备物联网模块，通过互联网连接到智能家居中心，实现家电的智能化控制。

（2）智能家居控制：智能家居控制是指通过物联网技术实现对家居设备的远程控制和自动化操作，能够提高居住舒适度和节省能源成本。智能家居控制需要通过物联网平台对家居设备进行管理和控制，实现家居设备的互联互通。

程序示例:Python 编写的智能家居控制的程序

智能家居控制示例代码

该示例可以通过语音命令控制智能家居设备的开关。

这个程序可以通过麦克风输入语音命令,根据语音命令控制智能家居设备的开关。程序使用 speech_recognition 库进行语音识别,通过判断语音命令中的关键词来控制智能家居设备的开关。

第四节　物联网智能交通中的应用

物联网(IoT)在智能交通中的应用主要集中在交通监控、交通管理和交通安全等方面。以下是对交通监控和交通管理的应用进行详细介绍,并给出一个使用Python编写的程序示例。

(1) 交通监控:交通监控是指通过物联网技术对道路、路口等交通场景进行实时监测和监控,从而提高交通运行效率和安全性。交通监控需要在交通场景中安装传感器设备,通过传感器设备采集交通流量、车速、车辆类型等数据,并通过物联网平台对这些数据进行处理和分析,提供实时的交通监测和管理服务。

(2) 交通管理:交通管理是指通过物联网技术对交通运行进行优化和调度,从而提高交通运行效率和减少交通拥堵。交通管理需要通过物联网平台对交通场景中的传感器设备进行管理和控制,实现交通信号灯的优化调度、车辆路线规划等功能。

程序示例:Python编写交通监控的程序

交通监控示例代码

该示例可以模拟一个交通场景中的车流量和车速,并通过WebSocket协议将数据传输到Web端展示。

这个程序可以模拟一个交通场景中的车流量和车速,并通过WebSocket协议将数据传输到Web端展示。程序使用了asyncio库进行异步编程,通过generate_traffic()函数模拟交通场景中的车流量和车速数据,并使用websockets库实现WebSocket服务器,将数据传输到Web端进行展示。

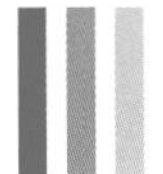

第五节　物联网智能医疗中的应用

物联网(IoT)在智能医疗中的应用主要集中在远程监测、智能诊断和智能药品管理等方面。以下是对远程监测和智能诊断的应用进行详细介绍,并给出一个使用Python编写的程序示例。

(1) 远程监测:远程监测是指通过物联网技术对患者的生理指标进行实时监测和记录,从而实现对患者的远程监护和管理。远程监测需要患者配备生理监测设备,通过生理监测设备采集患者的生理数据,并通过物联网平台对这些数据进行处理和分析,提供实时的患者远程监测和管理服务。

(2) 智能诊断:智能诊断是指通过物联网技术对患者的病情进行智能诊断和辅助诊断,从而提高医疗诊断的准确性和效率。智能诊断需要通过物联网平台对患者的生理数据和病史数据进行分析和处理,从而提供个性化的诊断和治疗建议。

程序示例:Python 编写的远程监测的程序

远程监测示例代码

该示例可以模拟一个患者的生理监测数据,并通过 MQTT 协议将数据传输到物联网平台。

这个程序可以模拟一个患者的生理监测数据,并通过 MQTT 协议将数据传输到物联网平台。程序使用了 paho-mqtt 库实现 MQTT 协议客户端,通过 generate_health_data()函数模拟患者的生理数据,并使用 MQTT 协议将数据传输到物联网平台进行实时监测和管理。

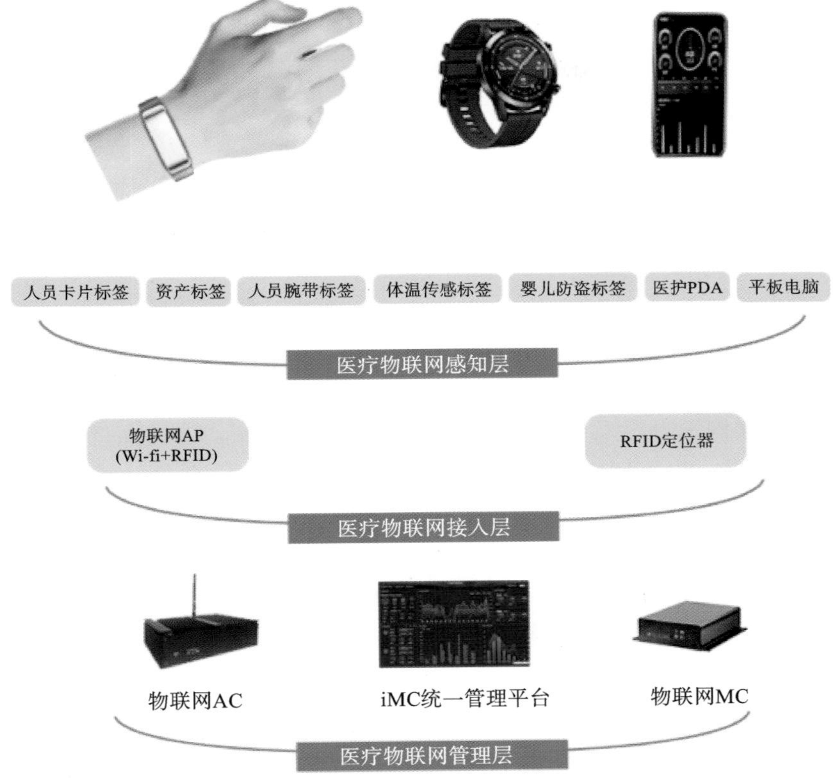

第六节　物联网智能农业中的应用

物联网(IoT)在智能农业中的应用主要集中在农业生产监测、智能化农业生产和农产品追溯等方面。以下是对智能化农业生产的应用进行详细介绍，并给出一个使用 Arduino 编写的程序示例。

智能化农业生产是指通过物联网技术对农业生产过程进行智能化管理和控制，从而提高农业生产效率和质量。智能化农业生产需要在农业生产场景中安装传感器设备，通过传感器设备采集农作物生长环境、土壤水分等数据，并通过物联网平台对这些数据进行处理和分析，提供实时的农业生产管理服务。

程序示例：C++语言编写模拟温湿度监测的程序

温湿度监测示例代码

该示例使用 Arduino 和 DHT11 传感器模拟温湿度监测的 C++程序示例。

这个程序可以通过 DHT11 传感器模拟温湿度监测，并通过 Arduino 串口将温湿度数据输出。程序使用了 DHT 库实现 DHT11 传感器的读取，并通过 Serial 库将数据输出到 Arduino 串口，实现温湿度的实时监测和管理。在实际应用中，可以通过物联网平台对多个传感器设备进行管理和控制，实现对农作物生长环境的智能化监测和控制。

第七节　使用 Word 编写物联网设备的技术文档和用户手册

使用 Word 编写物联网设备的技术文档和用户手册，可以帮助用户更好地了解设备的参数、使用方法和数据分析等方面的信息，以下是一个可能的编写步骤：

（1）确定文档结构：确定技术文档和用户手册的整体结构和内容，包括设备的基本参数、使用方法、数据分析、故障排查等信息。可以使用目录、章节标题、页眉页脚等工具进行

布局和设计。

(2) 描述设备参数:在 Word 文档中,对物联网设备的参数进行详细描述和说明,包括设备的类型、规格、功能、操作系统、存储器、传感器、通信接口等方面的信息。可以使用图像、表格、文本等方式来展示设备参数的特点和优势。

(3) 说明使用方法:在 Word 文档中,对物联网设备的使用方法进行详细说明,包括设备的安装、配置、连接、校准、数据采集、报警等操作方法。可以使用图像、文本、演示等方式来展示设备的操作流程和使用方法。

(4) 提供数据分析:在 Word 文档中,提供物联网设备的数据分析和处理方法,包括数据采集、数据处理、数据可视化、数据报表等方面的技术。可以使用图像、文本、演示等方式来展示数据分析的特点和优势。

(5) 解决故障问题:在 Word 文档中,列出物联网设备的常见故障问题和解决方案,包括硬件问题、软件问题、网络问题等方面。可以使用图像、文本、引用等方式来解答常见故障问题。

(6) 编写用户手册:在 Word 文档中,将以上内容整合成用户手册,包括物联网设备的简介、参数、使用方法、数据分析、故障排查等内容。可以使用目录、索引、引用等工具来方便用户阅读和查找。

(7) 格式化文档:在 Word 文档中,应注意文档的格式化和样式设置,以便读者更好地阅读和理解。可以使用颜色、字体、边框等方式进行调整和优化。

(8) 审查文档:在 Word 文档中,应定期审查文档的内容和结构,以确保文档的准确性和及时性,可以邀请相关人员和用户参与审查和修改。

以上是一个可能的使用 Word 编写物联网设备技术文档和用户手册的步骤,通过精心的编写和整理,可以帮助用户更好地了解和使用物联网设备的功能和特点

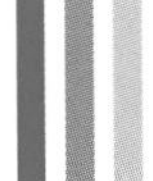

第八节　使用 Excel 进行物联网传感器数据处理和分析

使用 Excel 进行物联网传感器数据处理和分析,包括数据采集、清洗、可视化等。

可以帮助用户更好地理解和利用传感器数据的价值和意义,以下是一个可能的处理和分析步骤:

(1) 数据采集:通过物联网传感器对设备、环境等参数进行数据采集,并将数据保存到 Excel 电子表格中,以便进行后续处理和分析。

(2) 数据清洗:对 Excel 中的传感器数据进行清洗和处理,包括去除无效数据、填充空白数据、调整数据格式、删除重复数据等操作。可以使用 Excel 的筛选、排序、查找替换等工具进行数据清洗和整理。

(3) 数据分析:对 Excel 中的传感器数据进行分析和计算,包括数据统计、数据可视化、数据挖掘等操作。可以使用 Excel 的函数、图表、宏等工具进行数据分析和计算。

(4) 数据可视化:将 Excel 中的传感器数据进行可视化展示,包括折线图、柱状图、散点图、雷达图等,以便用户更好地理解和比较数据的变化和趋势。可以使用 Excel 的图表工具

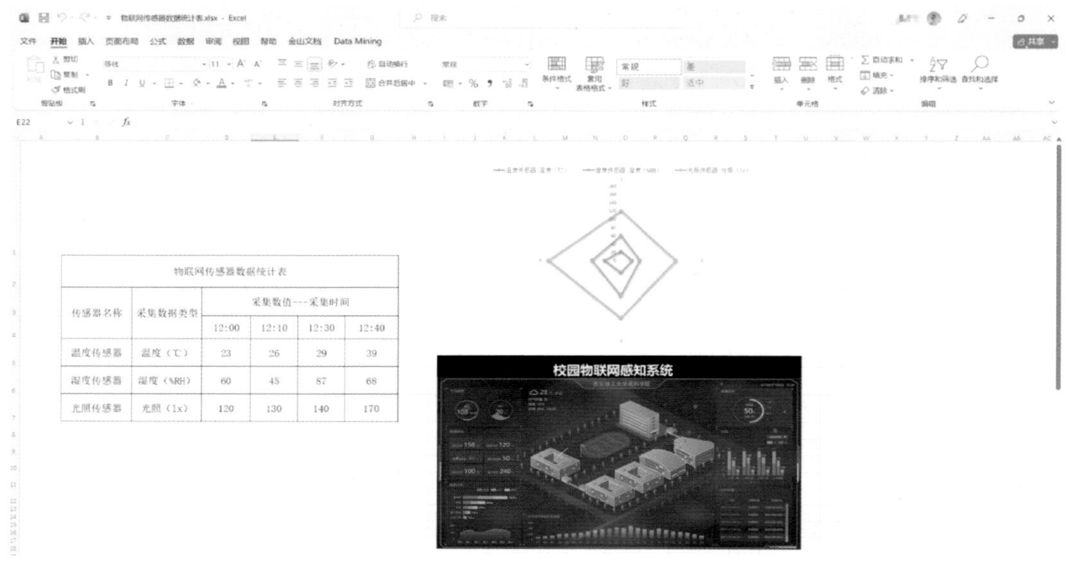

物联网传感器数据统计表					
传感器名称	采集数据类型	采集数值---采集时间			
		12:00	12:10	12:30	12:40
温度传感器	温度（℃）	23	26	29	39
湿度传感器	湿度（%RH）	60	45	87	68
光照传感器	光照（1x）	120	130	140	170

进行数据可视化和图表设计。

（5）结果分析：对 Excel 中的传感器数据进行分析和解读，包括识别异常数据、确定数据趋势、分析数据关联性等方面的操作。可以使用 Excel 的数据透视表、条件格式、查找替换等工具进行结果分析和解读。

（6）导出报告：根据 Excel 中的传感器数据分析结果，生成数据分析报告，以便用户更好地了解数据的意义和价值。可以使用 Excel 的打印、导出、共享等功能进行报告制作和分享。

以上是一个可能的使用 Excel 进行物联网传感器数据处理和分析的步骤，通过精心的处理和分析，可以帮助用户更好地利用传感器数据，发现问题、优化设计、提高效率和品质。

第九节　使用 PPT 制作物联网应用的介绍

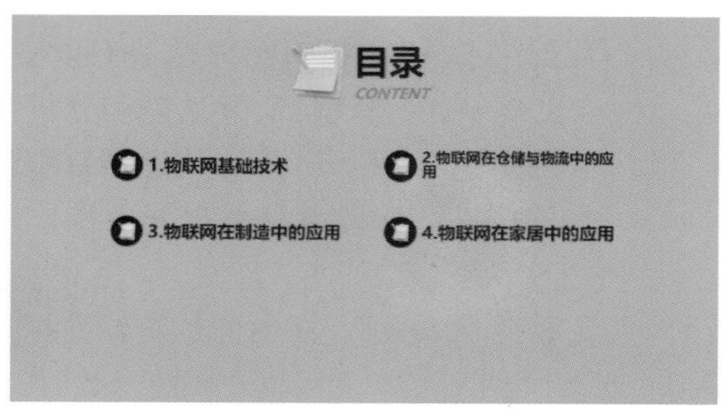

使用 PPT 制作物联网应用的介绍，可以帮助用户更好地了解和理解物联网系统的基本

概念、应用场景、技术架构等方面的信息，以下是一个可能的制作步骤：

(1) 确定主题和目标：确定物联网应用介绍的主题和目标，包括介绍物联网系统的基本概念、应用场景、技术架构等方面的信息，以便用户更好地了解物联网系统的基本原理和应用方法。

(2) 设计 PPT 布局：在 PPT 中，设计物联网应用介绍的整体布局和结构，包括封面、目录、章节标题、文字、图片、表格、图表等元素，以便用户更好地阅读和理解。

(3) 介绍物联网系统：在 PPT 中，介绍物联网系统的基本概念和原理，包括物联网的定义、发展历程、应用场景、技术特点等方面的信息，以便用户更好地了解和认识物联网系统的基本概念。

(4) 展示应用场景：在 PPT 中，展示物联网系统的应用场景和实际应用案例，包括智能家居、智能工厂、智慧城市、智能医疗等方面的应用场景，以便用户更好地了解物联网系统的应用方法和优势。

(5) 分析技术架构：在 PPT 中，分析物联网系统的技术架构和组成要素，包括物联网设备、物联网网关、云平台、大数据分析等方面的技术架构和组成要素，以便用户更好地理解和掌握物联网系统的技术架构和实现方法。

(6) 突出创新技术：在 PPT 中，突出物联网系统的创新技术和应用，包括人工智能、机器学习、大数据分析、区块链等方面的创新技术和应用，以便用户更好地了解物联网系统的发展趋势和前沿技术。

(7) 总结和展望：在 PPT 中，对物联网应用介绍进行总结和展望，包括对物联网系统的发展前景、应用趋势、技术优化等方面的展望和分析，以便用户更好地了解和把握物联网应用的未来发展方向和机遇。

通过以上步骤，可以帮助用户更好地使用 PPT 制作物联网应用的介绍，展示物联网系统。

练习题和思考题及课程论文研究方向

练习题

1. 使用 Excel 进行物联网传感器数据处理和分析，分析物联网传感器采集的数据并提取有用信息。

2. 使用PPT制作一个物联网应用的介绍演示，包括应用场景、技术原理和实际案例等内容。

3. 使用Python编写物流追踪程序，实现物流过程中的实时追踪和监控功能。

4. 使用Python编写智能家居控制程序，实现对智能家居设备的远程控制和监控。

5. 使用Python编写交通监控程序，实现对交通流量和违规行为的监测和分析。

6. 使用Python编写远程监测程序，实现对患者生理数据的远程监控和报警功能。

7. 使用C++语言编写模拟温湿度监测程序，实现对农业环境的温湿度监测和报告生成。

思考题

1. 探讨物联网在工业自动化中的应用，分析物联网技术对工业生产效率和安全性的影响。

2. 讨论物联网在城市管理中的潜在应用，如智能交通、智能能源管理和智慧城市建设等方面。

3. 探究物联网技术发展中的隐私保护和数据安全问题，分析物联网环境下的隐私保护策略和安全措施。

课程论文研究方向

1. 物联网在智慧农业领域的应用研究。

2. 物联网环境下的数据安全与隐私保护研究。

3. 物联网在城市交通管理中的应用与优化研究。

第十六章　大数据与数据挖掘

Chapter 16:Big Data and Data Mining

欢迎来到本书的第十六章，本章我们将深入探讨大数据与数据挖掘的主题。在这一章中，我们将详细介绍大数据与数据挖掘的应用概况，分享一些大数据应用的成功案例，并通过编程示例来讲解其具体实现。

我们将以 Python、C++和 Java 为主要编程语言，展示如何编写基于协同过滤的推荐系统、货物路径规划、简单价格优化、个性化推荐系统、提供海量商品选择和智慧物流等程序。此外，我们还将介绍大数据时代的数据挖掘技术，包括决策树分类算法、聚类算法、数据挖掘过程、数据分析与挖掘、主题模型分析和情感分析等。

在本章的后半部分，我们将探讨大数据和数据挖掘的未来发展趋势。然后，我们将教你如何使用 Word 编写大数据分析报告，如何使用 Excel 进行大数据处理和分析，以及如何使用 PPT 制作大数据分析的介绍。

我们希望通过这一章的学习，你可以掌握大数据与数据挖掘的基本概念和应用方法，并能在实际工作中灵活运用这些技术进行数据分析和处理。

第一节　大数据与数据挖掘应用概况

大数据和数据挖掘是当前信息技术领域的热门话题。随着科技的不断发展，大数据和数据挖掘的应用范围也越来越广泛，涉及了各个领域，如金融、医疗、零售、交通、能源等。下面将详细论述大数据和数据挖掘的应用现状。

在金融领域，大数据和数据挖掘技术被广泛应用于风险评估、投资决策和反欺诈等方面。通过对历史交易数据、用户信息、社交媒体数据等的分析，可以预测未来市场变化趋势，提高投资收益率。同时，数据挖掘还可以帮助银行识别欺诈行为，提高反欺诈的能力。

在医疗领域，大数据和数据挖掘技术被广泛应用于疾病预测、医疗决策和药物研发等方面。通过对大量的医疗数据进行分析，可以识别出疾病的早期征兆，提高疾病的预测准确率。同时，数据挖掘还可以帮助医生制定更加精准的诊疗方案，提高治疗效果。利用大数据和数据挖掘技术来分析病人的电子病历，以此来预测病人的疾病发展趋势、推荐治疗方案、预防疾病等。同时，利用大数据和数据挖掘来开发医疗健康应用程序，例如智能手环、智能眼镜等，来监测人们的健康状况，以此来提供更好的医疗服务和个人化的健康管理。此外，大数据和数据挖掘技术还可以帮助制药公司进行药物研发，缩短药物研发周期。

在零售领域，大数据和数据挖掘技术被广泛应用于商品推荐、库存管理和价格策略等方面。通过对用户历史购买记录、浏览记录、社交媒体数据等进行分析，可以为用户推荐最符合其喜好的商品，提高销售额。同时，数据挖掘还可以帮助零售商预测销售量，优化库存管理，减少滞销商品的数量。此外，大数据和数据挖掘技术还可以帮助零售商制定更加精准的价格策略，提高利润率。

在交通领域，大数据和数据挖掘技术被广泛应用于交通管理和智能交通系统等方面。通过对交通数据进行分析，可以实时监测交通状况，提高交通运行效率大数据和数据挖掘在金融领域的应用越来越广泛。传统的金融领域主要依靠统计分析方法，而随着互联网金融的发展，大数据和数据挖掘开始应用到金融风险评估、交易预测、客户关系管理等方面。例如，一些金融机构利用大数据和数据挖掘技术来进行贷款风险评估，分析客户的信用历史、工作稳定性、财务情况等，以此来预测客户是否有能力偿还贷款。

第二节　大数据应用的成功案例及编程演示

(1) 亚马逊的“推荐引擎”使用大数据技术，通过分析顾客的购买历史和行为，向顾客推荐更符合他们兴趣和偏好的商品，提高了销售额和顾客满意度。

(2) 谷歌的“PageRank 算法”是一种基于大数据的排序算法，通过对互联网上大量的网页进行分析和计算，能够对搜索结果进行更准确的排序和呈现。

(3) 滴滴出行使用大数据技术，通过对用户出行数据的收集和分析，提高了乘车体验和司机服务质量，优化了出行路线和车辆调度。那些闪烁的小三角、小圆圈，以明暗度和圆圈大小区别打车难易、被抢单时间长短。闪烁频率间隔是一小时，同时预测未来一天的情况。

(4) 迪士尼乐园使用大数据技术，通过对游客的行为和反馈进行分析，优化了游乐项目的设计和运营，提高了游客的满意度和乐园的经营效益。

(5) 瑞典地铁公司使用大数据技术，通过对列车的运行数据进行分析，提高了列车的准点率和运营效率，减少了故障和事故的发生。

在推荐系统方面，亚马逊的推荐系统是其成功的重要因素之一。该系统基于大数据技术，通过分析用户历史购买数据、浏览记录、搜索记录等信息，为用户提供个性化推荐。该系统的精准性极高，大大提高了用户购买率。其中用到的技术包括协同过滤、内容过滤、深度学习等。

	A	B	C	D
1	userId	movieId	rating	
2	1	101	4	
3	1	102	5	
4	2	101	3	
5	2	103	2	
6	3	102	4	
7	3	104	1	
8				

程序示例:Python 编写基于协同过滤的推荐系统的程序

在仓储管理方面,亚马逊采用了一种名为“Kiva”的机器人系统来管理仓库。这些机器人能够自动识别、拿取和放置货物,从而提高了仓库的效率和准确性。同时,亚马逊的大数据技术能够实时监测和分析仓库中的存货量、订单量等信息,从而提高了仓库管理的效率和效果。

推荐系统示例代码

亚马逊的仓储管理需要对大量的商品进行库存管理、配送、退货等操作。其中用到的技术包括物流规划、路径优化、智能装备等。

程序示例:C++编写货物路径规划的程序

货物路径规划示例代码

在客户服务方面,亚马逊的大数据技术还被用于客户服务领域。通过分析用户的搜索记录、浏览记录、购买记录等信息,亚马逊能够更好地了解用户需求,并提供更优质的客户服务。同时,亚马逊还利用大数据技术来分析客户的反馈和评价，从而及时发现和解决问题，提升客户满意度。

在价格优化方面，亚马逊的定价策略是基于大数据技术的。通过分析竞争对手的价格、商品的销售情况、市场需求等信息，亚马逊能够更好地制定价格策略，以提高销售和利润。

程序示例:Java 编写一个简单价格优化的程序

价格优化示例代码

这个程序通过计算成本价和利润百分比，来确定产品的售价。在这个示例中，我们使用了 Java 中的 Scanner 类来接收用户输入，然后使用 printf 方法来格式化输出结果。

阿里巴巴是全球知名的电商巨头，其成功背后也离不开大数据的支持。

在个性化推荐系统方面，阿里巴巴的推荐系统利用用户的历史购买、浏览和搜索行为等数据，为用户提供个性化推荐。该系统不仅可以提高用户的购买率和满意度，还可以提高阿里巴巴的销售额和利润。

程序示例:Python 编写一个个性化推荐系统的程序

个性化推荐系统示例代码

在跨境电商方面，阿里巴巴的跨境电商平台“阿里巴巴国际站”利用大数据分析用户需求、市场趋势等信息，为中国制造商提供出口服务，并为全球消费者提供海量的商品选择。

程序示例:C++编写提供海量商品选择的程序

商品选择示例代码

在智慧物流方面，阿里巴巴的智慧物流系统通过数据分析和算法优化，实现了货物的快速分拣、准确配送和实时跟踪，提高了物流效率和服务质量。

程序示例:Java 编写智慧物流的程序

智慧物流示例代码

这个 Java 程序模拟了一个简单的物流系统，通过创建订单对象并添加到系统中，然后通过订单号查询订单状态。在实际的阿里巴巴智慧物流应用中，会涉及更复杂的物流管理、货物追踪等功能，需要更为复杂的编程实现。

在金融风控方面，阿里巴巴旗下的蚂蚁金服利用大数据分析用户行为、信用评级等信息，实现了更精准的风险控制和信用评估，为消费者和企业提供了安全的金融服务。

在智能营销方面，阿里巴巴的智能营销系统通过大数据分析用户画像、购买历史等信息，帮助企业实现精准营销和客户管理。

第三节　大数据时代的数据挖掘技术

数据挖掘是一种从大量数据中提取信息的过程。这项技术涵盖了许多不同的技术和方

法，包括机器学习、统计分析、人工智能、数据库技术等等。在大数据时代，数据挖掘技术变得越来越重要，因为我们需要从海量数据中提取出有用的信息和洞察力，以支持业务决策和科学研究。

下面介绍一些常见的数据挖掘技术：

（1）分类算法：分类算法是一种监督学习的方法，用于将数据分为不同的类别。它通常用于处理结构化数据，如表格数据。常见的分类算法包括决策树、朴素贝叶斯、逻辑回归等。

（2）聚类算法：聚类算法是一种无监督学习的方法，用于将数据分为不同的组。它通常用于处理非结构化数据，如文本和图像数据。常见的聚类算法包括K均值、层次聚类等。

（3）关联规则挖掘：关联规则挖掘是一种发现数据集中项目之间关系的方法。它通常用于处理交易数据，如购物篮数据。常见的关联规则挖掘算法包括Apriori、FP-growth等。

（4）异常检测：异常检测是一种识别数据中异常值的方法。它通常用于处理异常数据，如网络入侵检测、欺诈检测等。常见的异常检测算法包括基于统计方法、基于聚类方法、基于分类方法等。

程序示例：Python编写决策树分类算法的程序

决策树分类算法示例代码

该示例展示如何使用scikit-learn库实现决策树分类算法。

这个示例展示了如何使用scikit-learn库中的DecisionTreeClassifier类实现决策树分类算法，以预测鸢尾花数据集中的类别。

通过训练数据集，模型学另外一个经典的数据挖掘技术是聚类(Clustering)。聚类是将数据集中的对象按照相似性分组的过程。相似的对象归为一组，不相似的对象归为不同的组。聚类可以帮助我们发现数据集中的内在结构，例如，将网站访问记录分为不同的组，帮助我们了解用户的行为习惯。

程序示例：Python编写聚类算法的程序

聚类算法示例代码

该示例演示K-Means聚类算法的实现。

这个例子中，我们使用了一个名为data.csv的数据集进行聚类，其中包含了每个用户在两个不同产品上的消费金额数据。我们使用sklearn库中的KMeans类执行K-Means算法，并可视化聚类结果。

在实际应用中，聚类可以用于市场细分、群体分析、图像分割等领域。

程序示例：Python编写数据挖掘过程的程序

数据挖掘示例代码

一家电商平台想要了解用户对于某类产品的评价，以便提高销量和用户满意度。他们收集了一份包含商品评价、评价时间、用户等级、评论点赞数等信息的数据集，共计100万条记录。现在需要对这些数据进行分析和挖掘，找出用户评价中的关键词、用户评分与评论点赞数之间的关系等信息。首先需要对数据进行预处理，包括数据清洗、分词、去除停用词等操作。这里使用Python中的nltk库和jieba库进行数据预处理。

之后对预处理后的数据进行分析和挖掘，可以使用词云图、主题模型、情感分析等技术。词云图是一种可视化方式，可以直观地展示用户评价中出现频率较高的词汇。

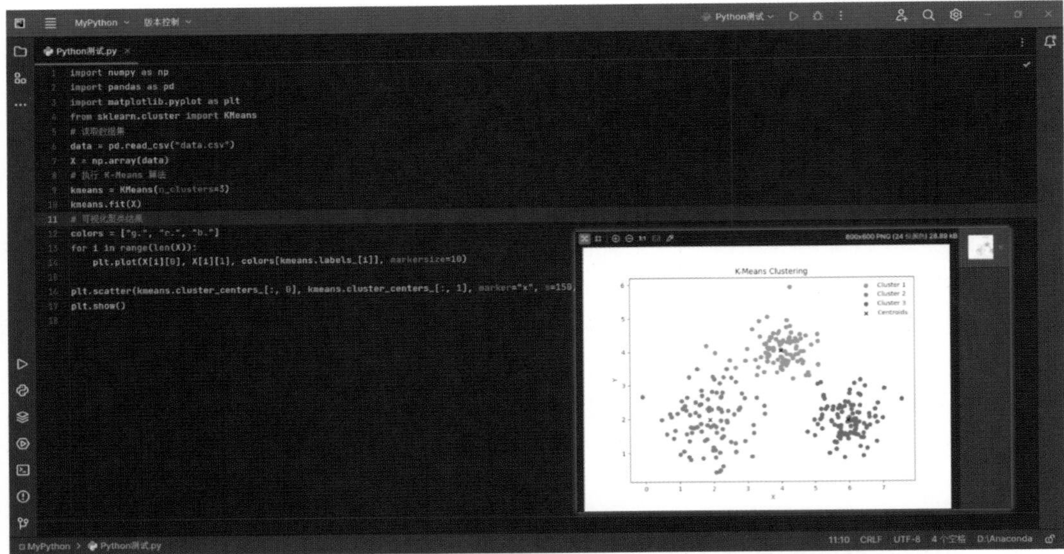

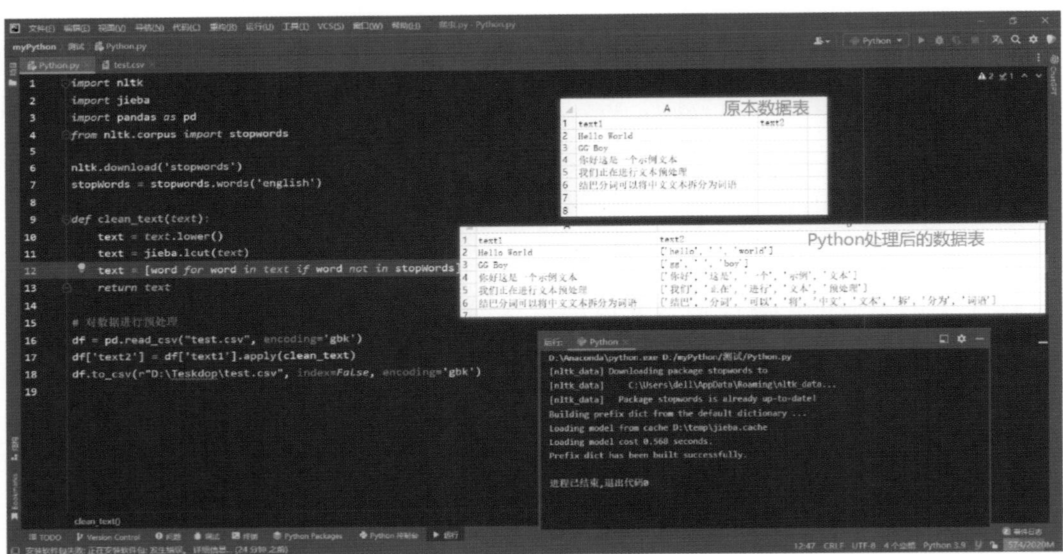

程序示例:Python 编写数据分析与挖掘的程序

该示例使用 Python 中的 Wordcloud 库生成词云图。

```
python
from Wordcloud import WordCloud
Wordcloud= WordCloud(width = 800, height = 400, background_color =' white').generate(' '.join(df['clean_text'].sum()))
```

```
plt.figure(figsize=(12,6))
plt.imshow(Wordcloud,interpolation='bilinear')
plt.axis("off")
plt.show()
```

主题模型可以对大量文本数据进行主题分析，找出其中隐含的主题。

程序示例：Python 编写主题模型分析的程序

该示例使用 Python 中的 gensim 库进行主题模型分析。

```
python
import gensim
import pandas as pd
df=pd.read_csv("D:/Teskdop/test.csv",encoding="gbk")
texts=[df['text1']]
dictionary=gensim.corpora.Dictionary(texts)
corpus=[dictionary.doc2bow(text)for text in texts]
lda_model = gensim.models.ldamodel.LdaModel(corpus = corpus, id2word = dictionary,num_topics=5)
topics=lda_model.print_topics(num_words=10)
for topic in topics:
    print(topic)
```

情感分析可以对用户评价的情感进行分析，找出其中的正面评价和负面评价。

程序示例：Python 编写情感分析的程序

该示例使用 Python 中的 TextBlob 库进行情感分析。

```
python
from textblob import TextBlob
df['polarity']=df['text'].apply(lambda x:TextBlob(x).sentiment.polarity)
positive_comments=df[df['polarity']>0.2]['text']
negative_comments=df[df['polarity']<
```

第四节　大数据和数据挖掘未来发展趋势

大数据和数据挖掘是当今技术发展中的热点领域之一，未来的发展趋势有以下几个方面：

(1) 人工智能的融合：随着人工智能的不断发展，大数据和数据挖掘将与人工智能技术相互融合，实现更加智能化和自动化的数据分析和决策。

(2) 数据安全和隐私保护：随着大数据时代的到来，数据安全和隐私保护越来越成为关注的焦点。未来的大数据和数据挖掘技术将加强对数据的保护，提高数据的安全性和隐私性。

(3) 多模态数据处理：未来大数据和数据挖掘技术将不仅仅局限于处理结构化数据，还会涉及非结构化数据和多模态数据的处理，如图像、音频、视频等多种类型的数据。

(4) 云计算的普及：云计算技术的普及将促进大数据和数据挖掘技术的发展，提高数据分析和处理的效率和速度。

(5) 自然语言处理：自然语言处理技术将成为大数据和数据挖掘的一个重要方向，未来将会有更多的数据分析和决策将依赖于自然语言处理技术。

(6) 数据可视化和可解释性：大数据和数据挖掘技术需要向更广泛的用户群体传达数据分析结果，因此数据可视化和可解释性将成为未来发展的重要方向，使得数据分析结果更易于理解和接受。

综上所述，大数据和数据挖掘在未来的发展中将趋于智能化、安全化、多样化、云化、自然化、可视化和可解释化。

第五节　使用 Word 编写大数据分析报告

使用 Word 编写大数据分析报告，包括数据来源、处理方法、分析结果等。可以帮助用户更好地展示和分享大数据分析的结果和成果，以下是一个可能的撰写步骤：

(1) 确定报告主题和目标：确定大数据分析报告的主题和目标，包括分析数据的来源、分析目的、数据处理方法、分析结果等方面的信息，以便用户更好地了解和理解分析报告的内容和意义。

(2) 介绍数据来源和采集方法：在 Word 文档中，介绍数据来源和采集方法，包括数据的来源、采集方式、数据量和质量等方面的信息，以便用户更好地了解和认识数据的来源和质量。

(3) 分析数据处理方法：在 Word 文档中，分析数据的处理方法和流程，包括数据清洗、数据转换、数据可视化等方面的处理方法和技术，以便用户更好地了解和掌握数据处理的方法和技术。

（4）展示数据分析结果：在 Word 文档中，展示数据分析的结果和成果，包括数据统计、数据可视化、数据挖掘等方面的结果和成果，以便用户更好地了解和掌握数据分析的结果和意义。

（5）分析数据趋势和关联性：在 Word 文档中，分析数据的趋势和关联性，包括趋势分析、相关性分析、预测分析等方面的分析和预测，以便用户更好地了解和把握数据的发展趋势和相关性。

（6）总结和展望：在 Word 文档中，对大数据分析报告进行总结和展望，包括对数据分析结果的总结、对分析方法的评价、对数据应用的展望等方面的信息，以便用户更好地了解和把握大数据分析的发展趋势和应用前景。

通过以上步骤，可以帮助用户更好地使用 Word 编写大数据分析报告，展示和分享数据分析的成果和价值。

第六节　使用 Excel 进行大数据处理和分析

使用 Excel 进行大数据处理和分析，包括数据清洗、数据挖掘、机器学习等。可以帮助用户更好地处理和分析大规模数据，以下是一个可能的分析步骤：

（1）数据清洗：使用 Excel 进行数据清洗，包括去除重复数据、缺失数据、异常数据等，确保数据的准确性和可靠性。

（2）数据整理：使用 Excel 进行数据整理，包括数据分类、数据排序、数据筛选、数据透视表等，以便更好地理解和分析数据。

（3）数据可视化：使用 Excel 进行数据可视化，包括制作折线图、柱状图、饼状图、散点图等，以便更好地展示和分析数据趋势和关系。

环境质量收集统计表				
日期	AQI	温度	湿度	数据和
2022/1/1	70	24	90	184
2022/1/2	93	11	95	199
2022/1/3	94	12	99	205
2022/1/4	90	17	86	193
2022/1/5	85	15	98	198
均值	86.4	15.8	93.6	195.8

绝对差数列min	绝对差数列max	绝对差数列		
0.0218	0.5793	0.1295	0.5793	0.0218
0.0014	0.3201	0.0600	0.3201	0.0014
0.0107	0.2875	0.0410	0.2875	0.0107
0.0560	0.0902	0.0560	0.0902	0.0669
0.0274	0.0619	0.0274	0.0619	0.0358
绝对差数列min的最小值	绝对差数列max的最大值			
0.0014	0.5793			

均值化			
0.8102	1.5190	0.9615	0.9397
1.0764	0.6962	1.0150	1.0163
1.0880	0.7595	1.0577	1.0470
1.0417	1.0759	0.9188	0.9657
0.9838	0.9494	1.0470	1.0112

灰色关联系数		
0.6942	0.3349	0.9344
0.8322	0.4773	1.0000
0.8802	0.5042	0.9690
0.8421	0.7661	0.8163
0.9178	0.8279	0.8943
1.0048	1.0048	1.0048
关联度		
0.8619	0.6525	0.9365

（4）数据挖掘：使用 Excel 进行数据挖掘，包括关联分析、聚类分析、分类分析、预测分析等，以便更好地发现数据的规律和潜在关系。

（5）机器学习：使用 Excel 进行机器学习，包括决策树、朴素贝叶斯、支持向量机、神经网络等，以便更好地实现数据自动分类、识别、预测等。

（6）数据统计分析：使用 Excel 进行数据统计分析，包括平均数、中位数、标准差、偏度、峰度等，以便更好地理解和分析数据的分布和趋势。

通过以上步骤和建议，可以帮助用户更好地使用 Excel 进行大数据处理和分析，发现数据的规律和趋势，掌握数据的关键信息和价值，实现数据驱动的业务决策和创新发展。

第七节　使用 PPT 制作大数据分析的介绍

使用 PPT 制作大数据分析的介绍可以方便地进行大数据分析的介绍和展示，包括数据源、分析方法、可视化展示等。

(1) 设计介绍结构：根据大数据分析的需要，设计介绍结构，包括数据源、分析方法、可视化展示等，使用 PPT 的图表和文字处理功能，使介绍结构更加清晰和易懂。

(2) 描述数据源：在介绍中详细描述数据源，包括数据类型、数据来源、数据规模等，使用 PPT 的图表和文字处理功能，使数据源更加清晰和易懂。

(3) 描述分析方法：在介绍中详细描述大数据分析的方法，包括数据预处理、特征提取、模型建立等，使用 PPT 的图表和文字处理功能，使分析方法更加清晰和易懂。

(4) 可视化展示：在介绍中展示大数据分析的可视化结果，使用 PPT 的图表和演示功能，展示数据分析结果的图表、报表、图形等，使数据分析结果更加生动和形象。

(5) 添加知识点解析：在介绍中添加知识点解析，如大数据分析的应用领域、工具和技术等，以便于听众进行参考和进一步学习。

(6) 审核和修订：在完成大数据分析的介绍后，进行审核和修订，确保介绍符合要求，并保存数据备份以备修改。

以上是使用 PPT 制作大数据分析的介绍的一些技巧和步骤，使用这些技巧和步骤可以方便地进行大数据分析的介绍和展示，方便数据分析师进行大数据分析和优化。

练习题和思考题及课程论文研究方向

练习题

1. 使用 Python 编写基于协同过滤的推荐系统程序，实现对用户的个性化推荐功能。
2. 使用 C++编写货物路径规划程序，实现物流过程中货物的最优路径规划。
3. 使用 Java 编写价格优化程序，实现对商品价格的优化和调整。
4. 使用 Python 编写个性化推荐系统程序，基于用户的历史行为和偏好进行推荐。
5. 使用 C++编写提供海量商品选择的程序，实现对商品的筛选和推荐功能。
6. 使用 Java 编写智慧物流程序，实现物流过程的智能调度和管理。

思考题

1. 探讨大数据和数据挖掘在市场营销中的应用，如用户行为分析、精准营销和市场预测等方面。

2. 讨论大数据和数据挖掘技术对医疗健康领域的影响，如疾病预测、个性化医疗和健康管理等方面。

3. 探究大数据和数据挖掘在社交媒体分析中的应用，分析如何利用大数据分析用户行为和社交网络结构。

课程论文研究方向

1. 基于大数据和数据挖掘的电子商务用户行为分析与个性化推荐研究。
2. 大数据和数据挖掘技术在医疗领域的应用与发展研究。
3. 社交媒体数据挖掘与分析的算法研究及应用探索。

第十七章　强人工智能与智能机器人

Chapter 17：Strong Artificial Intelligence and Intelligent Robots

人工智能是一门研究内容非常广泛的科学，主要包括机器感知、机器思维、机器学习和机器行为等，其研究的目的就是实现一种新的能以人类智能相似的方式做出反应的智能机器。人工智能的研究是高度技术性和专业的，各分支领域都是深入且大多数是各不相通的，因而涉及范围极广。近年来，随着成本低廉的大规模并行计算、大数据、深度学习算法、人脑芯片四大催化剂的进展，人工智能得到快速发展，并在经济决策、自动控制、机器人、计算机模拟等领域中得到广泛的应用。

21 世纪以来，随着大规模数据的产生和数据处理引擎（即算力）的进步，数据科学这一跨学科领域得以蓬勃发展。由于数据科学涵盖了社会学、统计学、数学、机器学习等诸多知识门类，该学科的发展大大推进了学术界与产业界相关技术与产品的更新换代。

在这一章中，我们将深入探讨这两个关键的技术领域，并通过实例演示如何使用编程来实现它们的应用。

首先，我们将探讨强人工智能的概念，并提供一些实用的编程示例，包括使用 Python 和 Scss 语言编写图像识别的程序，使用 C＋＋编写目标检测的程序，使用 Python 编写语音识别的程序，以及使用 Java 编写语音智能助手的程序。

接下来，我们将详细介绍智能机器人及其关键技术，包括使用 Python 编写机器人视觉感知的程序，以及使用 Java 编写机器人路径规划的程序。我们还将探讨智能机器人的应用，并对其未来发展进行展望。

在本章的最后部分，我们将教你如何使用 Word 编写人工智能算法的技术文档和用户手册，如何使用 Excel 进行数据标注和模型训练，以及如何使用 PPT 制作人工智能产品的介绍。

我们希望通过这一章的学习，你能够深入理解强人工智能和智能机器人的原理和应用，并掌握相关的编程技术。

第一节 强人工智能

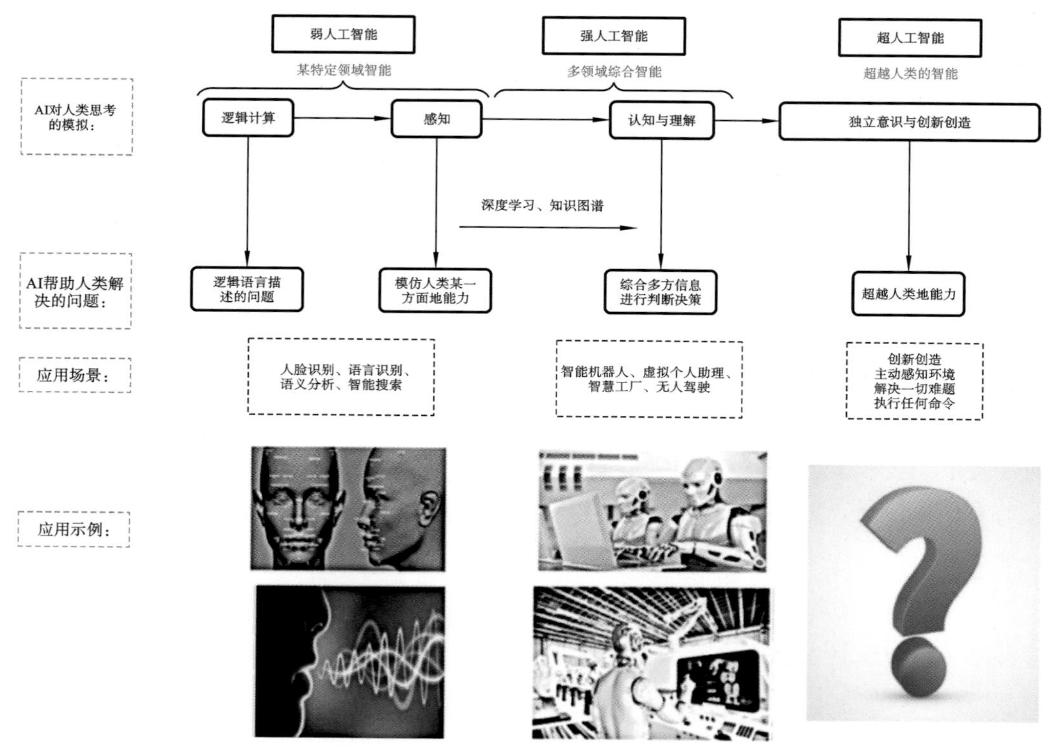

强人工智能是指具有类似于人类智能的广泛能力的人工智能系统，能够在多个领域中执行复杂的任务，甚至可以超越人类智能。强人工智能的发展历史可以追溯到20世纪50年代，但直到近年来，随着深度学习、自然语言处理和计算机视觉等技术的快速发展，强人工智能才逐渐向着实用化和商业化发展。

以下是几个强人工智能的实例：

（1）自动驾驶汽车：自动驾驶汽车是一种可以在道路上行驶而无需人类操控的车辆。它利用多种传感器和深度学习算法来感知和解析道路环境、识别其他车辆和障碍物、规划和执行安全驾驶操作等，实现高度智能化的自动驾驶功能。

图像识别是自动驾驶中的一个重要环节，可以帮助车辆识别道路、车辆、行人等，并根据识别结果进行相应的行驶决策。

程序示例:Python 和 Scss 语言编写图像识别的程序

图像识别示例代码

该示例使用了 OpenCV 和深度神经网络模型,可以对输入的图像进行人脸识别,并在图像上绘制出人脸的边框。

目标检测是自动驾驶中另一个重要的环节,可以帮助车辆识别周围的障碍物并采取相应的行驶决策。

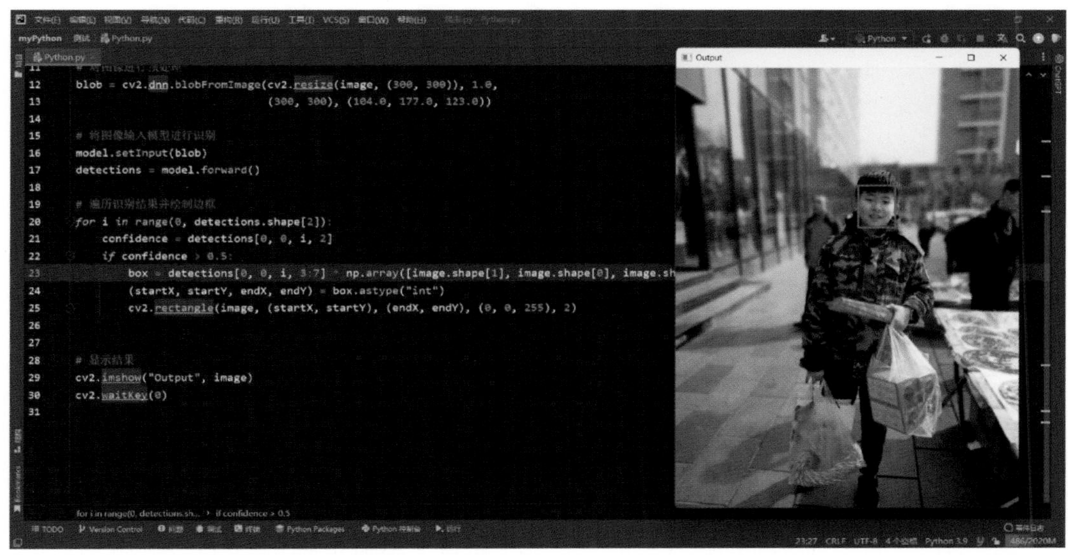

程序示例:C++编写目标检测的程序

目标检测示例代码

(2) 语音智能助手:语音智能助手是一种基于自然语言处理和机器学习技术的软件,能够通过语音指令和对话与用户进行交互。它能够识别和理解人类语音,回答问题、提供服务和执行命令等,实现与人类智能的高度交互性和实用性。

人工智能在语音智能助手中的典型应用包括语音识别、自然语言处理和语音合成。下面将分别给出 Python 和 Java 两种语言的编程示例。

语音识别示例代码

程序示例:Python 编写语音识别的程序

程序示例:Java 编写语音智能助手的程序

语音智能助手示例代码

(3) 工业机器人:工业机器人是一种能够在工业生产线上进行自主操作和任务执行的机器人。它们使用各种传感器和控制系统来感知环境、执行复杂任务和与其他机器人和设备进行交互。工业机器人的智能化和自主化程度越来越高,能够大大提高生产效率和质量。

(4) 医疗影像诊断系统:医疗影像诊断系统是一种利用计算机视觉和深度学习技术对

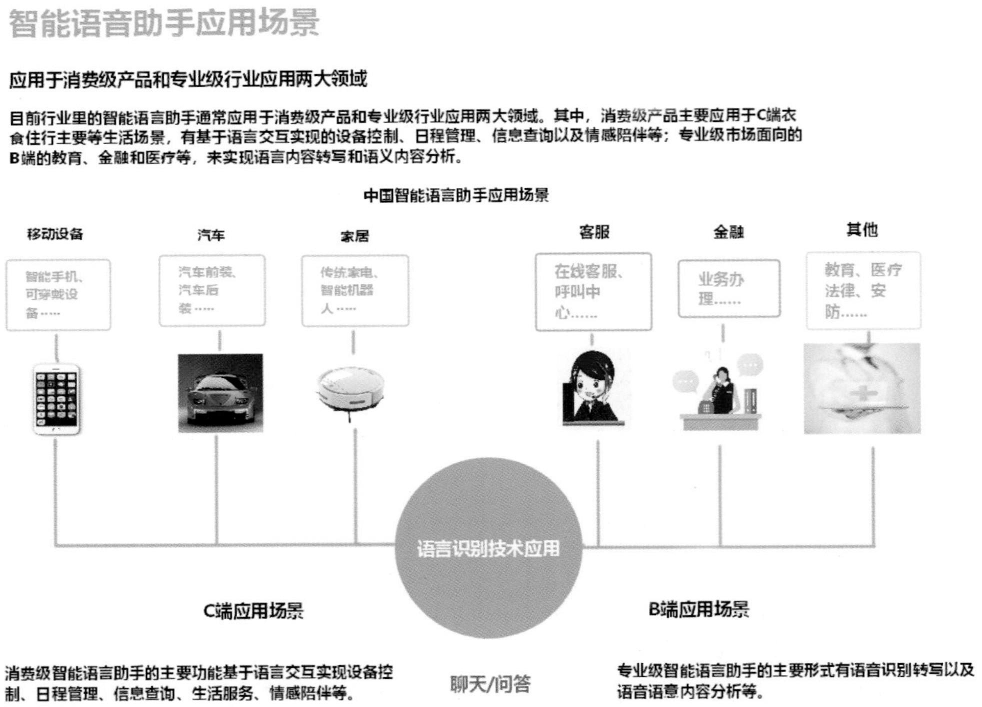

智能语音助手应用场景

应用于消费级产品和专业级行业应用两大领域

目前行业里的智能语言助手通常应用于消费级产品和专业级行业应用两大领域。其中，消费级产品主要应用于C端衣食住行主要等生活场景，有基于语言交互实现的设备控制、日程管理、信息查询以及情感陪伴等；专业级市场面向的B端的教育、金融和医疗等，来实现语言内容转写和语义内容分析。

中国智能语言助手应用场景

移动设备：智能手机、可穿戴设备……

汽车：汽车前装、汽车后装……

家居：传统家电、智能机器人……

客服：在线客服、呼叫中心……

金融：业务办理……

其他：教育、医疗法律、安防……

语言识别技术应用

C端应用场景

B端应用场景

消费级智能语言助手的主要功能基于语言交互实现设备控制、日程管理、信息查询、生活服务、情感陪伴等。

聊天/问答

专业级智能语言助手的主要形式有语音识别转写以及语音语意内容分析等。

医学影像进行智能化分析和诊断的系统。它可以快速准确地识别和定位病变、评估病情和预测治疗效果，帮助医生做出更加科学地诊断和治疗方案。

（5）智能家居系统：智能家居系统是一种能够实现家居设备自动控制、情境联动和人机交互的系统。它使用多种传感器和智能设备来感知环境和用户需求，通过人工智能算法进行智能化决策和控制，实现更加舒适、便捷和安全的家居生活。

这些实例都是强人工智能在不同领域中的应用，展现了强人工智能在实际生活和工作中的巨大潜力和价值。

未来，人工智能将在以下几个方面得到发展：

（1）自主性和可编程性的提高。随着机器学习和深度学习算法的不断优化和模型的不断增强，人工智能将具备更高的自主性和可编程性，能够自主学习和适应环境，解决更加复杂和多样化的问题。

（2）跨领域应用的拓展。强人工智能将逐渐应用于更多的领域，如医疗、金融、物流等，为这些领域带来更高效、更智能的解决方案。

（3）与人类智能的融合。随着强人工智能的发展，它将与人类智能逐渐融合，共同解决更加复杂的问题，实现更高水平的智能化。

（4）对人类社会的影响。强人工智能的发展将对人类社会产生重大影响，可能会引发一系列的伦理、道德、社会和政治问题，需要人类社会和政府积极探索和解决。

综上所述，强人工智能是未来人工智能发展的重要方向之一，它将在多个领域中得到广泛应用和推广。与此同时，我们也需要认真对待强人工智能发展可能带来的各种挑战和风

险，采取积极有效的措施，以实现人类和人工智能的和谐共存和共同进步。

第二节　智能机器人及其关键技术

智能机器人是一种利用人工智能和机器人技术实现智能化决策和自主操作的机器人。它们能够通过感知、学习和推理等方式，对环境进行自主探索和任务执行，具有广泛的应用前景。目前，智能机器人的发展已经取得了一定的成果，但仍存在一些挑战和未来发展的方向。

目前智能机器人的现状主要表现在以下几个方面：

(1) 工业机器人：工业机器人是应用最为广泛的智能机器人之一。目前，工业机器人主要应用于制造业、物流和医疗等领域，其应用场景也越来越多样化和智能化。

(2) 服务机器人：服务机器人是一种用于服务行业的智能机器人，主要应用于酒店、餐厅、医院等场所，可以提供服务、交互和娱乐等功能。

(3) 家用机器人：家用机器人是一种智能化家庭设备，主要应用于家庭保洁、照顾老人和儿童、娱乐等方面，目前已经广泛应用于日本、美国、韩国等发达国家。

(4) 军事机器人：军事机器人是一种用于军事行动的智能机器人，主要应用于军事侦察、清障、搜救和战术攻击等方面，已经成为军事现代化的重要组成部分。

未来智能机器人的发展主要表现在以下几个方面：

(1) 感知技术：智能机器人的感知技术将得到大幅度提升，可以更加精准、多样地感知环境和对象，如机器视觉、语音识别和自然语言处理等。

(2) 学习能力：智能机器人的学习能力将得到进一步提升，能够自主学习、适应环境和任务，从而实现更加智能化的决策和操作。

(3) 协作能力：智能机器人的协作能力将得到提高，能够与其他机器人和人类进行更加智能化的合作和交互，以实现更加高效和复杂的任务。

(4) 安全性：智能机器人的安全性将得到更加重视，可以更加安全的操作和交互，降低机器人产生意外伤害的风险。

(5) 智能机器人应用场景更加多样化：随着技术的不断进步，智能机器人将在更广泛的领域中应用，如智能交通、智能农业、智能城市等。

(6) 智能机器人自主性能力更加强大：未来的智能机器人将更加注重自主性能力，如更加智能的路径规划、场景感知、行为决策等，能够更好地适应复杂多变的环境和任务。

(7) 智能机器人与人类交互更加自然：未来的智能机器人将更加注重人机交互的自然性和智能化程度，如更加灵活的语音识别、语义理解、自然语言生成等技术，能够更好地与人类进行高度智能化交互。

(8) 机器人的关键技术：机器人是一种人工智能应用的形态，它可以执行特定的任务或操作，而且通常需要能够感知、决策和执行的能力。下面我们将讨论机器人的关键技术，并提供一些示例。

(9) 机器人的感知技术:机器人需要能够感知周围的环境,从而能够对周围的信息做出反应。感知技术包括视觉、听觉、触觉和运动感知等。

(10) 机器人的决策技术:机器人需要能够根据感知到的信息做出决策。决策技术包括规划、路径规划、行为决策和控制等。

程序示例:Python 编写机器人视觉感知的程序

机器人视觉感知示例代码

该示例使用 OpenCV 库实现机器人视觉感知,例如识别物体、识别人脸等。

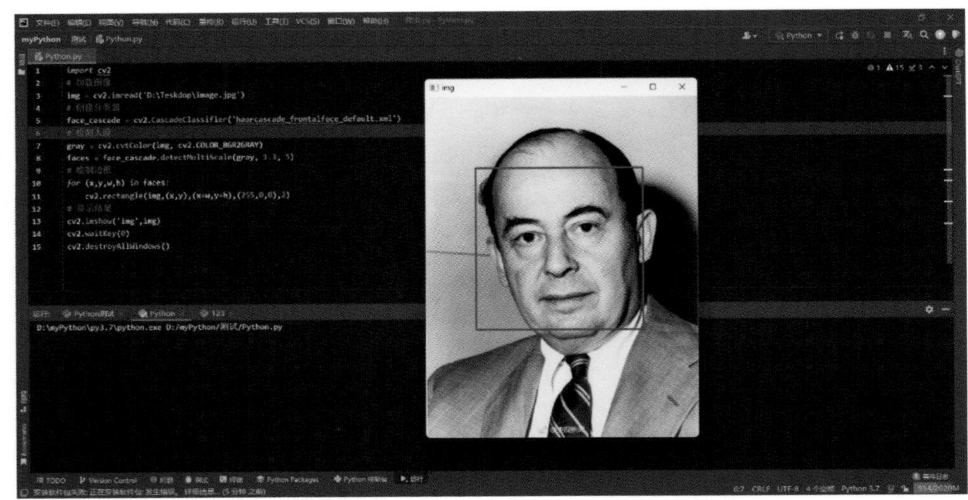

程序示例:Java 编写机器人的路径规划的程序

机器人路径规划示例代码

该示例使用 A* 算法实现机器人的路径规划。

第三节 智能机器人的应用

随着"工业 4.0"和"中国制造 2025"的相继提出和不断深化,全球制造业正在向着自动化、集成化、智能化及绿色化方向发展。中国作为全球第一制造大国,智能机器人的应用越来越广泛,接下来盘点它的十大应用领域。

工业机器人最早应用于汽车制造工业,常用于焊接、喷漆、上下料和搬运。此外,工业机器人在零件制造过程中的检测和装配等领域也得到了广泛的应用。工业机器人延伸和扩大了人的手足和大脑的功能,它可代替人从事危险、有害、有毒、低温和高热等恶劣环境中的工

作;代替人完成繁重、单调的重复劳动,提高劳动生产率,保证产品质量。图为沈阳新松公司RH6弧焊机器人系统组成的汽车座椅焊接生产线。

(1) 仓储及物流:近年来,机器人相关产品及服务在电商仓库、冷链运输、供应链配送、港口物流等多种仓储和物流场景得到快速推广和频繁应用。仓储类机器人已能够采用人工智能算法及大数据分析技术进行路径规划和任务协同,并搭载超声测距、激光传感、视觉识别等传感器完成定位及避障,最终实现数百台机器人的快速并行推进上架、拣选、补货、退货、盘点等多种任务。

(2) 消费品加工制造:工业机器人开始呈现小型化、轻型化的发展趋势,使用成本显著下降,对部署环境的要求明显降低,更加有利于扩展应用场景和开展人机协作。目前,多个消费品行业已经开始围绕小型化、轻型化的工业机器人推进生产线改造,逐步实现加工制造全流程生命周期的自动化、智能化作业,部分领域的人机协作也取得了一定进展。

(3) 外科手术及医疗康复:在外科手术领域,凭借先进的控制技术,机器人在力度控制和操控精度方面明显优于人类,能够更好解决医生因疲劳而降低手术精度的问题。通过专业人员的操作,外科手术机器人已能够在骨科、胸外科、心内科、神经内科、腹腔外科、泌尿外科等专业化手术领域获得一定程度的临床应用。在医疗康复领域,日渐兴起的外骨骼机器人通过融合精密的传感及控制技术,为用户提供可穿戴的外部机械设备。

(4) 楼宇及室内配送:不断显著增长的即时性小件物品配送需求,为催生相应专业服务机器人提供了充足的前提条件。依托地图构建、路径规划、机器视觉、模式识别等先进技术,能够提供跨楼层到户配送服务的机器人开始在各类大型商场、餐馆、宾馆、医院等场景陆续出现。目前,部分场所已开始应用能够与电梯、门禁进行通信互联的移动机器人,为场所内用户提供真正点到点的配送服务,完全替代了人工。

(5) 智能陪伴与情感交互:以语音辨识、自然语义理解、视觉识别、情绪识别、场景认知、生理信号检测等功能为基础,机器人可以充分分析人类的面部表情和语调方式,并通过手势、表情、触摸等多种交互方式做出反馈,极大提升用户体验效果,满足用户的陪伴与交流诉求。

(6) 复杂环境与特殊对象的专业清洁:采用机器人逐步替代人类开展各类复杂环境与特殊对象的专业清洁工作已成为必然趋势。在城市建筑方面,机器人能够在攀附在摩天大楼、高架桥之上完成墙体表面的清洁任务,有效避免了清洁工高楼作业的安全隐患。在高端装备领域,机器人能够用于高铁、船舶、大型客机的表面保养除锈,降低了人工维护成本与难度。在地下管道、水下线缆、核电站等特殊场景中,机器人能够进入到人类不适于长时间停留的环境完成清洁任务。

(7) 城市应急安防:可用于城市应急安防的机器人细分种类繁多,且具有相当高的专业性,一般由移动机器人搭载专用的热力成像、物质检测、防爆应急等模块组合而成,包括安检防爆机器人、毒品监测机器人、抢险救灾机器人、车底检查机器人、警用防暴机器人等。

(8) 影视作品拍摄与制作:目前广泛应用在影视娱乐领域中的机器人主要利用微机电系统、惯性导航算法、视觉识别算法等技术,实现系统姿态平衡控制,保证拍摄镜头清晰稳定,以航拍无人机、高稳定性机械臂云台为代表的机器人已得到广泛应用。

（9）能源和矿产采集：随着机器人环境适应能力和自主学习能力的不断提升，曾经因自然灾害、环境变化等缘故不再适宜人类活动的废弃油井及矿场有望得到重新启用，对于扩展人类资源利用范围和提升资源利用效率有着重要意义。

（10）国防与军事：世界各主要发达国家已纷纷投入资金和精力积极研发能够适应现代国防与军事需要的军用机器人。目前，以军用无人机、多足机器人、无人水面艇、无人潜水艇、外骨骼装备为代表的多种军用机器人正在快速涌现，凭借先进传感、新材料、生物仿生、场景识别、全球定位导航系统、数据通信等多种技术，已能够实现"感知—决策—行为—反馈"流程，在战场上自主完成预定任务。

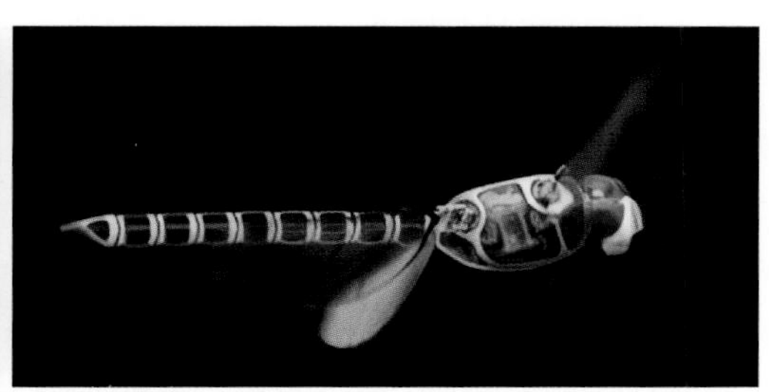

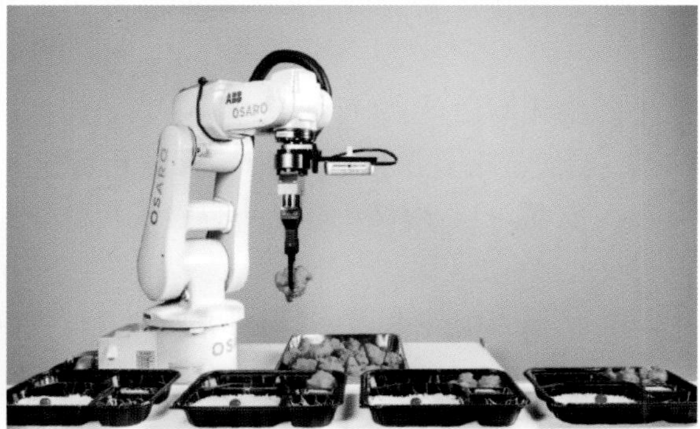

第四节　智能机器人发展与展望

机器人的智能从无到有、从低级到高级，并随着科学技术的进步而不断深入发展。随着计算机技术、网络技术、人工智能、新材料和 MEMS 技术的发展，机器人智能化、网络化、微型化的发展趋势已凸显出来。

1. 网络机器人

网络机器人是将网络技术和机器人技术融合的一种机器人，其核心是实现不同机器人之间的协同合作，通过网络连接，与环境中的传感器和人进行协作。网络机器人系统的基本要素包括：至少一台智能机器人、连接网络的传感器和执行器、人机交互界面和远程操作系统。

网络机器人的应用场景非常广泛，尤其在需要远程操作或自动化控制的领域有着巨大的潜力。以下是网络机器人的关键技术以及几个应用案例：

（1）机器人控制系统：控制网络机器人的运动和行为，是网络机器人的核心技术之一。控制系统应该能够支持多种类型的机器人，实现多机器人的协同工作，同时能够与环境中的传感器和人进行无缝协作。

（2）网络通信技术：网络通信技术是网络机器人实现远程操作和协作的基础。网络通信技术应该能够支持实时通信、高速传输和远程控制等功能。

（3）传感器和执行器：网络机器人需要安装各种类型的传感器和执行器，以获取环境信息和执行操作任务。常用的传感器包括摄像头、激光雷达、温度传感器等，执行器包括电机、液压马达、气动马达等。

（4）智能算法：智能算法是网络机器人实现自主决策和行为的关键技术。常用的智能算法包括机器学习、深度学习、遗传算法等。

下面是几个网络机器人的应用案例：

（1）医疗机器人：网络机器人可以在远程协助下为患者提供医疗服务，例如遥控操作远程医用机器人系统可以在异地为患者实施开颅手术。

（2）工业自动化：网络机器人可以协同工作，实现工业自动化生产线的自主运作和控制。

（3）物流配送：网络机器人可以实现智能配送和物流管理，例如亚马逊的机器人仓库管理系统，能够实现自动化货物拣选、配送和管理等。

（4）农业领域：网络机器人可以实现智能农业，例如自动化植物种植、浇水和采摘等。

下面分别给出这些方面的编程示例：

（1）机器人硬件设计：机器人硬件的设计需要考虑机器人的机械结构和动力系统等，可以使用 CAD 软件进行设计。

程序示例：Python 和 SolidWorks 设计具有三自由度的机器人臂的程序

```
python
import solidworks
robot_arm=solidworks.create_assembly('robot_arm')
base=solidworks.create_part('base','steel')
base.add_feature('hole',location=(0,0,0),diameter=10)
arm_1=solidworks.create_part('arm_1','aluminum')
arm_1.add_feature('extrude',length=100,width=20,height=20)
arm_2=solidworks.create_part('arm_2','aluminum')
arm_2.add_feature('extrude',length=80,width=20,height=20)

robot_arm.add_component(base)
robot_arm.add_component(arm_1,location=(0,0,100))
```

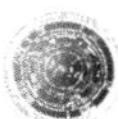

```
robot_arm.add_component(arm_2,location=(0,0,180))
```

(2) 机器人软件系统设计：机器人软件系统设计包括机器人的运动控制和路径规划等，可以使用ROS(Robot Operating System)进行开发。

程序示例：Python编写控制机器人臂进行直线运动的程序

机器人臂示例代码

该示例使用ROS控制机器人臂进行直线运动。

(3) 机器人传感器和执行器：机器人传感器和执行器包括激光雷达、摄像头、电机和伺服等，可以使用Arduino等开源硬件进行控制。

程序示例：C++语言编写控制机器人电机的程序

控制机器人电机示例代码

该示例使用Arduino控制机器人的电机。

2. 微型机器人

微型机器人是微电子机械系统的一个重要分支，由于它能进入人类和宏观机器人所不及的狭小空间内作业，近几十年来受到了广泛的关注。例如，美国哥伦比亚大学科学家成功研制出一种由DNA分子构成的“纳米蜘蛛”微型机器人，它们能够跟随DNA的运行轨迹自由地行走、移动、转向以及停止，并且它们能够自由地在二维物体的表面行走。这种“纳米蜘蛛”机器人仅有4 nm长，比人类头发直径的十万分之一还小。飞利浦研究部门于2008年发布了一款胶囊机器人—“iPill”，其主要用于电子控制给药。荷兰戴夫特技术大学研发小组发明出一种飞行昆虫机器人—“DelFlyMicro”，这种机器人只有3 g重、10 cm长，飞行速度却可以达到18 km/h，另外还可配备无线摄像机。

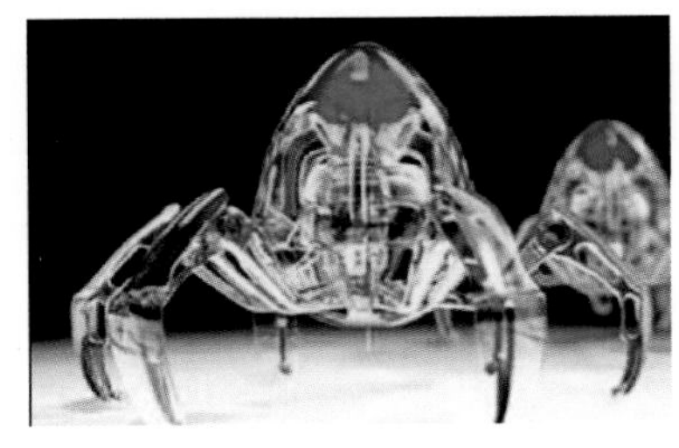

微型机器人的发展依赖于微加工工艺、微传感器、微驱动器和微结构的发展。另外，微型机器人研究还需重点考虑：能源供给问题、可靠性和安全性问题、高度自主控制问题等。

日本东京工业大学的一名教授对微型和超微型机构尺寸做了一个基本的定义：1～100 mm机构尺寸为小型机构，0.01～1 mm为微型机构，10 μm以下为超微型机构。

3. 仿生机器人

仿生机器人是一种将仿生学应用到机器人科学中的机器人。其设计和制造受到生物学和生态学的启发，旨在模仿自然界生物体的结构、运动和感知能力，实现与自然界更加接近的机器人。仿生机器人是机器人领域的热点之一，可以应用于军事侦察、作战、电子干扰及反恐救援等场合。

根据仿生机器人的研究领域，可以分为结构仿生、材料仿生和控制仿生等几类。

结构仿生机器人主要是以仿生学为基础，结合机械工程、电气工程等技术，实现对自然界中生物体运动机理的仿效，例如仿蛇机器人、仿鱼机器人、仿昆虫机器人和仿腿式机器人等。这些机器人的设计和制造都非常复杂，需要对生物体的结构、运动和感知等方面进行深入的研究和模拟。

材料仿生机器人是指从生物功能的角度来考虑材料的设计与制作，对生物体材料构造与形成过程的研究及仿生，使材料具有特殊的强度、韧性以及一些类生物特性，并应用于机器人的设计与制作之中，从而有效地提高机器人的相关性能。例如，利用仿生学原理研发的超级弹性材料，可以应用于机器人的运动系统，提高机器人的灵活性和适应性。

控制仿生机器人是指从控制方法上模仿生物的行为、神经系统等，进行机器人的控制、多机器人协作等。例如，基于行为的机器人控制、基于生物刺激神经网络的机器人导航、基于蜂群算法的群机器人控制等。这些方法都是通过模仿生物的行为和神经网络，实现机器人的智能控制和协作。

仿鱼机器人使用C++语言结合机器人运动控制算法，实现仿鱼机器人的运动控制和姿态调整。通过对机器人的尾部和背鳍进行控制，实现机器人的游动和转向。

程序示例:C++编写一个仿鱼机器人的程序

仿鱼机器人示例代码

该程序定义了一个名为 swim 的函数，通过输入速度和转向率来计算机器人尾部和背鳍的控制角度，并控制机器人的游动和转向。在主函数中，设置机器人的初始速度和转向率，并调用 swim 函数控制机器人的运动。

仿昆虫机器人使用 Python 语言结合机器人运动控制算法，实现仿昆虫机器人的运动控制和姿态调整。可以采用生物刺激神经网络(Bio-inspired Neural Network)等方法，对机器人的运动进行控制。

程序示例:Python 编写仿昆虫机器人的程序

仿昆虫机器人示例代码

这段代码演示了如何使用树莓派控制一个舵机，让它执行类似昆虫的动作。通过改变舵机的转动角度和速度，可以实现不同的动作效果。同时，该程序也展示了如何使用 GPIO 库来操作树莓派的引脚。

4. 高智能机器人

高智能机器人是指具有跟人类一样的智能和能力的机器人，需要利用先进的计算机技术和人工智能技术进行开发和研究。目前，高智能机器人主要应用在非工业领域，例如医疗、教育、服务等方面。

近年来，高智能机器人取得了一系列的突破和进展。其中，人工智能技术的应用是其中的关键因素。例如，谷歌旗下的 DeepMind 团队开发的 AlphaGo 机器人在围棋领域的表现就是一个典型案例。此外，还有利用深度学习技术开发的自主驾驶汽车，以及在教育领域应用的语音交互机器人等。

使用 Python 语言结合 OpenCV 库实现机器人的视觉识别功能，例如对目标物体的颜色、形状、大小等进行识别，实现机器人的智能视觉交互。

程序示例:Python 编写机器人的视觉识别功能的程序

机器人视觉识别示例代码

该示例使用 Python 语言结合 OpenCV 库实现机器人的视觉识别功能的示例代码。

示例代码实现了对摄像头实时获取的图像进行处理,然后利用阈值化和轮廓识别的方法找到目标物体并绘制其轮廓,最后显示图像。

程序示例:C++语言编写机器人运动规划的程序

机器人运动规划示例代码

对于高智能机器人的未来发展趋势,可以从以下几个方面进行思考和展望:

(1) 机器人的智能程度将不断提高:随着人工智能技术的发展和突破,机器人的智能程度也将不断提高,甚至可能达到或超过人类的智能水平。

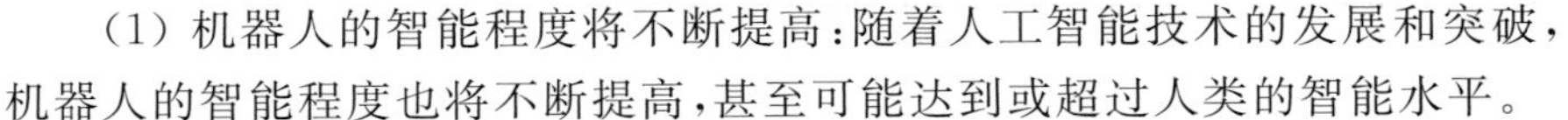

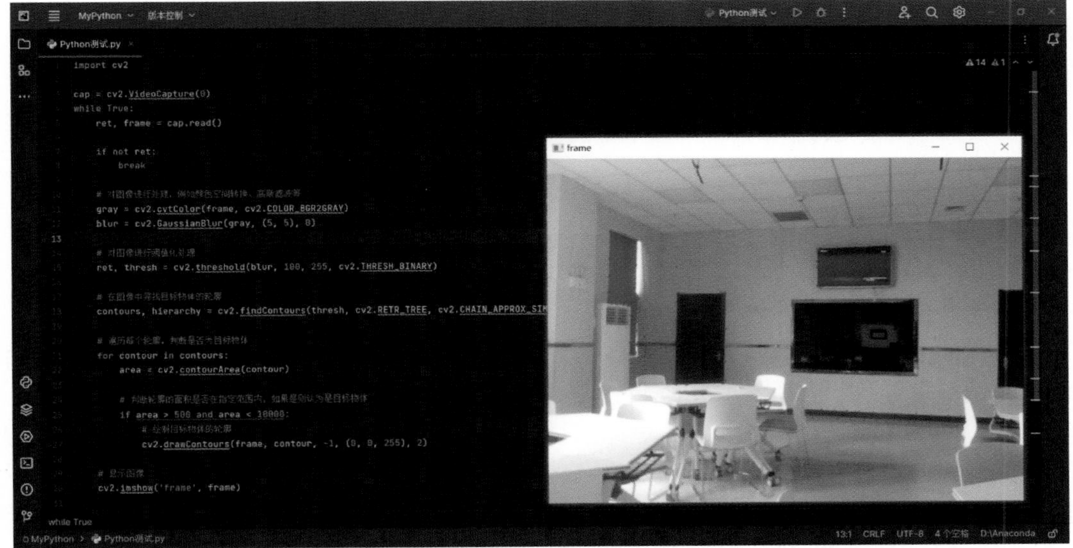

(2) 机器人的功能将更加多样化:除了在医疗、教育、服务等方面应用外,未来机器人还将涉及更多领域,例如金融、法律、农业等。

(3) 机器人的体型将更加灵活多变:未来机器人将更加灵活多变,可以是人形机器人、动物形机器人或其他形态的机器人,具有更好的机动性和适应性。

(4) 机器人的交互方式将更加智能化:未来机器人的语音交互、手势识别、视觉识别等交互方式将更加智能化,可以更好地理解和适应人类的需求。

(5) 机器人的自我学习和自我修复能力将更加强大:未来机器人的自我学习和自我修复能力将得到进一步提高,可以在不断的实践中自我完善和修复。

第六节　使用 Word 编写人工智能算法的技术文档和用户手册

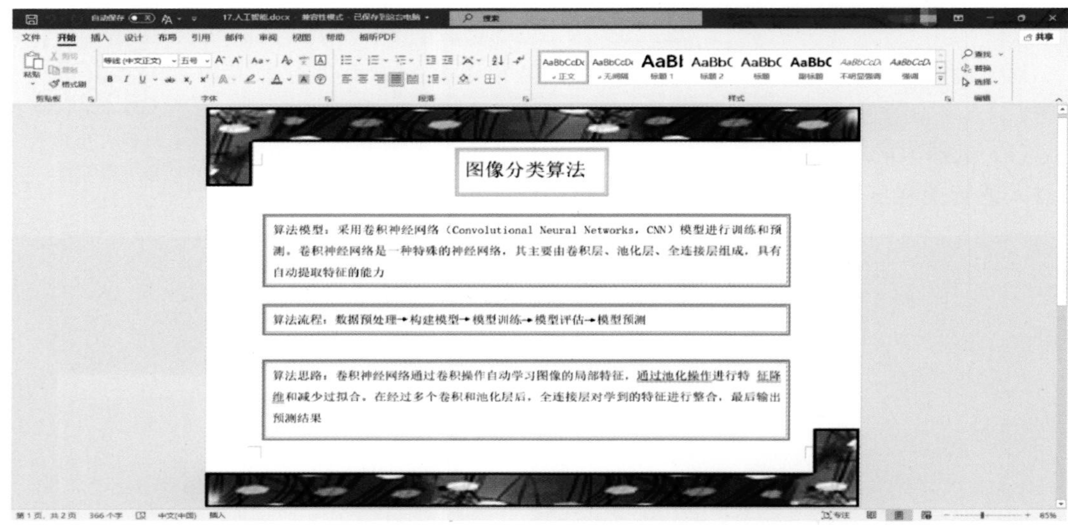

使用 Word 编写人工智能算法的技术文档和用户手册可以方便地描述算法原理、使用方法、实验结果等，以下是可能需要用到的步骤和技巧：

（1）描述算法原理：在技术文档中详细描述人工智能算法的原理，包括算法模型、算法流程、算法思路等，使用 Word 的文本框和编号功能，使算法原理更加清晰和易懂。

（2）描述使用方法：在用户手册中详细描述人工智能算法的使用方法，包括软件安装、数据预处理、算法参数设置等，使用 Word 的文本框和编号功能，使使用方法更加清晰和易懂。

（3）描述实验结果：在技术文档中详细描述人工智能算法的实验结果，包括数据集、实验过程、实验结果等，使用 Word 的文本框和编号功能，使实验结果更加清晰和易懂。

（4）添加图表和图片：在技术文档中添加图表和图片，如算法原理图表、实验结果图表、算法流程图等，使用 Word 的插入图表和图片功能，使技术文档更加生动和形象。

（5）添加参考资料：在技术文档中添加参考资料，如相关论文、技术手册、案例分析等，以便于读者进行参考和进一步学习。

（6）审核和修订：在完成人工智能算法的技术文档和用户手册后，进行审核和修订，确保文档符合要求，并保存数据备份以备修改。

以上是使用 Word 编写人工智能算法的技术文档和用户手册的一些技巧和步骤，使用这些技巧和步骤可以详细地描述算法原理、使用方法、实验结果等，方便研究人员进行算法研究和优化。

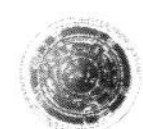

第七节　使用 Excel 进行数据标注和模型训练

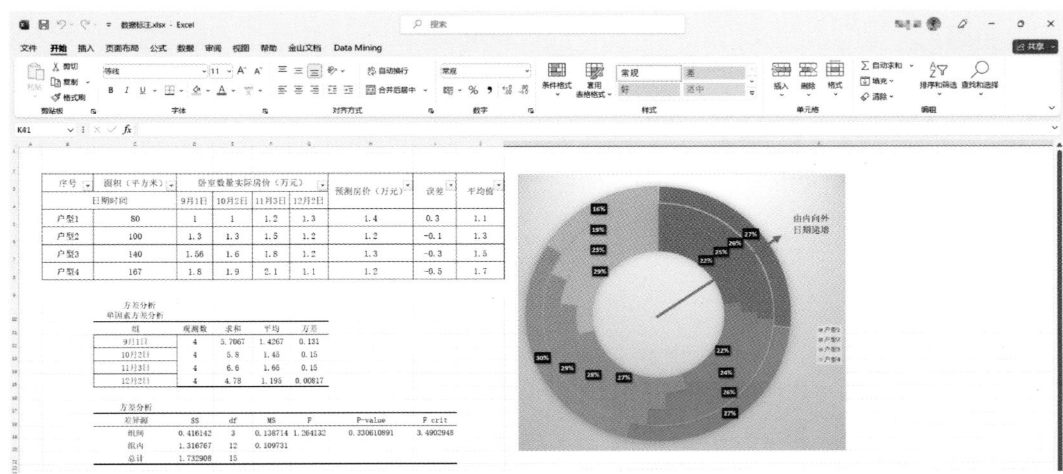

使用 Excel 进行数据标注和模型训练可以方便地进行数据处理、模型构建、模型优化等操作，以下是可能需要用到的步骤和技巧：

（1）数据处理：使用 Excel 的数据处理功能，对原始数据进行清洗、去重、填充缺失值等处理操作，确保数据质量符合要求。

（2）数据标注：使用 Excel 的标注功能，对数据进行标注、分类、分组等操作，为模型训练做好数据准备。

（3）模型构建：使用 Excel 的函数和公式，构建合适的模型，如线性回归模型、决策树模型、神经网络模型等，根据实际情况调整参数和优化模型。

（4）模型优化：使用 Excel 的求解器和插件，对模型进行优化，如梯度下降法、遗传算法、粒子群优化等，提高模型预测的准确度。

（5）模型测试：使用 Excel 的测试数据集，对训练好的模型进行测试，检验模型预测的准确度，对模型进行优化和调整。

（6）结果分析：使用 Excel 的图表和数据分析工具，对模型训练和测试的结果进行分析和比较，得出结论和优化建议。

以上是使用 Excel 进行数据标注和模型训练的一些技巧和步骤，使用这些技巧和步骤可以方便地进行数据处理、模型构建、模型优化等操作，为数据分析和预测提供更加准确的结果。

第八节 使用 PPT 制作人工智能产品介绍

使用 PPT 制作人工智能产品介绍可以使得产品更具有吸引力和易懂性，以下是可能需要用到的步骤和技巧：

（1）设计主题和风格：根据人工智能产品的特点和应用场景，设计适合的主题和风格，使用 PPT 的模板和配色功能，使产品介绍更加美观和专业。

（2）描述应用场景：在 PPT 中详细描述人工智能产品的应用场景，包括解决的问题、产品使用的行业和领域等，使用 PPT 的图表和图片功能，使应用场景更加生动和形象。

（3）描述功能特点：在 PPT 中详细描述人工智能产品的功能特点，包括产品的核心功能、辅助功能、特色功能等，使用 PPT 的列表和编号功能，使功能特点更加清晰和易懂。

（4）描述技术原理：在 PPT 中详细描述人工智能产品的技术原理，包括算法原理、数据处理流程、模型优化方法等，使用 PPT 的图表和图片功能，使技术原理更加生动和形象。

（5）添加案例和证明：在 PPT 中添加案例和证明，如产品的成功案例、用户评价、行业认可等，以证明产品的可信度和实用性。

（6）添加联系方式：在 PPT 中添加产品的联系方式，如官网、客服电话、微信公众号等，以便于用户进行进一步了解和咨询。

以上是使用 PPT 制作人工智能产品介绍的一些技巧和步骤，使用这些技巧和步骤可以使得产品介绍更具有吸引力和易懂性，从而吸引更多用户的关注和使用。

练习题和思考题及课程论文研究方向

练习题

1. 使用 Excel 编写一个销售数据分析表,包括销售额、利润率等指标的计算和图表展示。

2. 使用 PPT 制作一个人工智能项目的介绍,包括项目背景、目标和成果等内容。

3. 使用 Python 编写一个语音识别的程序,实现对语音指令的识别和响应。

4. 使用 C＋＋编写一个目标跟踪的程序,实现对视频或摄像头中目标的实时追踪。

5. 使用 Java 编写一个路径规划的程序,实现机器人在给定环境中的路径规划和导航功能。

6. 使用 Python 和 SolidWorks 设计一个具有三自由度的机器人臂,包括建模、运动学和动力学分析。

思考题

1. 讨论强人工智能对社会和人类生活的影响,包括工作岗位的变化、伦理道德问题和社会结构的改变等方面。

2. 思考智能机器人在日常生活中的潜在应用,如家庭助理、医疗护理和教育辅助等方面。

3. 探讨强人工智能的发展挑战和限制,如算法可解释性、数据隐私和安全性等方面。

课程论文研究方向

1. 强人工智能在智慧城市中的应用研究,如智慧交通、智能安防和智慧医疗等方面。

2. 智能机器人在制造业中的应用研究,如自动化生产线、机器人协作和物流仓储等方面。

3. 人机交互与用户体验研究,如智能助理设计、语音控制界面和虚拟现实交互设计等方面。

附录A　Office基本知识点和操作点

1. Word主要知识点和操作点

(1) 文档编辑:学习如何创建、打开、保存、关闭、修改和删除文档。

(2) 格式化文本:学习如何使用字体、字号、颜色、加粗、倾斜、下划线等格式化文本。

(3) 段落设置:学习如何设置段落格式,包括对齐方式、行距、缩小、顺序号、列表等。

(4) 页面设置:学习如何设置页面旁边、纸张大小、页面眉页面脚、页面代码、分栏等。

(5) 图片和表格:学习如何插入、调整和格式化图片和表格,包括对齐、边框、样式等。

(6) 拼写和语言法检查:学习如何使用拼写和语言法检查工具,以确保文档的正确性。

(7) 自主化能力:学习如何使用自主编号、自主目录、自主文档替换等能力,以提效率。

(8) 版本控制:学习如何使用修改功能,以记录文档的修改历史。

(9) 模板和样式:学习如何使用模板和样式,以快速创建样式一致的文档。

(10) 打印和共享:学习如何打印文档、转换为PDF格式、共享和合作编辑文档。

2. Excel主要知识点和操作点

(1) Excel界面:了解了Excel的界面和工具栏,掌握单元格、行、列等基本概念。

(2) 数据输入:学习如何在Excel中输入数据、文档和公式,并掌握如何使用绝对象引用和相对引用。

(3) 数据格式化:学习如何格式化单元格式、行、列、表示格式,包括数字格式、日期格式、文本格式、条件格式等。

(4) 数据排序和筛选:学习如何对数据排序和筛选,包括单列排序、多列排序、自定义排序和高级筛选。

(5) 数据分析和统计:学习如何使用Excel的数据分析和统计功能,包括函数、透视表、图表等。

(6) 数据图表:学习如何使用Excel制作数据图表,包括折线图、柱状图、饼图等。

(7) 数据分类和合并:学习如何将一个单位表格中的数据分类到多个单位表格中,以及如何将多个单位表格中的数据合并到一个单位表格中。

(8) 数据保护和共享:学习如何保护Excel文档的数据,包括密码保护、权限设置等,并了解了如何共享Excel文档。

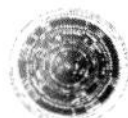

(9) 宏和 VBA：学习如何使用宏和 VBA（Visual Basic for Applications）自动操作 Excel，提高工作效率。

(10) 数据导入和导入：学习如何将 Excel 中的数据导入到其他应用程序中，如 Word、PowerPoint、Access 等，以及如何从其他应用程序中导入数据中。

3. PPT 主要知识点和操作点

(1) PPT 界面：了解了 PPT 的界面和工具栏，掌托幻灯片、版式、文档等基础概念。

(2) 幻灯片设计：学习如何设计漂亮的幻灯片，包括幻灯片布局、主题、字体、颜色等。

(3) 文字编辑：学习如何在 PPT 中编辑文字，包括添加、删除、调整字体大小、颜色等。

(4) 图片和图表：学习如何添加图片和图表，包括插入图片、调整整张图片大小、添加图片、编辑数据等。

(5) 动画和转场效果：学习如何添加动画和转场效果，包括设置动画方式、延迟时间、添加声音等。

(6) 多媒体素材：学习如何添加音频、视频和动画素材，包括媒体文件的导入和播放控制等。

(7) 幻灯片播放：学习如何进行幻灯片播放，包括幻灯片自动播放、手动翻页、设置表演者视频等。

(8) 幻灯片演播：学习如何进行幻灯片演播，包括演播技巧、掌控幻灯片内容、与观众互动等。

(9) 幻灯片导出和共享：学习如何将 PPT 导出为 PDF、图片、视频等格式，以及如何共享幻灯片。

(10) 高级操作和技巧：学习 PPT 高级操作和技巧，包括模板制作、自定义主题、设置动画路径等。

附录 B　软件及编程代码检索

O

P

S

T

U

致谢

西安理工大学高科学院罗冬梅老师主要参与了本书的修订，负责每章后三节的 Office 应用软件案例实现的编写与设计工作。姚宁、张涛老师，王国垚、巨凡、李文豪同学一起参与了 Office 和程序的调试。杨谌、任佳春老师，王诚博、张鹏、范家鑫、黄乾坤、杨嘉乐、常妙珍同学及西安高新科技职业学院的陶文婷老师参与本书部分插图修订，在此一并致谢。